シリーズ　被災地から未来を考える ①

監修：船橋晴俊・田中重好・長谷川公一

原発震災と避難

原子力政策の転換は可能か

長谷川公一・山本薫子［編］

有斐閣

はじめに

1　本シリーズの企画の趣旨

本シリーズの出版にあたって，各巻の編者や執筆者が集まり，本シリーズの企画について議論した。そこでの議論をふまえて，「本シリーズの課題と方法」を次のようにまとめた（文責 船橋晴俊 2013年9月30日）*。

2011年3月11日の東日本大震災は，地震，津波，原発災害が絡み合った未曾有の大災害となった。発災後，2年半（2013年当時）を経過しても，原発事故の被害の克服の道と，地震・津波の打撃からの各地域の復興の道は，確立できていない。東日本大震災後，多数の社会学者が現地に赴き，被災地の支援と復興という問題意識を抱きながら，精力的な調査研究を続けるとともに，社会学分野の諸学会が協働して，研究集会やシンポジウムを波状的に積み重ねてきた。そのような研究努力から浮上するのは，大震災の被害の発生についても，被害の克服についても，社会的要因が重要な影響を与えており，それ故に，社会学の立場から取り組むべき多数の課題が存在するということである。本シリーズは，東日本大震災が提起した問題に対して，社会学に立脚して総括的な解答を与えようという1つの試みであり，その課題設定と方法意識・視点は以下のようにまとめられる。

課題の設定

第1に，東日本大震災は，いかなる被害をもたらしたのかについて，実態の把握と解明が必要である。その際，大切なのは，自然の猛威としてのハザード

---

* 本シリーズの企画をもっとも熱心に主導していた船橋晴俊は2014年8月に急逝した。監修者の田中重好・長谷川公一と遺族の船橋恵子が協議し，船橋による「本シリーズの課題と方法」をほぼ原文のまま，ここに掲げることにした。この文章は，本シリーズの原点であり，目標であった。

とは区別される，社会的要因が介在した「災害」(disaster) として，被害を把握することである。災害は一瞬で終わるものではなく，災害に対処し，その被害を軽減しようとする人々の必死の努力をコアにした一連の社会過程の中で，災害は継続的にその様相を変えてきた。

災害の研究にあたっては，事実の把握・解明とともに，なぜこのような災害が生じたのか，災害を生み出した社会的メカニズムがいかなるものであったのかを探究する必要がある。その際，東日本大震災の基本的な特徴として，日本社会の中で周辺部という性格を有する東北地方に起こったこと，被害が非常に広い地域に広がっていること，未曾有の原発事故をともなって原発災害と地震・津波災害が相互に増幅しあったことに注目しなければならない。防災政策や原子力安全規制との関係で見れば，安全性が強調され安全対策が実施されていたはずなのに，なぜ，巨大かつ深刻な被害が生じるのを防げなかったのかの解明が必要である。

第2に，このような災害が繰り返されることをどのようにして防いだらよいのか，そのために，どのような，制度形成，社会運動，主体形成，社会変革が必要なのかを問わなければならない。すなわち，震災対処のためには制度形成と同時に社会運動の果たす役割が重要であり，政治家，行政組織，社会運動，専門家，メディアなどが公論を闘わせながら，制度と運動との相互作用を通して，防災と災害復興のための新たな政策形成が必要である。社会学は政策科学として自らを洗練させていく必要があるが，こうした課題にどのような貢献ができるだろうか。社会学に立脚して，どのように有効な政策提言や，社会運動に対する支援や助言ができるであろうか。

第3に，この未曾有の広域的で複合的な被害に対して，どのようにして個人生活の再建，地域社会の再生と復興を図ったらよいのだろうか。発災以来，復興のかけ声とともに，復興庁が設置され，巨額の予算が投入されている。とくに，原発災害に対しては，除染に巨額の費用が投入され，2013年からは避難者の帰還を加速化するという政府の方針が提起されてきた。だが，復興政策の内容は的確であろうか。そのための効果的な取組み態勢が構築されてきたであろうか。地域再生の不可欠の契機である原発災害の補償は，適正になされてきたであろうか。発災後3年目となり（2013年当時），復興政策の問題点がさまざまに露呈してきたことを踏まえて，被害からの回復と地域社会の復興について，より望ましい道の探究が必要である。

第4に，今回の震災を通して，日本社会は何を問われたのか，とりわけ，どのような変革課題が問われたのだろうか。震災問題に正面から取り組むことを通して，現代日本社会がいかなる問題性を有する社会であるのかについて，どのような新たな意味発見や新たな理論的視点を提示できるであろうか。災害の深刻さと復興の困難さは，民主的な制御能力の不足や無責任性について，日本社会のあり方に対する反省的意味発見を要請している。社会学は，震災問題をきっかけとして，日本社会の問題性についての解明力・説得力のある理論枠組みの構築と展開を求められているのであり，社会学そのものの革新をいかに遂行するかが課題となっている。

方法意識と視点

社会学の立場からの震災問題研究に際しては，社会学の長所を発揮できるような方法意識をもたなければならない。すなわち，実態の把握と解明，および，政策提言の両面において，社会学の理論的視点と方法の独自性や長所を自覚し，それに立脚することにより，他の学問分野や，政策立案・実施担当者や，住民に，独自の知見や考え方を提供するものであることが必要である。そのためには次のような方法意識と理論的視点を重視したい。

まず方法意識としては，第1に，「実証に根ざした理論形成」という志向をもちたい。社会諸科学の中でも，社会学は，震災被災地現場の調査や，被災者・避難者への調査にもっとも精力的に取り組んできている。そこから得られた臨場感あふれる知見に立脚しつつ，要因連関や社会的メカニズムを解明し，豊富な意味発見を可能にするような理論形成努力が必要である。

第2に，主体の行為への注目と，社会構造，制度構造への注目という複眼的視点をもつ必要がある。災害の実態を把握し克服の道を探るためには，一方で，社会構造や制度構造の欠陥や問題点を解明する必要がある。他方で，個人主体や組織主体の行為の仕方や主観的世界に注目することによって，具体的な事態の推移を把握するとともに，変革の手かがりを探っていく必要がある。

次に理論的視点としては，第1に，「社会の有する制御能力」という視点に注目したい。ハザードが巨大な災害を帰結したということは，社会の有する制御能力の欠陥を露呈しているものであり，その克服には，制御能力の高度化という課題が必要になる。制御能力の高度化の道をどこに求めたらよいのか。

第2に，「制御能力の高さ／低さ」を検討する際に，「社会的なるもの」からの視点を重視したい。他の社会問題の解決可能性と同様に，災害問題への対処や復興の推進についても，市場メカニズムに依拠した立論や，行政組織の担う社会計画を主要な担い手として構想する立論が，他のディシプリンや実務家からは，有力な方向づけとして提起されてきている。これに対して，社会学は「社会的なるもの」に注目するところに，元来の特徴がある。

第3に，震災問題に即して「社会的なるもの」へ注目しつつ災害への対処能力の高度化を考えるためには，まず，「コミュニティ」という視点が不可欠である。さらに，「社会的なるもの」が，社会制御能力へとつながっていく媒介として，「公共圏」およびその構成契機としての「公論形成の場」への注目が重要な視点となる。コミュニティと公共圏の豊かさ／貧弱さは，災害の発災と克服をどのように規定しているのだろうか。どのようにして，「社会的なるもの」の強化を通して，私たちは災害に立ち向かうことができるのだろうか。

第4に，ほかならぬ日本社会で震災が生起したこと，日本社会でその対処が求められていることの意味を考える必要がある。すでに多くの論者が指摘してきたような日本社会における「無責任性」の問題は，災害問題とどう関係しているのだろうか。とくに，原子力政策をめぐる迷走と漂流は，この視点からの検討を必要としている。震災問題への取組みが，日本社会の質的変革につながるかどうかが，問われている。

知の総合化と社会学

震災問題については，きわめて多様な学問分野での検討が動員され，知の総合化が必要である。だが，「知の総合化」のためには，その前提として，各学問分野の明快な自己主張が必要である。さまざまな学問の中でも，社会学はすぐれて，社会の実態と問題の実情に即して制度や政策を改善する志向性や，そのような方向で社会を変革していくべきことを提起する姿勢を有している。

本シリーズは，上述の方法意識と理論的視点に立脚しつつ，震災問題に直面することによって，そのような社会学の新たな可能性を発揮していくことをめざすものである。

2　第1巻の構成と主要な論点

以下では，それぞれの巻ごとに編者が各巻の構成と各章の主要な論点について解説する。『原発震災と避難――原子力政策の転換は可能か』と題された本巻では，福島原発震災がなぜもたらされたのか，避難者と避難自治体が直面してきた課題は何か，原子力政策の転換を拒んでいる構造的要因は何か，を分析する。

「第1部 福島原発震災はなぜ起きたのか」では，福島原発震災の構造的な原因と背景を論じる。第1章「福島原発震災が提起する日本社会の変革をめぐる3つの課題」は，2014年8月に急逝した舩橋晴俊の遺稿である。舩橋はどのような意志決定システムの欠陥が福島原発震災を引き起こしたのかをまず問い，「原子力複合体」の影響力の構造を分析する。続いて，原発震災の被害を5層の生活環境の崩壊と捉え，復興政策の現状を批判し，帰還か移住かの二者択一を超えた「長期待避，将来帰還」という第3の道を可能にすべきだと説く。最後にエネルギー政策の転換のために，公論形成の場を増やす「公共圏の豊富化」を中心とする，社会変革へ向けた6つの課題を指摘する。

第2章「構造災における制度の設計責任――科学社会学から未来へ向けて」（松本三和夫）は，福島原発震災を構造災と捉える視点から，まず，緊急時における放射能影響予測システムのSPEEDIをなぜ避難指示に役立てることができなかったのかを，構造災の特徴である「制度化された不作為」に着目して検討する。さらに，福島原発震災の事故原因究明における責任の不明瞭化の要因を，利害関係者が事務局を務める「事務局問題」に求める。制度化された不作為が温存され続け，問題が構造的に再生産され続けるのは，「事務局問題」に見られるような制度設計に起因する。松本は，これらの改善のために「立場明示型科学的助言制度」と「構造災公文書館」の設置を提案する。

「第2部 避難者の生活と自治体再建」では，福島原発震災の避難者と避難自治体が直面してきた苦悩と生活再建・自治体再建をめぐる課題を論じる。第3章「『原発避難』をめぐる問題の諸相と課題」（山本薫子）は，事故直後に始まり，帰還困難区域をのぞく多くの地点で避難指示が解除された2017年3月末までの原発避難の経緯を整理し，避難元などの違い等に基づいて原発避難者が置かれた状況を整理し，福島県外への広域避難者を含め，避難者が直面してきた問題，課題を概括する。避難生活の長期化，帰還か移住かの選択をめぐる家族内での意識の相違とその背景，雇用・就業をめぐる問題，理解してもらえない苦しみ，孤立感や無力感とストレス等々。自主避難者への支援の打ち切りなど，性急な帰還政策が進められていく中で，避難者の困難がますます深刻化している現状が示されている。

第4章「避難指示区域からの原発被災者における生活再建とその課題」（高木竜輔）は，福島第一原発に近接し，2017年4月時点で政府からの避難指示が出ている双葉町・大熊町・浪江町・富岡町，2015年9月に避難指示が解除された楢葉町の原発被災者の生活再建の内実と課題を，すまいの再建，つながりの再建，まちの再建に焦点をあてて検討する。避難先への移住を前提として住宅再建が進んでいること，世帯分離が進み，子育てなどをめぐってしわ寄せが女性に集中していること，避難指示解除後の「まちの再生」に関わる，さまざまな「不均等な復興」，長期にわたる事業継続が見通しがたいことなどの商工業者の営業再開をめぐる困難などが明らかにされている。

福島原発事故では近隣の基礎自治体も大きな混乱と苦悩に直面してきた。第5章「避難自治体の再建」（今井照）は基礎自治体が抱え込まざるをえなかった未曾有の困難を詳述する。事故直後，国の避難指示は現場の市町村には届かず，各市町村役場は独自に住民に避難指示を出さざるをえなかった。しかも第一原発に近い双葉郡の8つの町村では役場自体も域外への避難を余儀なくされた。職員自身も被災者であるうえに，被災住民との緊張関係，質量ともに過酷な業務量を強いられてきた。超長期に及ばざるをえない避難自治体の再建には住民概念の転換が不可欠であり，避難元でも避難先でも住民であることを保障する「二重の住民登録」が必要だと今井は力説する。

「第3部 原子力政策は転換できるのか」では，福島原発事故にもかかわらず，原子力政策の抜本的な転換が，事故を引き起こした当の日本社会ではなぜ容易ではないのかを，茨城県東海村を中心としたローカルな場に焦点をあてて（第6章），ドイツの反原発運動の分析から（第7章），日米の原子力専門家の規範意識の比較をとおして（第8章），検討する。

福島原発事故は，原子力施設を抱える立地自治体のローカル・ガバナンスにどのような影響をもたらしているのか。第6章「災後の原子力ローカル・ガバナンス——東海村を事例に」（原口弥生）は，福島第一・第二原発では東電によって嵩上げ工事が「不要」とされ，炉心溶融事故が引き起こされたのに対し，東海第二原発ではなぜ2009年から防潮壁の嵩上げ工事が行われたのか，その背景を考察する。続いて，1999年にJCO臨界事故を経験し，3.11で危うく大事故を免れた東海村とその周辺で，水戸市など20 km圏内の近隣自治体5市が当事者としての権限を求め始めていること，東海村とひたちなか市に震災後それぞれ誕生した女性グループの新しい動きに注目する。

福島原発事故を契機に，ドイツはいちはやく2022年末までに19基の原発全基を廃炉にすることを決定した。ドイツではなぜ速やかにエネルギー政策の転換が可能だったのか。第7章「エネルギー政策を転換するために――ドイツの脱原発と日本への示唆」（青木聡子）は，この問いに，2000年の脱原発基本合意と1970年代半ば以降のドイツ各地での原子力施設反対運動の果たした役割に着目して答えている。青木は，とくに反対運動の担い手への聴き取り調査に基づいて，その土着的運動としての側面やローカルなレベルでの「抵抗の論理」，脱中央集権化への志向性に注目し，それらが日本の脱原発運動にどのような示唆を与えているのかを検討する。

第8章「原子力専門家と公益――すれ違う規範意識と構造災」（寿楽浩太）は，福島原発事故後の日米の原子力工学者の行動を比較し，避難指示に活用できなかったSPEEDIの開発思想の背後に，専門家が「専門知識に基づく適切な指示」を行い，人々がそれに従うことによって公益が守れるというパターナリスティックな価値観と公益意識があり，パニックや風評などを警戒する「情報統制志向」があることを指摘する。寿楽は，日本の原子力の専門家が共有する，このような特有の規範意識が結果的に公益を損なっていると批判し，科学技術に関する熟議において，社会学者が「知の専門家」として果たすべき役割を，相互の主張を弁別し，共約可能なものに翻訳する作業であるとする。

終章「福島原発震災から何を学ぶのか」（長谷川公一）は，以上を受けて，福島原発事故から学ぶべき教訓を総括的に検討する。まず福島第一原発事故がチェルノブイリ原発事故とは異なり，5つの点で衝撃的な「世界初」の過酷事故であったことを確認し，日本の戦後処理とパラレルな「無責任の構造」と，政府や電力会社による原発再稼働の思惑が避難者への早期帰還の圧力となっていること，福島原発事故後，経済産業省への原子力行政の一元化がかえって強化されていることを指摘する。そのうえで原子力政策を転換させうる6つの論理的・手続き的可能性を検討する。最後に，世界は原発廃炉と再生可能エネルギーの時代を迎えていることを確認し，日本においても脱原子力・脱炭素社会への転換が急務であることを主張する。

2017年10月

第1節　船橋晴俊・田中重好・長谷川公一
第2節　長谷川公一・山本薫子

執筆者紹介（執筆順，＊は編者）

舩橋晴俊（ふなばし はるとし）〔第 1 章〕

現在　法政大学名誉教授（故人）

主著　『組織の存立構造論と両義性論――社会学理論の重層的探究』東信堂，2010 年。『社会制御過程の社会学』東信堂，近刊。

松本三和夫（まつもと みわお）〔第 2 章〕

現在　東京大学大学院人文社会系研究科教授

主著　『テクノサイエンス・リスクと社会学――科学社会学の新たな展開』東京大学出版会，2009 年。『構造災――科学技術社会に潜む危機』岩波新書，2012 年。

＊**山本薫子**（やまもと かほるこ）〔第 3 章〕

現在　首都大学東京都市環境学部准教授

主著　『横浜・寿町と外国人――グローバル化する大都市インナーエリア』福村出版，2008 年。『原発避難者の声を聞く――復興政策の何が問題か』（共著）岩波ブックレット，2015 年。

高木竜輔（たかき りょうすけ）〔第 4 章〕

現在　いわき明星大学教養学部准教授

主著　『再帰的近代の政治社会学――吉野川可動堰問題と民主主義の実験』（共編著）ミネルヴァ書房，2008 年。『原発避難者の声を聞く――復興政策の何が問題か』（共著）岩波ブックレット，2015 年。

今井照（いまい あきら）〔第 5 章〕

現在　（公財）地方自治総合研究所主任研究員

主著　『自治体再建――原発避難と「移動する村」』ちくま新書，2014 年。『地方自治講義』ちくま新書，2017 年。

原口弥生（はらぐち やよい）〔第 6 章〕

現在　茨城大学人文社会科学部教授

主著　『現代文明の危機と克服――地域・地球的課題へのアプローチ』（共著）日本地域社会研究所，2014 年。『原発避難白書』（共著）人文書院，2015 年。

青木聡子（あおき そうこ）〔第 7 章〕

現在　名古屋大学大学院環境学研究科准教授

主著　『ドイツにおける原子力施設反対運動の展開――環境志向型社会へのイニシアティヴ』ミネルヴァ書房，2013 年。『サミット・プロテスト――グローバル化時代の社会運動』（共著）新泉社，2016 年。

寿楽浩太（じゅらくこうた）〔第**8**章〕

現在　東京電機大学工学部人間科学系列准教授

主著　『原発 決めるのは誰か』（共著）岩波ブックレット，2015年。*Reflections on the Fukushima Daiichi Nuclear Accident: Toward Social-Scientific Literacy and Engineering Resilience*, Springer, 2014.（共編著）

*長谷川公一（はせがわこういち）〔終　章〕

現在　東北大学大学院文学研究科教授

主著　『環境運動と新しい公共圏――環境社会学のパースペクティブ』有斐閣，2003年。『脱原子力社会へ――電力をグリーン化する』岩波新書，2011年。

目　次

第1部　福島原発震災はなぜ起きたのか

第2部　避難者の生活と自治体再建

第 1 部

福島原発震災はなぜ起きたのか

第 **1** 章

福島原発震災が提起する日本社会の変革をめぐる３つの課題

船橋 晴俊

はじめに

2011 年 3 月 11 日の東日本大震災にともなう東京電力福島第一原子力発電所で起こった事故に端を発する災害（以下，福島原発震災）は，エネルギー政策のみならず，日本社会の意志決定システムについても多くの問題を提起した。福島原発震災は，震災以前からの意志決定の欠陥が招いた人災である (Funabashi 2012)。世界の 4 大原子力災害，すなわち，広島と長崎の原爆，チェルノブイリ原発事故，福島原発事故のうち，3 つまでもが日本社会で起こった。このことは，偶然ではないと筆者は考えている。日本社会に降りかかったこれら 3 つの災害は，政策を形成し実施する日本社会の社会的メカニズムのあり方の欠陥，とりわけ，日本社会の意志決定のあり方の欠陥に根ざしている。この反省に立てば，福島原発震災に関連する数多くの問題のうち，以下の 3 つの課題はきわめて重要である。

Q1a　被災地と被災者の生活を，いかにして回復すべきか。

Q2a　エネルギー政策を，どのような方向へ，どのように変革すべきか。

Q3a　日本社会の意志決定システムを，どのように改革すべきか。

福島原発震災以降，行政組織や住民運動によって，これらの問題に取り組むべく多大な努力が積み重ねられてきた。さまざまな集団から数多くの政策提言がなされ，被災地の復興のために多額の予算が投じられてきた。今や，次のように問わねばならない。

Q1b　被災地の復興と被災者の生活再建は，順調に進んでいるのだろうか。

Q2b　エネルギー政策は，望ましい方向へ変革されたのだろうか。

Q3b　福島原発震災の教訓をふまえ，日本社会における意志決定システムは適切に改革されたのだろうか。

これら一連の問いに対する私の基本的仮説は，第1に，日本社会は被災地の効果的な復興と被災者の生活再建，そしてエネルギー政策の立て直しに，なお多くの問題を残し，失敗しているといわざるをえない。第2に，福島原発震災を生み出してしまった社会的メカニズムと，震災からの復興が適切になされず多くの問題が未解決であるという事態の根底に存在する社会的メカニズムが，共通であるということである。したがって，本章は，まず，日本社会の意志決定システムの欠陥――それは，社会の自己制御能力の欠如を引き起こしている――に着目してみよう（舩橋 2013a）。ここでは，「原子力複合体」の分析から得られる福島原発震災の教訓を検討する。この問題を考察した後，Q1b，Q2b，Q3b の一連の問いに解答を与えよう。

1　「原子力複合体」による支配

本節で考察するのは，どのような意志決定システムの欠陥が，福島原発震災を引き起こしたのであろうかという問いである。この問いを考えるための鍵概念として，「原子力複合体」という語を用いる。原子力複合体の定義と基本的特質は，以下の4つの命題によって説明される。図1-1は，4つの命題をふまえ，日本の原子力エネルギー政策における諸主体とアリーナの布置連関を示したものである。

原子力複合体の特質――4つの命題

① 電力会社と経済産業省は制度的枠組みに基づいて巨大な経済力を保障されてきた。電力会社に資する制度的枠組みは，地域独占，発送電統合，総括原価方式による電力販売価格決定の3つである。また，経済産業省は，原子力発電所の立地を受け入れた地方自治体に対する交付金（電源三法交

図 1-1　福島原発震災以前の原子力政策をめぐる主体・アリーナの布置連関

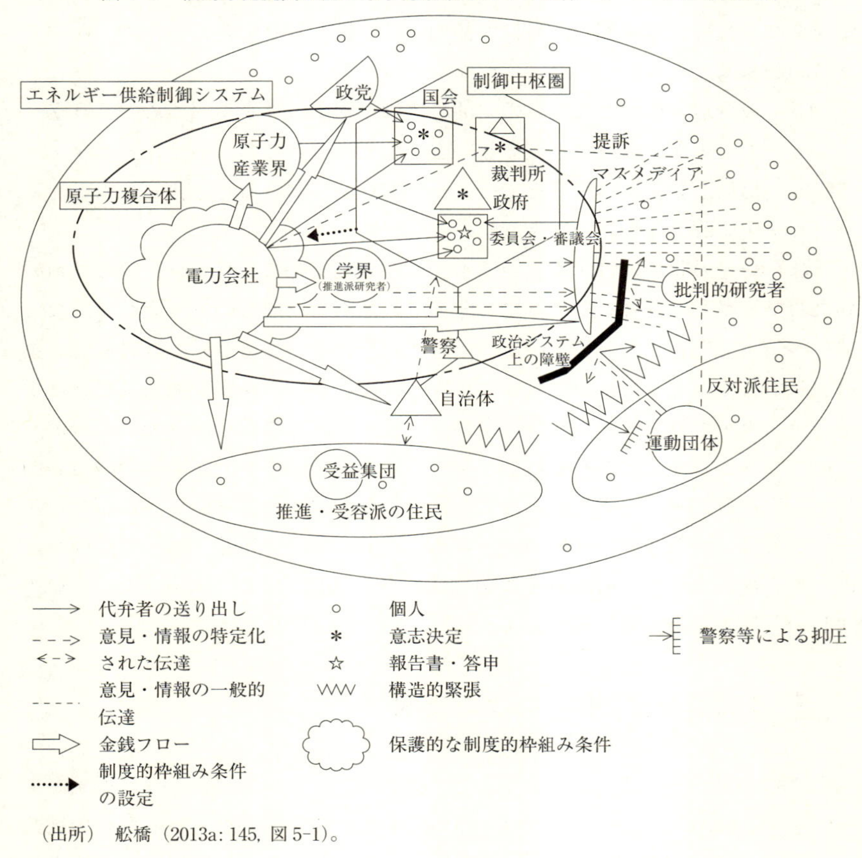

（出所）　舩橋（2013a: 145, 図 5-1）。

付金）の莫大な財源をコントロールしている。

② 電力会社の有する経済力は，巨大な情報操作力と政治力に転化する。経済産業省の経済力も，自らの情報操作力と政治力を補強している。東京電力に代表される電力会社は莫大な資金源を保有し，自らに都合のよい社会的風潮をつくりあげるために，多くの資金をマスメディアの広告や情報操作活動に投入してきた。彼らは，きわめて高額の出演料を払って文化人や芸能人を使い，原子力発電を支持するネットワークを組織化しており，このネットワークが，原子力発電に支持的な世論の形成を促している。彼ら

はまた，原子力発電を支持する政治家を支援するため，地域レベルと国レベルの双方の選挙戦において，資金と組織を動員している。ほかにも，電力会社は研究費という名目で，多くの大学や研究機関に所属する研究者に寄付を行い，いわばその恩義を受けた教授陣が電力業界に協力するネットワークを構築している。加えて，経済産業省は，立地地域の世論形成に強力かつ効果的に影響を与えうる巨額の交付金を支出し，地方自治体にさまざまな原子力施設の受け入れを推進させてきた。

③ 電力会社，原子力産業界，政党，政府機関，マスメディア，学界など多くの行為者で構成されている原子力複合体は，これら3種の力――経済力，政治力，情報操作力――を基盤に形成されている。彼らは原子力発電の推進という共通の利害関心を有し，電力会社から供給される莫大な資金は，原子力複合体の構築と維持に大きく寄与している。現行の制度的枠組み条件においては，原子力発電はきわめて利益性の高いものであるがゆえに，電力会社は原子力複合体の再生産に多額の資金をつぎ込むことができるのである。原子力複合体に属する諸組織は，人事交流を通じて密接に結びついている。たとえば，近年，少なくとも50人の経済産業省の幹部職員が，北海道，東北，東京，中部，北陸，関西，中国，四国，九州の各電力会社へ「天下り」をしている（『週刊ダイヤモンド』2011年3月21日号：33）。また東京電力は，この10年の間に23人の職員を3つの政府機関に出向させている（『週刊現代』2011年6月25日号：59）。

④ これらの制度的枠組みと諸主体は，互いに強化しあっている。一方で制度的枠組みが，原子力複合体に属する諸主体の力を増強するのに貢献している。他方で，それらの諸主体は原子力発電に批判的な陣営の見解を排除しつつ，こうした制度的枠組みを維持し，さらに強固にするために積極的な努力を傾ける。

以上の4つの命題群は，原子力複合体とその圧倒的な政治力を生み出す土壌が成立する社会的メカニズムを説明したものである。

原子力複合体の影響力

前項で述べたように，日本の原子力複合体は，きわめて強固な経済力，政治力，情報操作力によって，国レベルの原子力エネルギー政策をめぐる制御中枢圏に圧倒的な影響力を及ぼしている。原子力複合体の圧倒的な影響力は，いかにして，原子力発電の社会的多重防護の破綻を引き起こしたのだろうか。

第1に，組織の構造に起因する問題として，原子力発電に関する規制主体と推進主体が分けられていなかったことがあげられる。諸外国と異なり，日本では，安全規制を所管する原子力安全・保安院が，原子力発電を推進する立場である経済産業省の内部に置かれてきた。これは，安全規制に権限を有する組織が，原子力発電の推進を主要課題とする組織からの独立性を欠いてきたということである。加えて，原子力利用の安全確保に責任を負う原子力安全委員会は，実質的な規制の権力を欠いていた。このような組織構造は，原子力発電所の安全確保策を批判的に吟味・審議することを妨げるだけでなく，日本の規制基準を総体として貧弱かつ不十分なものにとどめてきた。

第2に，政府が定めた原子炉に関する安全規制の指針は，過酷事故が発生すること，およびその可能性すら想定していなかった。結果として，原子炉メーカーと電力会社は，福島で生じたような過酷事故に対して，何の対策もとろうとしなかった。1995年1月の阪神・淡路大震災以後，日本社会は，地震による災害が原子力発電所に影響を及ぼす危険性に敏感になっていたはずであるが，原発推進側はこれらの災害による危険性を無視してきた。たとえば，2007年，浜岡原発の運転差し止めを求める訴訟の法廷で，原子力安全委員会の班目（まだらめ）春樹委員長（当時）は，非常用のディーゼル発電機が同時に損傷を受ける非常事態が生じるような深刻な状況は想定する必要はないという主旨の証言を行っている（『週刊現代』2011年5月28日号：168）。

第3に，原子力発電所の建設と運転を行う電力会社は，安全性よりも経済的利益の追求を優先する傾向を強くもっている。彼らは安全性と利益のトレードオフに直面すると，しばしば安全性を犠牲にして利益を選んできた（蓮池 2011: 62-64）。一般に企業では，利益を増やすために，組織全体に，コストカットの圧力が絶え間なく課せられている。この圧力は，とりわけ電力会社（と業界）にとっては，重大な事故が発生する確率は非常に低いと仮定できるから，多額の費用のかかる安全対策は必要ないと考えることにつながってしまう。これは希望的観測にすぎないわけだが，しかし，この観測は，彼らが自己反省を怠れば，原子力発電所はきわめて安全であるという独断的確信に容易に成り代わってしまうのである。

第4に，こうした「安全神話」は，組織的なプロパガンダとコンフォーミズムによってつくりだされてきた。経済産業省が，電力会社に多くの安全規制を課し，これら諸規制が原子力発電所の維持管理や運転を詳細に至るまで規定していることは確かである。電力会社は，組織内で安全確保に取り組み，これら諸規制の遂行に多大な労力を費やすと同時に，原子力発電所の安全性について，公衆に対して宣伝を行ってきた。これらの努力は，原子力発電所は安全であるという神話と，原子力政策に対する批判を抑圧する社会的雰囲気をつくりだす。事実，原子力複合体を構成する諸組織においては，原子力開発への懐疑的・批判的態度は「タブー」とされてきた。原子力複合体の主流派は，その過信ゆえに，地震と津波による現実の危険性を過小評価してきたといわざるをえない。素朴に，また傲慢に，地震と津波は過酷事故につながるような被害をもたらさないという基本的前提を信じていたため，いわば「木を見て森を見ず」という態度が貫かれていたのであろう。異論や批判に対して内向きの姿勢をとり続けた彼らのエートスは，日本の前近代的思考のままであったといえる。こうした姿勢ゆえに，原子力複合体は，しばしば「原子力ムラ」と形容されてきた。結果として，日本における原子力複合体は，専門家や技術者，地方議会や国会の議員らから問題提起されていた，原子力発電所の危険性に対する数多くの警告を無視し続けてきたのである。

第5に，原子力複合体の影響力は，国レベルの制御中枢圏にまで及んだ結果，司法も自律的かつ責任ある立場を維持してこなかった。民主主義国家においては，一般に，裁判所は社会制御システムの重要な役割を果たす。政府の政策が不適切な場合，法廷はそれを覆す司法判断を下すこともある。しかしながら，日本の司法は，総体として，危険性を有する原子力施設の建設や運転の差し止めにつながる判断を避けてきた。各地の多数の住民運動が，原子力施設の建設を差し止めようと訴訟を繰り広げてきたものの，裁判所は，福島原発事故前は，2003年（名古屋高裁金沢支部による「もんじゅ」の設置許可は無効とする判決）と2006年（金沢地裁による志賀原発2号機運転差し止めの判決）の2つの判決を除いて，これらの要求を退け，政府の原子力エネルギー政策を追認してきた。これらの住民にとって望ましい2つの判決も，上級審で覆されてしまった。

2　被災地の復興と被災者の生活再建の困難性

次に，「Q1b 被災地の復興と被災者の生活再建は，順調に進んでいるのだろうか」という問いについて考えよう。まず，福島原発震災によってもたらされた被害の構造を分析してみよう。

原発震災の被害構造

(1) 過酷事故がもたらした深刻な被害

国際原子力事象評価尺度（INES）では，福島原発震災はもっとも深刻なものとされる「レベル7」にあたる。これは過酷事故によって引き起こされた被害の規模が，きわめて大きいことを意味するが，この事故の最大の焦点は，被害がどこまで拡大するかをにわかに特定しがたいということにある。この点において，原子力の過酷事故は，他の科学技術に関わる事故と根本的に性質を異にしている。

福島原発震災によって引き起こされた被害の性質を理解するために，どのような理論的視座が必要であろうか。

この点で，日本の環境社会学の蓄積は，有力な理論枠組みを提供しうる。1960年代から，深刻な公害問題に直面していた日本の環境社会学では，「被害構造論」という枠組みが登場し，理論的進展を見た。この理論の中心命題は，公害被害者の被害は，社会関係を通して増幅するというものである（飯島 1984）。放射能汚染に関するさまざまな風評が引き起こした福島県の現状は，このような状況を思い起こさせる。被害構造論の視点は非常に有効であるが，福島原発震災によって引き起こされた特殊な被害状況を理解するためには，また別の理論的視点を開発する必要があるだろう。

住民が町ぐるみ避難せざるをえなかった双葉町や大熊町，浪江町，富岡町を訪ねてみると，誰も居住していない町並みが広範に広がり，地震で倒壊した建物もそのままの状態で放置されている。あたかも現地では2011年3月11日で，時が止まったかのようである。住民は，福島原発震災によって，これまでに人生をかけて築いてきたすべてのものを失い，これからの人生のすべてを奪われてしまったという思いを禁じえない。

このような総体的かつ悲劇的な被害を前に，本論では，「地域における諸個人の生活システムを取り巻く生活環境の5層」という新たな理論的枠組みを提示してみよう（舩橋 2014）。

(2) 5層の生活環境

まず，個人の欲求充足行為の総体としての「生活システム」は，その人を取り巻く環境に依存している。この環境は，複数の層から構成されている。図1-2は，個人の生活システムが，5層の環境，つまり自然環境，インフラ環境，経済環境，社会環

図 1-2　生活環境の５層と生活システム

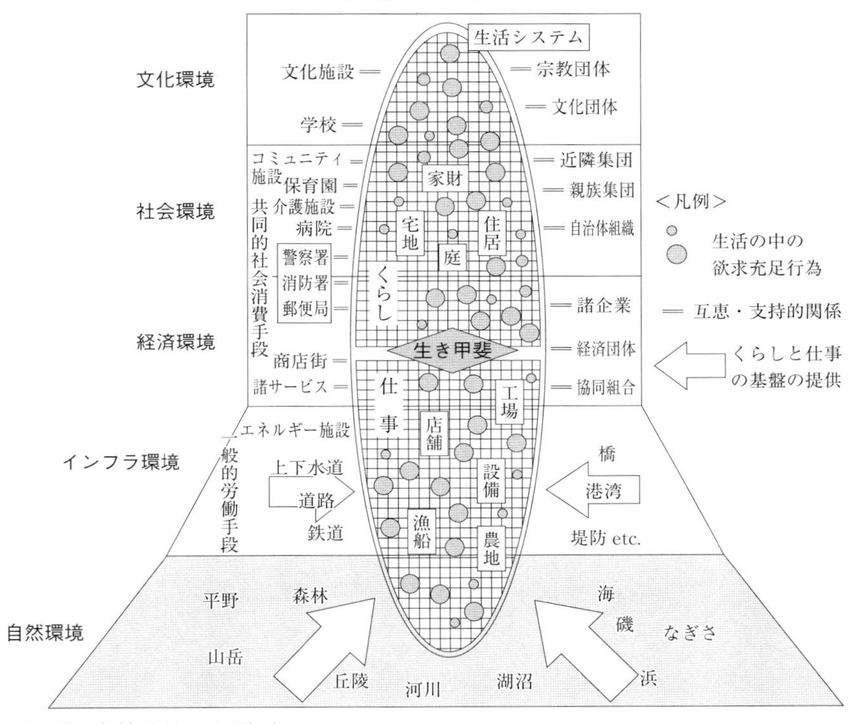

（出所）　舩橋（2014: 62, 図-1）。

境，文化環境に取り巻かれていることを示している。その意味は次のとおりである。

「自然環境」は，山，平野，河川，森林，海，植物，動物など，自然を構成するすべての要素から成り立っている。自然環境は他の４つの環境の基盤となっており，住民の生産と消費を支える基礎条件となる。

「インフラ環境」は，道路，橋，鉄道，港湾，電力網，上下水道のような，人工的につくられたあらゆる経済的・社会的活動の共通基盤から成り立っている。これらは各地の地理的特性に応じた自然環境のありようと密接に関係している。

「経済環境」は，経済活動を可能にするようなあらゆる施設や組織から構成されており，企業，商店街，オフィス街，協同組合などが含まれる。

図 1-3　被災による生活システムの解体

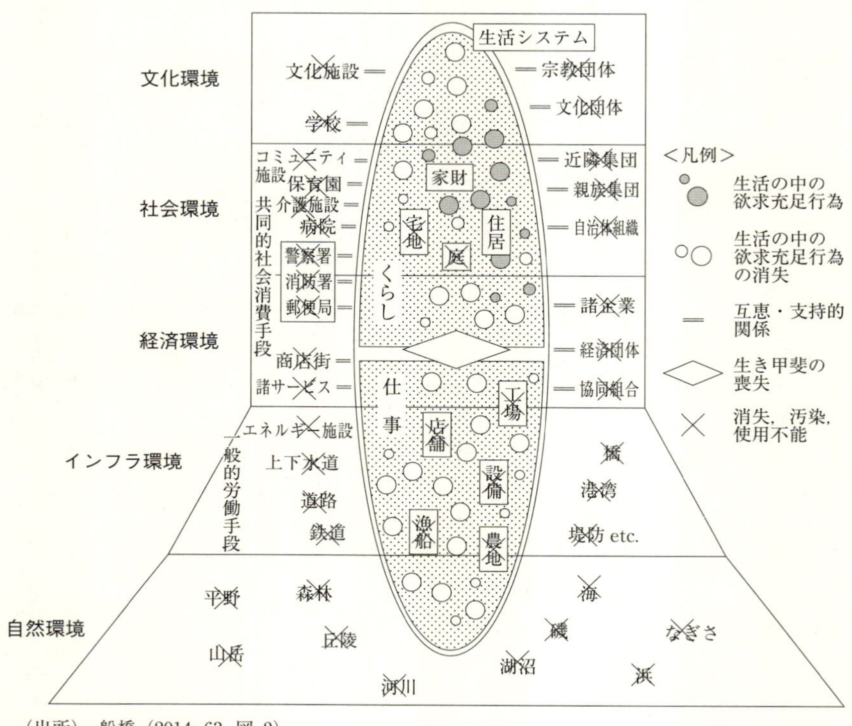

（出所）　舩橋（2014: 63, 図-2）。

「社会環境」は，社会生活の基礎的条件を提供するようなさまざまな集団や組織や施設から成り立っている。近隣集団，親族集団，友人集団に加えて，市役所や公民館，病院などの諸施設も社会環境を構成している。郵便局や警察署や消防署は，経済環境と社会環境の両面にまたがるものである。

「文化環境」は，教育や芸術や宗教のような文化的活動を支えるあらゆる施設や組織から構成されている。学校，図書館，博物館，文化センター，寺院，教会などは文化環境の基礎的要素である。

個人の生活システムは，このような 5 層の環境に依存しており，諸個人は 5 層の環境とさまざまに相互作用しながら，自らの生活を行為システムとして構成している。理念型として捉えれば，個人にとって望ましい生活は，これら 5 層の生活環境との良好な相互関係を保つことによって達せられるであろう。これらの5層の環境はストックであり，そこから諸個人の生活の必要を満たすようなさまざまな財やサービスのフローを継続的に生み出している。

(3) 5層の生活環境の崩壊としての被害　福島原発震災は，広大な地域を放射性物質で汚染し，数多くの住民を彼らの住んでいた町から遠く離れた別の地域に避難させることになった。2014年3月の時点で，約13.4万人の住民が余儀なく避難を続けていた（福島県「平成23年東北地方太平洋沖地震による被害状況速報第1157報，2014年3月28日」）。このことは，被災地に暮らしていた人々にとって，5層の環境が完全に破壊されたこと，各個人の生活の必要を満たしていた行為システムが完全に解体されたことを意味している。図1-3は5層の生活環境が放射能汚染によって崩壊し，生活システム内における欲求充足能力が非常に貧弱になったことを示している。

被害に対する適切な補償について考えるとき，このような被害構造を認識することは重要である。このことは，個人レベルだけでなくコミュニティレベルでの補償が必要であることを示す。自然環境の原状回復を基盤として，5層の環境を回復することが，コミュニティの再建に欠かせない条件である。

行政組織による復興政策の限界

このような人生全体が奪われたという感がする被害に対して，その後の東京電力による賠償や，政府や自治体による復興政策は，地域再生と生活再建に，十分な効果をあげているであろうか。図1-4と図1-5は，東京電力による補償や行政による復興政策が，きわめて限られた形でしか生活再建と地域再生に貢献しておらず，全町避難を強いられた諸自治体においては，生活再生の展望がまったく見えないものとなっている状況を示すものである。

図1-4は，震災前の平常時の人々の欲求充足を示している。通常の地域社会においては，人々は，さまざまな集団に属しながら，相互作用を通して，独自の生活世界（life world）を形成し，行政の支援がなくても，自生的，自律的に数多くの欲求を充足している。行政組織の提供する財やサービスは，地域生活の中で充足される欲求充足の一部をカバーするものにとどまっている。良好な自然環境の保全，住居や仕事や良好な人間関係の維持，生き甲斐といった，基幹的な欲求充足についても，行政組織が果たしている役割は，部分的なものにとどまる。

ところが，震災の被害は，そのような状況を一変させた。図1-5が示してい

図 1-4　平常時の人々の欲求充足

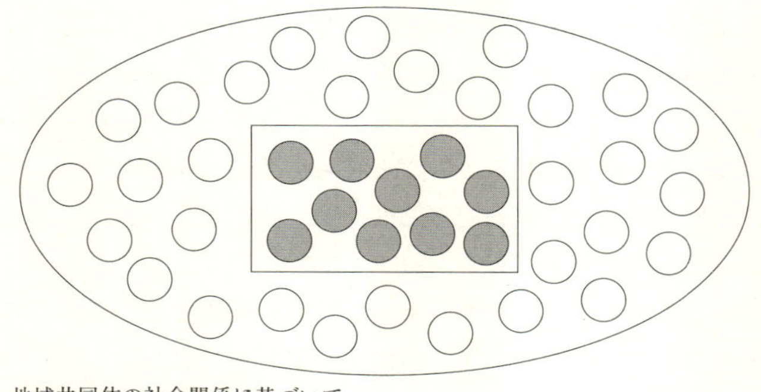

地域共同体の社会関係に基づいて自生的・自律的に充足される欲求

行政組織の支援政策によって充足される欲求

行政組織の平常政策によってカバーされている領域

図 1-5　被災による欲求充足の困難

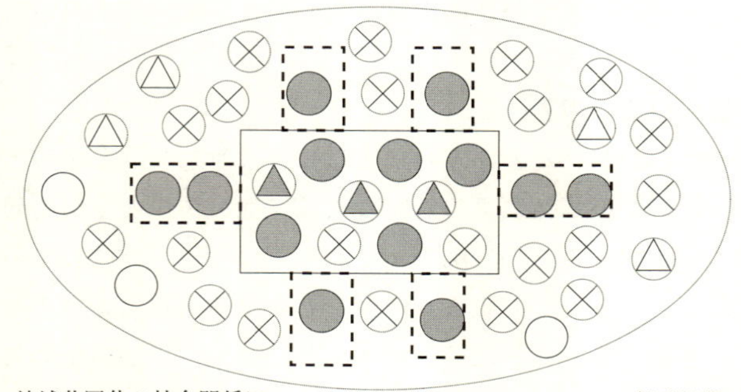

地域共同体の社会関係に基づいて自生的・自律的に充足される欲求

行政組織の支援政策によって充足される欲求

被災により不可能になった欲求充足

被災により困難になった欲求充足

行政組織の平常政策によってカバーされている領域

行政組織の生活再建と復興政策によってカバーされている領域

るのは，第1に，平時において，生活世界の中で，自生的に充足されていた数多くの欲求が充足されなくなったことである。住居の確保，仕事による収入の確保，健康と安全の確保，子どもの育児と教育，生活を可能にするさまざまな財やサービスの入手と消費，良好な人間関係，集団への所属，生き甲斐，将来の生活設計などの多元的な欲求充足が，一気に困難あるいは不可能となった。そのような危機的状況に対して，行政組織は，災害への緊急の対処や，復興政策を通して，人々の生活再建（すなわち，欲求充足の回復）のために，全力で必死の努力を続けたのである。行政組織は，平常時よりも多くの緊急の課題に取り組まねばならず，そのために，数多くの職員が大奮闘した。しかし，そのような努力にもかかわらず，住民自身の努力によっても行政の支援によっても数多くの欲求の充足ができなくなったり，困難化した。図 1-3 に示すような生活システムの解体の状況で，行政によって回復できた部分，解体に歯止めをかけた部分は，ごく一部にとどまった。

被災地再建のための努力にもかかわらず，多くの避難者にとって，従来と同水準の住居や，同等の収入とやりがいのある仕事を確保することは困難あるいは不可能である。放射能汚染による健康へのリスクとそれによる不安を除去することができない。子どもの内部被ばくを避けるためには，遠方への移住をしたいが，移住に対する政策的支援は欠如しており，さらに，家族が別れた二重生活が必要になる。集団の解体や人間関係の悪化も生じてしまう。また，自分が抱いていた将来の生活設計は不可能になり，それに代わる新たな生活設計も展望できない。このように個人にとっての決定的に重要な欲求の多くが，行政の必死の努力によっても充足できないのである。

なぜこのように，生活システムの解体に対して，緊急対応的な行政の努力が，きわめて限られた効果しか発揮できないのであろうか。そのような事態は，ミクロ的，個別的な政策を包摂して方向づけている，よりマクロ的，大枠的な復興政策とエネルギー政策の内容上の欠陥に規定されているのである。

被災地の再生政策と，エネルギー政策の方向の選択という 2 つの政策内容に注目して，このことを検討してみよう。

復興に関する既存の 2 つの大局的方針

自らの「ふるさと」における 5 層の生活環境の崩壊に直面して，多くの人々は 2011 年 3 月に危険地域からの避難を余儀なくされた。緊急避難の期間の後，被災者は，自身が生きていく道を見つけなければならなかった。福島原発震災は，「早期に帰還する／しない」という，きわめて困難な二者択一を被災者に課している。この問題は，被災者の間で議論が尽きない論点となっている。

一方で，多くの住民は，できるだけ早期に故郷へ戻り，自宅と仕事を取り戻すことを望んでいる。早期の帰還を望む声は，年配者に顕著に見られる。年配者は，しばしば，彼らの残された生涯を次のように考える――たとえ放射能による被害を受けなかったとしても，すでに十分高齢で，長くは生きない。したがって，放射性物質によるリスクは，生きる時間に大きな差をもたらさないだろう――。加えて，新たに別の地域へ適応することは，高齢者にとって大きなストレスともなる。彼らは慣れない町での長期の避難生活を脱し，早期に帰還することを望む傾向にある。

他方，放射能の危険に感受性の高い住民たちは，安全な地域への避難を望む。とりわけ，被ばくの影響を受けやすいとされる子どもや乳児を抱えているような若い世代にとって，この選択肢は望ましく映る。一般に，若年層は故郷を離れても，異なる生活環境に適応できる能力がある。彼らは，安全な土地で，新しい生活を望む傾向にある。

住民たちは，「帰還する／しない」という2つの選択の間で，分断されている。ときに，この論争は家庭内においても沸き起こり，別々の場所での生活を余儀なくされている家族もいる。中でも，夫は仕事のため福島に残り，妻は子どもの安全性を優先し，母子で他県へ避難するというケースが多い。このように，「帰還する／しない」という議論はどこへ行っても尽きることがない。しかし，どちらの選択肢も，被災者に困難をもたらしている。

(1) 帰還を選択した場合の困難　いくら早期に帰還したくても，いくつもの困難にぶつからざるをえない。

まず，元の町の放射線量があまりに高い場合，帰還は不可能である。政府の見解によれば，年間20ミリシーベルト未満の地域であれば，生活することが可能とされている。しかし，住民の目線からすれば，あまりにも甘い基準であると多くの人が考えている。多くの日本国民は，この点で政府の判断を信用していない。2013年に実施された富岡町住民に対する意識調査によれば，「現時点で帰還を望んでいる」住民は15.6%にとどまった（復興庁・福島県・富岡町 2013: 11）。どの被災自治体においても，人口の半数近くの人々は，年間1ミリシーベルトを超える放射線量のある地域での生活は回避したいと考えている。

次に，5層の生活環境が大幅に悪化してしまったことは，帰還に対する大きな障壁となっている。良好な経済環境，社会環境，文化環境は，大部分の住民が帰還してこそ，回復が可能になる。それゆえに，断片的な帰還というやり方は，困難をともなわざるをえない。たとえば，住民は病院が診療を再開するまでは，帰還はできない。しかし，病院の経営が成り立つためには，やはり大部分の住民が帰還していることが前提になる。したがって，帰還政策を成功させるためには，住民たちが一斉に帰還することが必要であり，また望ましい条件となる。

(2) 帰還しない（移住する）選択をした場合の困難　避難の後，元の町へ帰還せず，別の町へ移住するという選択を行った場合，どのような困難が立ち現れるだろうか。

一般に別の地域で，良好な住居とよい仕事を早急に得ることは困難なので，生活再建は容易でない。避難住民から見れば，東京電力によって提供される補償は，多くの点において不十分なものである。さらに，1人の人間が仕事を失うということは，単に経済的基盤を失うだけではなく，生き甲斐の喪失をも意味する。多数の避難住民は，アイデンティティの喪失に苦しんでいる。

また，各住民の個人的な適応と，自治体としての存続とが，ジレンマに陥るという問題がある。「移住する」という選択をした住民にとっては，住民登録を元の町から避難先の自治体に移すということは，生活上の便宜という点では必要なことである。しかし，そのような移動は，元の町から見れば人口の減少を意味している。もしこのような移動が継続的に積み重なっていけば，長期的には，自治体の存続が危うくなる。このような状況は，住民個人が避難先によりよく適応しようとする努力と，元の町の存続が可能であることの間に，ジレンマが存在することを意味している。

(3) 2つの選択の間での分断と対立　このようにして，2つの選択肢はそれぞれ，避難住民に選ばれる根拠を有するが，同時に，多くの難点がある。しかも，ライフスタイルの多様性ゆえに，それぞれを選択する住民同士の間に対立と分断を生み出す。

できるだけ早期に帰還したいと考える人々からすれば，半永久的な他地域への避難を考えている人々は，原発震災を克服するために必要な勇気に欠け，臆病な態度をとっていると見えるかもしれない。

放射線量が高く危険な地域から逃れたいと考える人々からすれば，早期帰還を望む人々は，子どもたちの健康や安全をないがしろにし，無責任かつ無謀な態度をとっていると見えるかもしれない。

このような対立は，放射能汚染をめぐる地区ごとの客観的条件の差異という点からも，放射能汚染に対する感受性や考え方の差異という点からも，もたらされている。多くの人々にとって，このような分断は苦悩の種である。そのような対立を解決する何らかの方法があるだろうか。この問いに答えるためには，まず，個々人が直面している現実の多様性を十分に認識しなければならない。そして，復興や生活再建のためのさまざまな手段を用意するとともに，「長期待避，将来帰還」という「第3の道」をとることを可能とする必要がある。

3　原子力発電の復活と東京電力に対する政治的庇護

被災地の再生と被災者の生活再建が困難な状況に陥っていることと，福島原発震災後のエネルギー政策の方向づけとの関係を検討してみよう。ここでは，「Q2b　エネルギー政策は，望ましい方向へ変革されたのだろうか」という問いを検討する。

脱原発路線の拒否

エネルギー政策の選択については，2009年9月から2012年12月までは政権の座にあった民主党（現・民進党）は，2030年代中の脱原発という政策を打ち出した。それは，世論の多数意見に沿うものであった。

しかし，自由民主党が，2012年12月の衆議院議員選挙での勝利を経て政権に復帰すると，この脱原発路線を否定し，原子力発電を復活させようとした。2013年9月から［2015年8月に九州電力川内原発1号機が再稼働するまで］，国内すべての原子力発電所は，定期点検もあって稼働を停止していた。原発立地地域の住民の多くが心の底では，再稼働を望んでいないにもかかわらず，自民党・政府と電力会社は原発再稼働を進めようとしてきた。さらに，政府はベトナムなど諸外国で日本のメーカーが原子力発電所を建設する，いわゆる「原発輸出」を積極的に推進している。

現時点での，自民党・安倍政権のエネルギー政策の方向づけは，原子力発電の継続と，東京電力の存続の防衛という2つの大きな方針からなる。こうしたエネルギー政策の変化は，政策内在的な諸論点だけでなく，その意志決定手続きのあり方においても厳しい批判を呼んでいる。自民党によって主導された意志決定プロセスは，公共圏に対して閉鎖的で，旧態依然としたものであった。

政府の原子力エネルギー政策と，脱原発を望む世論の多数派との間には，きわめて大きな乖離が生じているのである。

東京電力に対する政府の庇護的政策

さらに，福島原発事故の処理についても，政府は，東京電力を存続させるという方針で対処してきた。東京電力が，通常の企業経営の制度的枠組みに置かれているのであれば，これだけ巨大な災害を起こし巨額の賠償金を支払わなければならない状況に陥っているのであるから，経営的には破綻せざるをえない。しかし政府は，特別の国債を発行して，東京電力の損害賠償費用の確保を支援し，破綻処理することを回避した。そのような政策によって，福島原発事故に対する東京電力の経営責任は曖昧になった。憤激した福島県民は，多数が参加する「福島原発告訴団」をつくり，東京電力の責任者を刑事告発したが，検察庁は，告訴を見送り，東京電力の刑事責任を追及することを放棄してしまった［2013年10月，告訴団は検察審査会へ申し立てを行い，二度にわたる「起訴相当」の議決と「起訴議決」を経て，2017年6月30日，刑事裁判が開始された］。

また東京電力は，個別の被害者，被災者に対する損害賠償についても，住民の要求に対して，抑制的な対応を繰り返した。それゆえ，「和解」による解決ができない住民が大量に生まれ，そのうち，6000人以上の人が，民事賠償上の訴訟に参加している。

原子力発電の復活という路線のもとで，東京電力を保護し存続させるという政策は，「早期帰還」政策の推進と共鳴する政策である。早期帰還が成功すれば，原子力災害の克服がなされたというイメージを形成することができ，原子力発電の復活や延長を画策するのに，好都合な背景条件となるからである。

以上のように，被災地の復興という課題については，早期帰還政策が優先され，エネルギー政策の方向づけという課題については，原子力発電の復活・継続が志向されていることは，避難者支援政策が不十分であることの背景となっている。巨視的な政策内容の欠陥が，ミクロ的な場面での，政策効果の限界の規定要因になっているのである。

4　意志決定システムの改革の停滞

政府の政策と世論の乖離

ここで，「Q3b 福島原発震災の教訓をふまえ，日本社会における意志決定システムは適切に改革されたのだろうか」という問いに進もう。

復興政策の失敗と原子力発電の復活は，日本社会の意志決定システムの改革が停滞していることを指し示している。結果として，政府の復興政策と，被災者の生活再建に関する要求との間には，大きな隔たりが生じている。同様に，政府の原子力回帰政策と，脱原発を求める世論の大勢との間にも，大きなギャップが生じている。これらの事実は，日本の意志決定システムは，震災という大きな衝撃をもってしても，変わることなく旧態依然の欠陥を露呈していることを示す。

意志決定システムの欠陥が改革されない要因

なぜこのような乖離が顕わになるのだろうか。

第1の要因は，原子力複合体の一部に見られる，強い抵抗である。原子力複合体は，電力会社，原子力産業界，政党，政府機関，マスメディア，学界など多くの主体によって構成されている。彼らは原子力エネルギーの推進に対して共通した利害関心を有し，さまざまな資源を動員して，エネルギー政策に効果的に影響を及ぼすことができる。

もう1つの重要な要因は，日本の選挙制度である。小選挙区制によって，得票数と議席数が必ずしも比例しない。事実，自民党が政権を奪還した2012年12月の衆議院議員選挙では，自民党は61.3%に相当する議席数を獲得したが，得票数は全体の35.3%にすぎなかった（総務省 2012）。

第3の重要な要因は，国会の政策形成能力の貧弱さである。日本では，ほとんどの法案を政府（内閣）が提出するが，その草案は中央省庁が作成する。対照的に，国会議員が法案を提出する議員立法はきわめて数が少ない。結果として，経済産業省は原子力エネルギー政策全体を通じて，法案の提出から法の運用に至るまで，独占的な権限を有するに至っているのである。有権者としての国民は，国会を通じて，ほとんど経済産業省に影響を与えることはできない。

5　適切な社会変革のために鍵となる要因は何か

福島原発震災の被害を克服していくために必要な，復興・再建の政策と，それを根幹で支える社会制御システムの双方に生じている欠陥を前に，どのような取組みと取組み態勢が求められるのだろうか。重要な政策課題に対処するためには，どのようにアリーナ群と諸主体の布置連関を改善すべきなのだろうか。

復興の「第3の道」

(1)「第3の道」の可能性

上述したような，元の町への帰還をめぐる対立を被災者たちが乗り越えるための選択肢として，「長期待避，将来帰還」という「第3の道」がある（舩橋 2014）。この考え方は，高度の汚染地域から避難してきた住民にとって，避難期間の長期化は避けられないという認識に立つ。住民には，被ばくを避ける権利がある。被災者は，元の町の放射線量が十分に安全な水準に下がるまで，安全な地域での生活が保障されるべきである。放射線量が，将来1ミリシーベルトより低くなったときには，多くの住民は安心して元の町に帰還することができるようになるであろう。しかし，そのような低減が実現されるまでには，非常に長期の避難期間，たとえば，10年，20年，30年，50年，あるいは100年といった「長期待避」が必要になるかもしれない。

「第3の道」には，多くの利点がある。それは，住民が今安全に生活することと，将来，元の町に帰還することの両方を可能にする。しかし，この「第3の道」の実現は容易ではない。避難先の町で，住民たちはまとまりやアイデンティティを維持することができるであろうか。きわめて長期にわたる避難期間に，どのようにして住民の生活を再建すればよいのだろうか。無人になった元の町を，長い避難期間の間に，どのように保全すればよいのだろうか。これらの問題を解決して，「第3の道」を実現するためには，一連の政策群が必要である。

(2) 総合的復興政策のあり方

福島原発震災によって廃墟と化した地域の復興には，生き方の多様性と自治体の実情に合わせた総合的政策が必要である。ここでは，もっとも深刻な被害に直面し，住民の長期避難を余儀なくされている自治体を対象に，総合的復興政策（政策パッケージ）のあり方に焦点を当てて論じよう（日本学術会議社会学委員会 2013；2014）。

もっとも深刻な被害に直面している，浪江町，双葉町，富岡町，大熊町，飯舘村といった自治体にとっては，「第3の道」こそ必要であり，他の政策は，「第3の道」の実現可能性とともに検討されるべきである。とりわけ，以下の4つの政策は，「長期待避，将来帰還」という「第3の道」を実現するために重要な位置づけを有している。すなわち，適正な科学的研究，二重の住民登録，地域再生基金，被災者手帳，の4点である。

(3) 適正な科学的研究

地域再生のための効果的な政策を形成するためには，正確な科学的知識が不可欠である。とくに，3つの課題は，早急に科学的に研究されるべきである。第1に，汚染地域における長期的な放射線量の観測と予測。たとえば，年間の放射線量が1ミリシーベルト以下になるような地域が，10年，30年，50年，100年後といった将来時点でどこまで拡大するかを知ることは，地域再生のための情報として不可欠であるが，長期にわたる放射線量のモニタリングに基づく科学的知識は不足しているのが現状である。

第2に，除染の方法をどのようにしたら改善できるかの研究。福島原発震災ののち，除染は優先的な政策目標になり，巨額の予算が投入された。環境省が作成した除染マニュアルは，現場での実情に基づいて，絶えず改良されていくべきであるが，科学者，技術者が除染技術を改善するために議論できるような科学的アリーナがほとんどない。

第3に，低線量被ばくの健康影響に対するデータを集める研究。この問題については，世界中で論争が続いているが，残念なことに，さまざまな専門家の意見が分立し，科学者コミュニティにおいてコンセンサスは得られていない。

このような3つの問題に対して，自律的な「科学的検討の場」が形成されることが必要である。

(4) 二重の住民登録

「長期待避，将来帰還」という「第3の道」のためには，二重の住民登録が必要になる。これを可能にする住民登録に関する新たなルールが必要である。

住民登録は，日本の地方自治体における基本的制度の1つである。住民登録を通じて，人々は法的に自治体の住民として位置づけられ，さまざまな行政サービスを享受することができる。原則として，1人の住民は，1つの自治体にのみ住民登録ができる。しかしながら，この原則は，全住民が避難指示を受けた被災地とその住民に，深刻なジレンマを引き起こしている。被災者にとって，生活再建のためには，避難先の自治体の住民として登録し，行政サービスを享受することが必要である。この行為選択は，住民にとって合理的である一方，そのような行為選択が集積することによって，元の町の人口減少を引き起こす。もしこのような人口流出が続けば，元の町は存続が困難になり，将来帰還がますます困難化する。この問題を回避するために，被災者には，元の町と，避難先の自治体との双方に，二重の住民登録を行う権利を認める必要がある。

(5) 地域再生基金の設置と財源　福島原発震災の被害を乗り越えてコミュニティを再建していくために，被災自治体が十分な財政的裏づけをもって取組みを進めていくことは，きわめて重要である。被災自治体の財源基盤として，税収だけではとうてい足りないので，「地域再生基金」という形で自治体が管理する基金を新たに設置するべきである。この基金の財源は，福島原発事故に責任がある東京電力と政府から提供されるべきである。

一般に，政府からの補助金は，自治体にとって，その地域の実情に応じて柔軟に使えるものではない場合が多い。補助金政策は，現場からの具体的ニーズを受けとめる個々の被災地と，意志決定を行う中央省庁との間に距離があるゆえに，往々にして硬直的で画一的なものになりがちである。

(6)「被災者手帳」の制度化　もう１つの重要な政策は，「被災者手帳」の制度化である。この手帳は，個人の被災情報を記録していくとともに，被災者が生活再建のためにさまざまな支援を受ける権利を保障するものである。また，この手帳は，健診を受ける権利を保障する「健康手帳」の機能も備えるべきである。

「長期待避，将来帰還」という「第３の道」は，これらの４つの政策パッケージをともなうことによって，被災者にとっても被災自治体にとっても，力強い復興の道筋を提供しうる。

しかしながら，現実の日本社会においては，「第３の道」の検討も，これら４つの課題への取組みも政策議題としてまったく設定されてこなかった。このような状況が日本社会の制御能力の貧弱さをもたらしている。

「エネルギー戦略シフト」を可能にする４つの政策

日本社会の再建にあたって，もう１つの重要課題は，福島原発震災後の「エネルギー戦略シフト」である。エネルギー戦略シフトとは，エネルギー政策の根本的変革を意味し，４つの政策――省エネルギー，脱原発，再生可能エネルギーへの漸進的転換，化石燃料の長期的削減――から成っている。そのメリットとしては，持続可能性，安全性，自律性，対処が困難な放射性廃棄物をこれ以上生み出さないこと，気候変動対策としての有効性，社会的合意形成の可能性などがあげられる。

エネルギー戦略シフトの考え方は，私たちの社会が，原子力発電所の過酷事故の可能性を除去できないということを前提にしている。どのような安全対策をとろうとも，一定のリスクは避けることができない。安全な社会に暮らしたいと考えるならば，脱原発という選択は不可欠である。

福島原発震災の後，ドイツは2022年末までに脱原発を実現するという，もっとも明確なエネルギー戦略シフトの政策を選択した。日本においても，脱原発を求める世論が多数を占めている。2013年11月の朝日新聞全国世論調査によれば，72%の回答者が，脱原発を支持しており，それに対して反対する声は15%にとどまっている（『朝日新聞』2013年11月12日）。エネルギー戦略シフトの着想と世論の後押しによって，民主党政権は2012年9月，「2030年代に原発稼働ゼロを可能とするよう，あらゆる政策資源を投入する」（エネルギー・環境会議 2012: 3）とする長期的な脱原発路線を発表した。この政策が，日本政府がそれまでとることのなかった，画期的な一連の民主的手続きによって，選択されるに至ったことは特筆すべきである（舩橋 2013b）。2012年夏，政府は2030年の日本の電源構成における原子力発電の割合について，0%，15%，20〜25%という3つの選択肢を提示し，意見聴取会，パブリックコメント，討論型世論調査を実施したが，たとえばパブリックコメントにおける原子力発電0%を支持する意見は90%に達した。世論の圧倒的多数が2030年までの脱原発を支持し，民主党政権は多数派の意見を尊重するかに見えたが，上述したように，自由民主党が政権につくと，この脱原発路線は否定され，原子力発電への回帰が鮮明になったのである。

制御中枢圏を取り巻く公共圏の豊富化

前項で述べたようなエネルギー政策のパラダイム・シフトを達成するためには，日本社会の意志決定のあり方の変革が必要である（図1-6）。必要な意志決定改革の大局的方針は，一言でいえば「公共圏の豊富化」である。ここで「公共圏の豊富化」とは，民主化と，熟議を通じた意志決定の質的向上という2つのことを意味している。「公共圏」（Habermas 1990）とは，公平性，開放性，自由，批判的精神などの諸理念に支えられ，公共的な問題について人々が継続的に言論を交わす社会空間のことを指し，さまざまな「公論形成の場」を含んでいる。「公論形成の場」は，開かれた討論を通じて，合理性と道理性に基づく世論を形成するのに重要な役割を果たす（舩橋 2012）。公共圏の基本的な機能は，社会の中の民衆や利害集団が，言論を通じて「制御中枢圏」に対して，

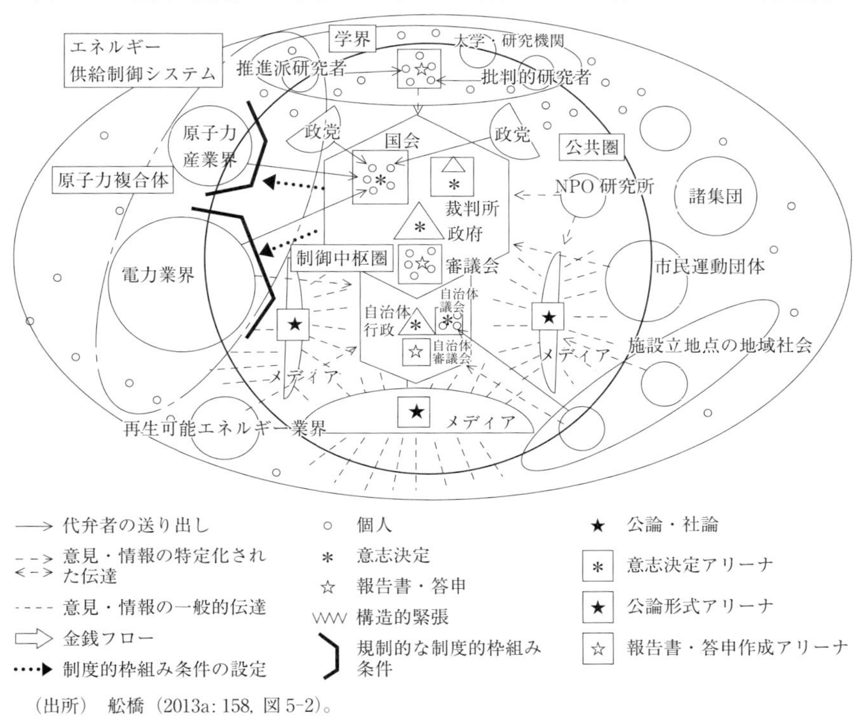

図 1-6　公共圏が豊富化した状態でのエネルギー政策をめぐる主体・アリーナの布置連関

（出所）　舩橋（2013a: 158, 図 5-2）。

彼らの要求や意見を表明することにある。世論を省みることによって，制御中枢圏における意志決定は，より合理性と道理性を備えることができる。

社会変革へ向けた 6 つの課題

福島原発事故を見て，いち早くエネルギー政策の転換を成し遂げたドイツと比較すると，日本社会の変革にどういう要素が重要かが明確になる。ここでは，6 つの重要な要因を指摘しておきたい。

第 1 は，強力な市民運動，社会運動の存在である。日本においても，さまざまな市民運動，住民運動の伝統と経験があるが，被災地の再生とエネルギー政策の転換という現在の大きな課題に対比すると，日本の社会運動の力量は，まだ限定的である。住民グループが主体として形成され，要求を提出し，自治体や政府の政策形成に影響を与えていくだけの力をもつことが，社会変革にとっての第1の条件である。

第2に，市民の意思が，有効な政策決定に結びつくためには，各級の議会における議席の獲得が必要である。この点で，ドイツにおける脱原発運動は大きな成果をあげた。日本においては，世論調査においては，脱原発の声が多数派であるのに，地方議会でも，国会でも，それが，効果的に選挙における得票や，議席の獲得に結びついていない。この点では，市民運動と政党の側に，選挙戦術におけるよりいっそうの「賢さ」が求められる。

第3は，独立性と批判性を備えた政策研究機関，すなわち，市民の視点に立ったシンクタンクが必要である。原子力政策にしても，被災地再建政策にしても，市民の視点での政策分析と政策提言がなされることが，より望ましい政策案を公論として主張していくための前提である。日本においては，「御用学者」という言葉に見られるように，専門家が，巨大な政治力を有する主体の道具になり下がってしまうことの弊害が見られる。政府や原子力複合体から独立した専門的な政策分析，政策提言を担う主体の確立が大切である。この点で，2013年4月に発足した「原子力市民委員会」は，日本における学際的な市民シンクタンクをつくろうという点で，注目すべき取組みであり，当初の目標どおり発足からちょうど1年後に『脱原子力政策大綱』を発表した（原子力市民委員会 2014）。

第4に，独立性と批判性を備えたメディアとジャーナリストが必要である。メディアは，「公共圏の耕作者」であり，メディアにおける活発な意見交換と，調査報道の能力を有するジャーナリストが存在することが，公論形成のために必要である。

第5に，自治体からの政策転換の働きかけが大切である。日本のこれまでの環境政策の前進にしても，ドイツにおけるエネルギー政策の転換にしても，市民の声を受けた自治体における政策転換が積み重なって，社会全体の変革が可能になったという歴史的経験がさまざまに見られる。

第6に，エネルギー政策の転換にも，被災地の再建にも，「地域に根ざした」（community-based）再生可能エネルギーの導入，拡大は，社会変革の力になる。再生可能エネルギーの普及は，原子力複合体の勢力の削減に結びついていくであろう。

おわりに

本章のポイントは，以下のように3つにまとめられる。

① 福島原発震災から一定の時間が経過した今なお，政府の復興政策は，被災地の復興と被災者の生活再建を効果的に進めることに失敗している。

② 日本人の多数が，脱原発を望んでいるものの，政府は原子力発電の復活を進め，エネルギー政策の改革は停滞している。

③ 日本社会の社会的・政治的意志決定システムの欠陥が，福島原発震災を引き起こし，被災地と被災者の復興・生活再建にも失敗している根源的な要因である。

より詳しいポイントを付け加えるならば，以下の7つの点を示すことができる。

① 福島原発震災は，未曾有の事件であり，その全貌を明確に理解する必要がある。

② 福島原発震災は，規模の巨大さが際立つ災害であり，私たちは，原子力発電所の過酷事故によって生ずる被害がどこまで拡大するのか特定できないことを認識した。

③ 福島原発震災の被害構造は，「生活環境の5層」モデルを介して全貌が明らかになった。原子力災害による深刻な被害は，5層の生活環境がすべて崩壊してしまったところにある。

④ 5層の生活環境を再建することこそ，福島原発震災の被災者に対する補償のあり方を示す。

⑤ 居住地域の放射線量が高く，長期にわたって帰還することができない被災者にとって，「長期待避，将来帰還」という「第3の道」を確保することが必要である。「第3の道」は，適正な科学的研究，二重の住民登録，地域再生基金の設置と財源の確保，被災者手帳など関連する政策とともに「政策パッケージ」として示されるべきである。

⑥ 福島原発震災が提起するさまざまな問題を解決するためには，日本社会は，より洗練された意志決定システムをもつよう自己変革する必要がある。公論形成の場を増やすことによる公共圏の豊富化は，日本社会を適切に再組織化していくうえで鍵となる要因である。

⑦ 日本社会の制御能力の不十分さは，さまざまなアリーナの布置連関が適正でないこと，および公共圏の貧弱さによって引き起こされている。

付　記

本章の成立事情について特記しておきたい。

本章の筆者・舩橋晴俊は2014年8月15日にクモ膜下出血により急逝した。パソコンに残されていたのは，本書刊行準備の研究会のために用意された2014年5月18日付の「第1巻終章『新しい社会へ――脱原子力と被災地再建』準備レポート」と題する4頁のメモにとどまった。福島原発事故に関する生前最後の報告となったのは，世界社会学会議横浜大会に先立って，法政大学サステイナビリティ研究所などが主催してパシフィコ横浜で開かれたPre-Congress Conference: On the Fukushima Nuclear Disaster and History of Environmental Problemsにおいて2014年7月12日に報告された英文原稿である。この原稿（Funabashi 2014）は完成度が高く，舩橋が本書に予定していた原稿と内容的にも相当程度重複度の高い原稿と見られる。監修者の田中重好・長谷川公一と遺族の舩橋惠子が協議し，この原稿の和訳を本書に収録することにした。

舩橋の教えを受け，最晩年の原子力市民委員会の活動も一緒に担った茅野恒秀，同様に教えを受け研究を志す羽深貴子が和訳にあたり，舩橋惠子が校訂・補筆し，長谷川が，茅野・舩橋と協議し最終的に監修した。

したがって，本論文が前提とする事実関係は，2014年7月中旬までのものであることをお断りしておきたい。その後の事実関係の大きな変化については［編者注］として挿入した。文献については，本論文と関係の深い舩橋執筆のものを補った。

茅野恒秀・羽深貴子・舩橋惠子三氏のお力添えに深謝申し上げたい（編者・長谷川公一）。

参考文献

エネルギー・環境会議，2012，『革新的エネルギー・環境戦略』（2017年1月31日取得，http://www.cas.go.jp/jp/seisaku/npu/policy09/pdf/20120914/20120914_1.pdf）。

復興庁・福島県・富岡町，2013，「富岡町住民意向調査　調査結果（速報版）」。

舩橋晴俊，2012，「社会制御過程における道理性と合理性の探究」舩橋晴俊・壽福眞美編著『規範理論の探究と公共圏の可能性』法政大学出版局。

舩橋晴俊，2013a，「福島原発震災の制度的・政策的欠陥――多重防護の破綻という視点」田中重好・舩橋晴俊・正村俊之編著『東日本大震災と社会学――大災害を生み出した社会』ミネルヴァ書房。

舩橋晴俊，2013b，「震災問題対処のために必要な政策議題設定と日本社会における制御能力の欠陥」『社会学評論』64(3): 342-365。

舩橋晴俊，2014，「『生活環境の破壊』としての原発震災と地域再生のための『第三の道』」『環境と公害』43(3): 62-67。

Funabashi, Harutoshi, 2012, "Why the Fukushima Nuclear Disaster is a Man-made Calamity," *International Journal of Japanese Sociology*, 21: 65-75.

Funabashi, Harutoshi, 2014, "Three Tasks of Social Change in Japan Raised by the Fukushima Nuclear Disaster," Presented at the Pre-Congress Conference: On the Fukushima Nuclear Disaster and History of Environmental Problems, Yokohama on July 12th, 2014. Unpublished manuscript.

原子力市民委員会，2014，『原発ゼロ社会への道――市民がつくる脱原子力政策大綱』。

Habermas, Jürgen, 1990, *Strukturwandel der Öffentlichkeit*, Suhrkamp Verlag.（＝細谷貞雄・山田正行訳，1994，『公共性の構造転換――市民社会の一カテゴリーについての探究（第2版)』未来社）

蓮池透，2011，『私が愛した東京電力――福島第一原発の保守管理者として』かもがわ出版。

飯島伸子，1984，『環境問題と被害者運動』学文社。

日本学術会議社会学委員会 東日本大震災の被害構造と日本社会の再建の道を探る分科会，2013，「原発災害からの回復と復興のために必要な課題と取り組み態勢についての提言」(2017年1月31日取得，http://www.scj.go.jp/ja/info/kohyo/pdf/kohyo-22-t174-1.pdf）

日本学術会議社会学委員会 東日本大震災の被害構造と日本社会の再建の道を探る分科会，2014，「東日本大震災からの復興政策の改善についての提言」(2017年1月31日取得，http://www.scj.go.jp/ja/info/kohyo/pdf/kohyo-22-t200-1.pdf）

総務省，2012，「平成24年12月16日執行　衆議院議員総選挙・最高裁判所裁判官国民審査　速報結果」(2017年1月31日取得，http://www.soumu.go.jp/senkyo/senkyo_s/data/shugiin46/index.html）

第2章

構造災における制度の設計責任

科学社会学から未来へ向けて

松本 三和夫

1 問題設定

この章では，東京電力福島第一原子力発電所事故（以下，福島原発事故）が社会と社会（科）学に問いかけているにもかかわらず，ポスト福島状況において無視され続けている問題を明らかにしたい。とくに，専門知と社会的意思決定の間に介在する白とも黒とも，加害とも被害とも二分法的に決めがたい，社会（科）学的に重要な意味をもつ制度設計の問題を，科学社会学の視点から分析する。その際，福島原発事故を「構造災」と捉えたときに想定される再帰的含意の検討と，「業界村」が象徴する旧態依然たる社会レジームの革新のための基礎理論の検討を立論の柱としたい。

多くの人々の日常の状況では，専門知はどちらかというと必要悪かもしれぬ。専門家から難解な専門知を振りかざされるのもちょっと困る，さりとて専門知抜きでは立ちゆかない場合もある。そういう場合，専門家に標識をつけ，言動がなるべく無難なところに収まるよう社会がコントロールするに限る。たとえば，とにかくわかりやすいのが説明責任といったように。この種の見解に接した人は少なくないであろう。

そこには，日常的な状況においても非日常的な状況においても，現代に生きる人々を規定する独特の事情が介在する。まず，私たちは，好むと好まざるとにかかわらず専門家の仕事に依拠せざるをえない。事柄は，発電用原子炉の事故にとどまらず，エネルギー供給，食糧供給，放射性廃棄物処分，新薬の治験結果等々，例は枚挙にいとまがない。他方，専門家の仕事の内容の妥当性を判断する術を，非専門家である普通の人々はもたない。その意味で，専門家と非専門家の関係は非対称的である。あまつさえ，専門家とは特定の事柄についてのみ専門家であって，それ以外の膨大な事柄については非専門家である。つまり，私たちは互いに前記の非対称な関係を抱えこんでいる。

日常的な営みの中では，そうした非対称な関係は目前の個々の利得の追求の陰に埋もれてほとんど可視化されることがない。福島原発事故とそれに引き続くポスト福島状況は，目前の利得の陰に埋もれるそうした非対称性を浮き彫りにしてしまうような稀少事象（extreme events）といえる。何の罪もない多くの人々に避難生活を強い，かつ不明瞭な基準による避難解除がエビデンスベースドポリシーの名のもとに進められ，厳密な現状回復が事実上不可能であるにもかかわらず，誰もそのことを公に言及しないまま，あたかも日常的な物損事故であるかのような想定のもとに問題の処理が進められているからである。

科学社会学の観点からさらに視野を広げて捉えると，被災の当事国として，全人類に向けて放射性物質（含・放射性廃棄物）に関する可能なかぎり正確な事実情報を発信することが求められている。翻って国内の公共圏に目を転じるなら，可能なかぎり正確な事実情報というより，いわばある種の「おとぎ話」（fantasy documents）の生産と消費に余念がないと受け取られても仕方がない状況が見受けられる。「おとぎ話」とは，「制御不能な事柄があたかも制御されているかのように他者に説く機能を演じる」（Clarke 1999: 16）文書のことをいう。問題の要は，専門知，わけても科学知，技術知と民主主義の間の複雑なからみ合いを見通しながら，科学技術と社会の界面で生じるテクノサイエンス・リスクをどう捉えるかである。ここで「テクノサイエンス・リスク」とは，科学技術と社会の界面において発生する集合的かつ将来的な不利益の可能性の集合を指す（松本 2009: 11）。

はじめに，なぜ科学社会学の視点が求められるかを述べよう。

2　科学社会学の視点

社会学は，あらゆる事柄を社会現象と見る。ところが，事柄が科学技術に及ぶと，科学技術は事実上社会現象には属さないとみなされてきた。科学技術は所与とされるからである。つまり，社会学にとって科学技術は久しくタブーに属する主題だった。福島原発事故のあとですら，事故の背景にある科学技術と社会の関わりを分析する社会学者の試みはきわめて少ない。他方，一般の人々は，科学技術と社会の関わりに関心を寄せることを余儀なくされて久しい。たとえば，成層圏オゾン層の破壊による特定フロン規制，地球温暖化による生産活動の規制，化学物質の規制，遺伝子治療に関わるガイドライン，そして福島原発事故による除染解除区域の基準等々[1]，科学技術と社会の関わりに否応なしに向き合わされてきた。その結果，科学技術と社会の関わりについて普通の人々が社会学に寄せる疑問や期待と社会学の実態の間には，巨大な落差が存在している。

科学社会学は，そういう状態を変革するための知的なプラットフォームを提供しようとしている[2]。福島原発事故以前に目を向けてみると，スリーマイル島原子力発電所で発生した過酷事故（severe accident）で圧力容器の内部検査により底部の温度分布をもとにメルトダウンの直接の証拠が公表されたのは，事故から 15 年後のことであった（OECD/NEA & NRC 1994: 79）。現在，福島原発事故に関わる炉の内部を直接検査した人は誰もいない。それゆえ，福島原発事故について現在語られていることは，今後明らかになる事実によって訂正を余儀なくされるであろうことは想像にかたくない。この章で語る内容もまた，そのような制約を免れない。けれども，科学技術の営みが社会現象であるかぎり，社会学者として今できることを可能なかぎり試み，そして後世に生かすほかない。この章は，そういう動機に支えられた科学社会学者のささやかな覚え書きである。

3　構造災の特性

福島原発事故以降，復興を真剣に支援するため，低線量被曝を正しく理解しよう，といった話法が登場した。あるいは，今こそ科学技術文明の転換期であり，科学技術一辺倒の心のあり方を反省して復興につなげようといった，反省を促す話法も登場した。それぞれに重要なことであろう。しかし，筆者の視点から眺めると，ともに，身の丈に合った何かが乏しい気がする。福島原発事故は元来他人事ではないはずなのに，首尾よく他人事にしてくれて，これまでと寸分違わぬ営みに棹さす側面をどこかに備えている気がする，といいかえてもよいかもしれない。

表題に掲げた構造災とは，福島原発事故をいわばそのような意味での他人事にしないための視点と考えていただきたい。福島原発事故に即して眺めると，構造災には，少なくとも次の5つの特性が複合的に関与しうる（松本 2012: 46）[3)]。

① 先例が間違っているときに先例を踏襲して問題を温存してしまう。

② 系の複雑性と相互依存性が問題を増幅する。

③ 小集団の非公式の規範が公式の規範を長期にわたって空洞化する。

④ 問題への対応においてその場かぎりの想定による対症療法が増殖する。

⑤ 責任の所在を不明瞭にする秘密主義が，セクターを問わず連鎖する。

元来他人事でない問題である以上，構造災に対する責任から免れることは何人もできない。ただし，あたかも一億総ざんげのごとく，万人が同程度の責任を負うのではない。構造災を引き起こした制度を設計した官セクターの当該主体は，設計された制度のもとで人知れず不利益をなお被り続ける主体より重い，応分の社会的責任を負っているはずだからである。順を追って説明しよう。

4　リスクと二重の決定不全性

問題の最初の糸口はリスクの捉え方にある。リスクは，損害と確率の積として定義される。そして，確率論的リスク評価（probabilistic risk assessment）は，失敗の木（fault tree），事象の木（event tree）などの手法にすでに体現されており，個別具体的な事故原因分析などに利用されて久しい（複数の発電用原子炉の安全性の比較評価，墜落した打ち上げ用ロケットの事故原因の推定等々）。膨大な要素からなる巨大科学技術システムの不具合の原因を絞り込む場面で，そうした手法は一定の効果を発揮する。けれども，効果を発揮するためには条件がある。第1に，事象の場合分けができること。第2に，場合分けされた事象同士の間に相互作用が存在しないこと。第3に，期待値として得られる等価な複数のリスクの間に質的な差異を想定しなくてよいこと。いわゆる稀少事象や過酷事故と呼ばれる出来事と社会との関連を考える場合，いずれの条件も満たされることは少ない。とくに，第3の条件が満たされない場合，確率論的リスク評価を稀少事象や過酷事故に一律に適用して社会的な判断を導くことには慎重であることが求められる[4)]。たとえば，リスク論における可能性主義と確率主義が識別される理由には，第3の条件が現実には満たされないという問題が含まれる（Clarke 2008）。

リスク社会論を超えて

個別具体的には，資産選択のリスク，疫学的リスク，自然災害のリスク，癌のリスクファクター等々，現代社会におけるリスクは枚挙にいとまがない。そして，社会学においては，ウルリヒ・ベックのリスク社会論が（Beck 1986＝1998; 1987），顕著な影響力を保ってきた。はたして，福島原発事故以降，リスク社会論に言及しながら福島原発事故の記述，分析を行うモードは珍しくない。リスク社会論自体は，1986年のチェルノブイリ原発事故とほぼ同時期に公刊されている（Beck 1986＝1998）。福島原発事故に接近する際にリスク社会論が想起される背景には，国際原子力機関（IAEA）の事象評価尺度でレベル7の史上最悪のチェルノブイリ原発事故と同時期に書かれたリスク社会論が，同尺度で同じくレベル7の福島原発事故に対してどのような知見を与えてくれるかを知りたい，という関心がいくぶんか働いているのかもしれない。

しかしながら，本章はリスク社会論が，福島原発事故の社会学的要因分析や背景分析，起こりうる同型の事故の予兆探知等々に資するのを期待することが，残念ながらできないと考える。リスク社会論は，個別リスク（例，福島原発事故に体現されるリスク等々）の記述，分析以前に，リスク社会が存在するという結論先取の落とし穴を抱えこんでいると思えるからである。「危険社会の本質的特徴は，それまでのさまざまな社会（産業社会も含め）で可能であったことが，不可能となったことにある。つまり，危険の根源を社会の外部に求めることができなくなったのである」（Beck 1986＝1998: 376）。なるほど，ベックがこういうとき，リスクがすぐれて人間の意思決定に関わる事柄であるという社会学的なリスク論の視点を先駆的に表現しており，その点における貢献は少なくない。他方，その視点を個別リスクに関わる問題に適用するとき，特定の問題がリスク社会の特性から同義反復的に導かれるという傾きを色濃くともなう。「危険はあたかも文明の一部として割り当てられる」(Beck 1986=1998: 30)。こうした論定のモードが，たとえば福島原発事故に適用されるとき，福島原発事故は産業社会から危険社会への移行によって過不足なく予想され，説明されるという状況からそう遠くない事態が想定できる。

もしそうした想定が現実になるなら，すっきりした見通しを与えてくれる反面，個別のリスクに即して具体的に探究すべき事故をあらかじめ用意した危険社会の図式に当てはめて自在に解釈するというリスクをともなう[5]。そうした解釈のループにとどまるかぎり，事実が図式を強化する材料として消費されればされるほど，新たな知見を生む基盤となることは期待できなくなる。欠けているのは，個別リスクが災害につながる過程に関与する具体的な条件の特定である。こうした問題をふまえてみると，専門知と政策の間に大きな決定不全性が介在することが，構造災を見通す立論にとって1つの重要な手がかりを提供している。

決定不全性

筆者が構造災を定式化する背景には，決定不全性（underdetermination）と呼ばれる状態がある。決定不全性とは，科学の概念や言明が経験的な証拠と1対1で対応しない状態を指す。それは，たとえば科学知に含まれる理論的な成分（例，ラグランジアンなどの概念等々）を通して解析的手法を学ぶ際に科学者の基礎訓練の過程で現れる。科学社会学（sociology of science and technology）の系譜において，こうした決定不全性のありようを科学者集団の構造特性（例，実験装置の使用法，科学者集団のやりとりの作法や文化，教育訓練課程の微妙な違い，パトロネージュのあり方等々）に注目して実証的に展開する仕事が陸続と現れて久しい。さらに，科学知についての決定不全性は技術知の開発，利用の局面にも拡張され，おびただしい数の仕事を輩出する。技術の構築主義（social construction of technology）の登場である[6]。

こうした一連の系譜は，科学社会学の研究者にとってはすでによく知られた事柄に属する。ところが，そこに重要な例外が存在する。科学知や技術知に決定不全性が存在するなら，科学技術の関与する公共政策（例，安全規制基準，環境汚染規制値の設定，リスクアセスメント，生命倫理のガイドライン等々）の立案，実施，評価の過程には，はるかに大きな決定不全性が生じる可能性である。そのような意味での決定不全性の解明はこれまで科学社会学においても見過ごされてきた。この課題が重要なのは，公共政策の立案，実施，評価の過程には，科学知や技術知の決定不全性とはおよそ趣を異にする，別種の決定不全性が関与するからである。

たとえば，専門家と素人の間の微妙な関係，予算制約，複雑な予算執行システム，公共政策の立案，実施，評価の全過程への省益，利害関係者の関与，そのような省益，利害関係者同士の競合，公共空間における組織の体面の保持等々，別種の決定不全性をもたらす要因は枚挙にいとまがない。かりに科学知や技術知に決定不全性がまったく存在せず，科学技術が公共的な争点に関する問題の定義や解決に唯一解を与えると仮定しても，その争点について公共政策が導かれる過程にはそうした別種の決定不全性を生むさまざまな要因の関与が避けられない。

二重の決定不全性

いいかえると，公共政策とは，科学知や技術知の決定不全性と趣を異にする，政策の立案，実施，評価の過程に特有の決定不全性を抑えこんではじめて決まると見るほうが無理がない。ここでは，そうした事態を明確にするため，科学知や技術知に関する古典的な決定不全性を第１種の決定不全性，公共政策の立案，実施，評価の過程に関与する，それ以外のすべての要因に由来する決定不全性を第２種の決定不全性と定義したい（図 2-1 参照）[7]。

このように二重の決定不全性が生じる可能性を見て取り，両者を適切に識別する試みは，その現実的，学問的な重要性にもかかわらず，これまで等閑視されてきた。たとえば，エビデンスに基づく政策を標榜する「政策のための科学」は，政策の効果測定と持続的な検証を欠く場合，当事者の不利益を政策によって解消し，国民全体の利益に資するのではなく，むしろ第２種の決定不全性のもとで政策担当主体自身を正当化する手段となる可能性が十分想定可能である。政策への貢献というラベルのもとに役人や利害関係者のポストの増加だけが帰結するといった場合がそれである。

にもかかわらず，公共政策が立案，実施，評価される過程のさまざまな局面において二重の決定不全性がどのように現れ，結果として実現する公共政策の内実にどのような影響を与えるかについての研究はほとんど手つかずのまま残されている[8]。その状況に対し，第１種の決定不全性から第２種の決定不全性を適切に識別しつつ，両者の相互関係を具体的に立ち入って特定し，たとえば

図 2-1　第 1 種の決定不全性と第 2 種の決定不全性

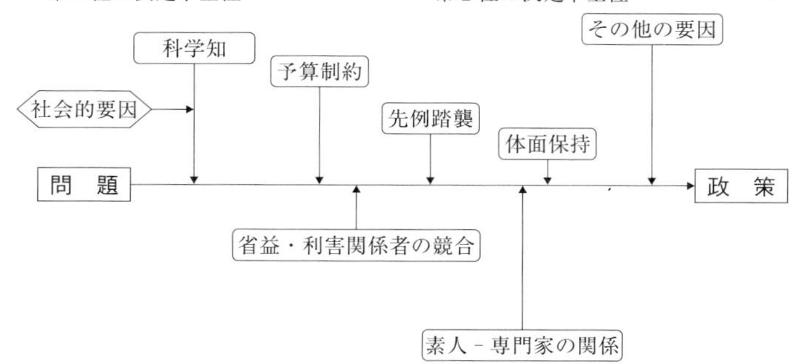

（注）わかりやすくするため，あえて線的なイメージを用いて表現しているが，決定不全性の要因がこの順序にしたがって関与するであるとか，あるいは関与の仕方が線形であるという主張をこの概念図は含まない。
（出所）Matsumoto (2010), Fig. 2 による。

「政策のための科学」の社会的機能と逆機能をつぶさに記述，分析する試みが求められる。

専門家と素人の間の微妙な関係，予算制約，複雑かつ硬直的な予算執行システム，公共政策の立案，実施，評価の全過程への省益，利害関係者の関与，省益，利害関係者同士の競合，公共空間における組織の体面の保持等々による第 2 種の決定不全性は，どのような暗黙の想定によって固定化されているのだろうか。そうすることにより，特定の公共的な争点について 1 つの政策はいかにして導かれるのだろうか。さらに，第 1 種の決定不全性はこうした諸問題にいかに関わり合うのだろうか。これらの設問にこたえうる有意味な分析の枠組みを定めることは，たとえば原子力規制機関が利害関係者である原子力推進機関と同一の行政組織に属することの脆弱性が久しく指摘されながら，放置され，かつそうした制度設計の社会的責任が問われないまま既存の発電用原子炉の再稼働が図られるといった状況をふまえて構造災を見通す際に，避けて通れない課題である。

社会の地金が問われている

もとより，利害関係者を完全に排除するのは，何事によらず不可能に近い。現場の技術者であれば，巨大科学技術システムが科学技術だけの産物ではありえず，利害関係を含む多種多様な社会関係のうえに成り立っていることは周知のことである。科学社会学においても，「異質なものの組み合わせからなる技術」（heterogeneous engineering），「切れ目のないウェブ」（seamless web）といった一連の概念が提示され，自然と社会が同時に関与する現場の利害関係を不断に調整し，「ずらし」（déplacer）つつ，科学者や技術者が仕事を進める様子がつとに知られる（Hughes 1986; Latour 2001; Law 2002 など）。

要は，そのような利害関係を多重的に組みこんだ構造が，両刃の剣である点にある。たとえば，巨大科学技術システムがもたらす利益を利害関係者や第三者で共有する場面では，第三者と利害関係者を抱き合わせにして利益配分を図ることは，効率的たりうる。他方，巨大科学技術システムが不利益，たとえばフロントエンドにおける重大事故や，とくにバックエンドにおける高レベル放射性廃棄物処分のように，時間的に数世代，空間的に文字どおりグローバルな不利益の配分を不特定多数の人に余儀なくするような場面では，利害関係者を極力排除して独立性を担保して原因究明と不利益を配分する制度設計を行うことが不可欠である。前者のような利益配分の場面では効率性が，後者のような不利益配分の場面では公正性が制度全体の存続の鍵を握っているからである。

このように，利益配分の場面と不利益配分の場面では，科学技術と社会の界面の構造を評価する基準が異なり，異なる基準を場面に応じて適切に切り替える必要がある。それは，どのようなマニュアルにも教科書にもおそらく書かれていない。科学技術と社会の界面の構造を決める制度を設計する際の，根本的な設計思想に関わるからである。福島原発事故を構造災と見るかぎり，そういう制度設計に関わる根本的な設計思想の次元にまで立ち帰り，新たな制度のあり方の構想が求められる。いわば，社会の地金の変革が求められているのである。

とりわけ，福島原発事故後の百家争鳴を思わせる状況の中で，今なおきちんと問われていない問題が存在する。それは，先に定義した構造災の5つの特性のうち秘密主義と密接に関わる，「制度化された不作為」というべき問題である。次節では，「制度化された不作為」を，福島原発事故直後におけるSPEEDI（緊急時迅速放射能影響予測ネットワークシステム）の運用のされ方に注目して詳らかにしたい。要は，構造災の責任帰属に関わる。

5　制度化された不作為

構造災の視点から福島原発事故を分析して引き出せる最大の，かつほぼ完全に無視されている教訓の1つは，前記のように制度設計の根本的な設計思想の変革の必要性である。この節では，福島原発事故直後におけるSPEEDIの運用のされ方に注目し，そう主張する根拠を特定し，構造災にともなう責任帰属のあり方を，制度設計の根本的な思想にふれて述べる。

SPEEDIの運用は，旧原子力安全委員会によって定められた環境放射線モニタリング指針を根拠としている。同指針によると，平常時モニタリングの目的は「原子力施設の周辺住民等の健康と安全を守る」ことにある（原子力安全委員会 2008: 3）。ところが，原子力施設における緊急事態を想定した緊急時モニタリングの目的は，「必要な情報を収集し，原子力施設に起因する放射性物質又は放射線の周辺住民等への影響の評価に資する」ことと定められている（原子力安全委員会 2008: 15）。「周辺住民等の健康と安全を守る」という目的が，「周辺住民等への影響の評価に資する」に置き換わっていることが見て取れる。

「健康と安全を守る」と「影響の評価に資する」のずれ

「健康と安全を守る」ことが目的なら，「健康と安全を守る」ことができなければ，指針は失敗である。他方，「影響の評価に資する」ことが目的なら，かりに「健康と安全を守る」ことができなくとも，「影響の評価に資する」ことは十分可能である。つまり，「健康と安全を守る」ことと「影響の評価に資する」こととは，必ずしも重ならない。

この場合分けが重要であるのは，「健康と安全を守る」ことと「影響の評価に資する」ことが重ならない可能性が，緊急時の指針から導かれるという点にある。すなわち，緊急時に関するかぎり，周辺住民等の「健康と安全」が守られなくとも，周辺住民等への「影響の評価に資する」かぎり，指針をきちんと遵守した行動である可能性が存在する。緊急時に指針がそのように運用されることはない，といわれるかもしれない。残念ながら，そうではない。なぜなら，SPEEDIの使用を定めた指針の内容は，そうした可能性がほぼ間違いなく実現するような規定になっているからである。規定は，緊急時における次の4つの場面を想定している。

① 事故発生直後
② 放出源情報が得られた場合
③ 緊急時モニタリング情報が得られた場合
④ 放出終息後

それぞれの場面におけるSPEEDIの運用の仕方は次のように定められている。

①「予測図形を基に……緊急時モニタリング計画を策定する」(原子力安全委員会 2008: 51)
②「計算により得られた計算図形を配信する」(原子力安全委員会 2008: 51)
③「防護対策の検討，実施に用いる各種図形を作成する」(原子力安全委員会 2008: 52)
④「被ばく線量評価に資する」(原子力安全委員会 2008: 52)

上記のとおり，いずれの場面においても，「計画を策定する」「図形を配信する」「図形を作成する」「評価に資する」といった計画策定，評価に関わる事柄が掲げられている。具体的な運用の場面を見ても，周辺住民等の避難は登場しない。つまり，目的においても，運用場面においても，SPEEDIを周辺住民等の避難に役立てることがないとしても，そのことは指針に十分かなう行動として許容されるような制度があらかじめ設計されていることがわかる。

前提となった制度の設計思想

そうした制度設計の前提は，緊急事態の発生，緊急事態の把握（モニタリングポストの実測，SPEEDIの予測による），避難計画の策定，策定された計画の自治体への伝達，自治体から住民への避難指示といった一連の出来事が逐次的に生起することを想定した設計思想である。

現実には，モニタリングポストが地震で破壊されるなどの出来事により目前の状態が把握されず，そのため自治体から住民への的確な避難指示が逐次的に行われなかった。事実，浪江町などのいくつかの自治体では，国からの連絡はなされず，緊急事態であることを報道を通して知り，自主避難を余儀なくされている。国から連絡がなされた自治体においても避難の目安として用いられたのは福島第一原発から2 km圏から30 km圏に至る同心円であり，避難の方位が最後まで示されなかった。その結果，幼子を含む住民が線量の高い地域へ避難する場合を生んだ。いうまでもなく，モニタリングポストによる観測データが不在であっても，単位放出量を想定してSPEEDIによる状態把握はできる。

アドホックなエクスキューズが語ること

これに対し，SPEEDIはリアルタイムで作動しなかったのだといわれることがある。そうではない。なぜなら，事故直後の2011年3月11日午後9時12分から2011年3月16日午前11時13分までの間SPEEDIは作動し続け，少なくとも45回，173枚に達する予測図形を出力しているからである（表2-1参照）。

いや，SPEEDIは作動していたかもしれないが，それは風向きを示す気象情報と内容的に大差ないものであり，原子炉の重大事故を想定した予測ではないともいわれる。けれども，表2-1のとおり，「1号機ベント」「1号機格納容器破損」「1号機水素爆発」「3号機ベント」「20 km避難区域への影響」「3号機水素爆発」「2号機ドライベント」「2号機サプレッションチェンバー破損」等々，現実に発生した重大事故に基づく予測が行われている。

いやいや，SPEEDIの計算図形は一定時点のものであり，絶えず風向きが変化する以上，一定時点だけの予測に基づいて住民の避難に資することはできない，といわれるかもしれない。けれども，表2-1のとおり，4回の風速場確認を除く41回分はいずれも積算線量予測で占められている。

緊急時の事象が想定のとおりに逐次的に生起するとはかぎらず，そういう場合に備える策として深層防護，あるいは多重防護の意義が久しく説かれてきたはずである。それを，深層防護や多重防護の徹底こそが福島原発事故の教訓だと語られるようなことが万が一にもあるとすれば，福島原発事故から学べる教訓は過去に説かれてきたことのうちに過不足なく収まり（例，問題は過去に説かれてきたことの「徹底」にある），なにも過去の習慣，仕組みを根本的に改める必要がないことを意味する。心理的には，それが最適解かもしれない。けれども，社会学的には，福島原発事故から新たな教訓を学習するつもりのないことの表明に近い。その種のふるまいをいたるところで可能にしているのは，目的においても，運用場面においても，SPEEDIを周辺住民等の避難に役立てる規定が登場しない，前記のような制度設計のあり方であると考えられる。

すると，SPEEDIの運用担当者ならびに関係者の倫理的責任だけに問題を帰着させることは，問題を矮小化し，もっとも問われるべき重大な責任をかえって曖昧にする効果をもつ[9]。構造災の観点から眺めるかぎり，それは，不確実性のもとで致命的な事態につながりかねない。なぜなら，福島事故に象徴される重大事故には無限責任がともなうからである。なにより，無限責任がともな

表 2-1　原子力災害対策本部事務局（原子力安全・保安院）における SPEEDI 計算図形一覧

項	期日	配信時間	対象炉	放出量根拠	風速場	大気中濃度	空間線量率	地表蓄積量	外部被ばく	甲状腺	枚数	広域	備考	解説
1	2011.3.11	21:12	福島第 1-2 号	①(仮想事故)	1				1	1	3		12 日 3 時半放出開始, 1 時間放出 3 時間積算	2 号機ベントを仮定した影響確認のため
2	2011.3.12	1:12	福島第 1-1 号	①(仮想事故)	1				1	1	3		12 日 3 時半放出開始, 1 時間放出 3 時間積算	1 号機ベントによる影響確認のため
3	2011.3.12	3:38	福島第 1	—	5						5		12 日 12 時～13 日 0 時の風速場	風速場確認のため
4	2011.3.12	3:53	福島第 1-1 号	①(仮想事故)					1	1	2		12 日 12 時放出開始, 1 時間放出 12 時間積算	1 号機ベントによる影響確認のため
5	2011.3.12	6:07	福島第 1-1 号	③	1				1	1	3		12 日 13 時放出開始, 6 時間積算	1 号機格納容器破損による影響確認のため
6	2011.3.12	6:46	福島第 1-1 号	③					1	1	2		12 日 13 時放出開始, 6 時間積算	1 号機格納容器破損による影響確認のため
7	2011.3.12	7:27	福島第 1-1 号	③	1				1	1	3		12 日 13 時放出開始, 6 時間積算	1 号機格納容器破損による影響確認のため
8	2011.3.12	10:18	福島第 1-1 号	①(重大事故)	4				1	1	6		12 日 9 時放出開始, 3 時間積算	1 号機格納容器破損による影響確認のため
9	2011.3.12	11:54	福島第 1	—	4						4		12 日 12 時～15 時の風速場	風速場確認のため
10	2011.3.12	12:09	福島第 1-1 号	①(仮想事故)	4			1	1	1	7		12 日 12 時放出開始, 1 時間放出 3 時間積算	1 号機ベントによる影響確認のため
11	2011.3.12	13:42	福島第 1	①(重大事故)	4			1	1	1	7		12 日 14 時放出開始, 1 時間放出 3 時間積算	1 号機ベントによる影響確認のため
12	2011.3.12	16:49	福島第 1-1 号	①(仮想事故)	2			1	1	1	5		12 日 17 時放出開始, 1 時間放出 3 時間積算	1 号機水素爆発による影響確認のため
13	2011.3.12	17:45	福島第 1	—	4						4		12 日 17 時～20 時の風速場	風速場確認のため
14	2011.3.12	17:12	福島第 1-1 号	②	4			1	1	1	7		12 日 17 時放出開始, 0.5 時間放出 3 時間積算	1 号機水素爆発による影響確認のため
15	2011.3.12	17:45	福島第 1-1 号	②					1	1	2	○	12 日 17 時放出開始, 0.5 時間放出 3 時間積算	1 号機水素爆発による影響確認のため
16	2011.3.12	18:45	福島第 1-1 号	②						1	1	○	12 日 17 時放出開始, 0.5 時間放出 3 時間積算	1 号機水素爆発による影響確認のため
17	2011.3.13	7:18	福島第 1-3 号	①(仮想事故)	1				1	1	3		13 日 8 時放出開始, 1 時間放出 3 時間積算	3 号機ベントによる影響確認のため
18	2011.3.13	9:09	福島第 1-3 号	①(仮想事故)	1				1		2		13 日 9 時放出開始, 1 時間放出 3 時間積算	3 号機ベントによる影響確認のため
19	2011.3.13	9:16	福島第 1-1 号	①(仮想事故)	4		3		1		8		12 日 15 時放出開始, 0.5 時間放出 3 時間積算	1 号機水素爆発による影響確認のため
20	2011.3.13	10:06	福島第 1-3 号	①(仮想事故)	1				1		2		13 日 9 時放出開始, 0.5 時間放出 3 時間積算	3 号機ベントによる影響確認のため
21	2011.3.13	16:45	福島第 1-1 号	④		6					6	○	12 日 13 時放出開始, 6 時間積算	1 号機水素爆発による影響確認のため

22	2011.3.13	20:13	福島第1-1号	②	1				1	1	3	○	12日17時放出開始，2時間積算	1号機水素爆発による影響確認のため
23	2011.3.13	21:12	福島第1-1号	②					1	1	2	○	12日17時放出開始，2時間積算	1号機水素爆発による影響確認のため
24	2011.3.13	21:36	福島第1-1号	②					1	1	2	○	12日17時放出開始，2時間積算	1号機水素爆発による影響確認のため
25	2011.3.13	22:03	福島第1-1号	②					1	1	2	○	12日17時放出開始，2時間積算	1号機水素爆発による影響確認のため
26	2011.3.14	0:38	福島第1-1号	①(重大事故)	4				1	1	6		12日17時放出開始，1時間放出3時間積算	20 km 避難区域への影響確認のため
27	2011.3.14	1:50	福島第1-1号	①(重大事故)	4				1	1	6	○	12日17時放出開始，1時間放出3時間積算	20 km 避難区域への影響確認のため
28	2011.3.14	2:17	福島第1-1号	①(重大事故)	4				1	1	6	○	12日17時放出開始，1時間放出3時間積算	20 km 避難区域への影響確認のため
29	2011.3.14	3:01	福島第1-1号	①(重大事故)	1				1	1	6	○	12日17時放出開始，1時間放出3時間積算	20 km 避難区域への影響確認のため
30	2011.3.14	3:51	福島第1-1号	①(重大事故)	1				1	1	3	○	12日16時放出開始，1時間放出3時間積算	20 km 避難区域への影響確認のため
31	2011.3.14	4:26	福島第1-1号	①(重大事故)	4				1	1	6	○	12日17時放出開始，1時間放出3時間積算	20 km 避難区域への影響確認のため
32	2011.3.14	5:08	福島第1-1号	①(重大事故)						1	1	○	12日17時放出開始，1時間放出3時間積算	20 km 避難区域への影響確認のため
33	2011.3.14	21:45	福島第1-3号	①(仮想事故)	3				2	2	7		14日21時放出開始，10，24時間積算	3号機水素爆発による影響確認のため
34	2011.3.14	22:07	福島第1-3号	①(重大事故)					2	2	4	○	14日21時放出開始，10，24時間積算	3号機水素爆発による影響確認のため
35	2011.3.14	23:23	福島第1-3号	②					2	2	4	○	14日21時放出開始，10，24時間積算	3号機水素爆発による影響確認のため
36	2011.3.15	0:25	福島第1-2号	①(重大事故)	4				1	1	6		15日0時放出開始，3時間積算	2号機ドライベントによる影響確認のため
37	2011.3.15	1:00	福島第1-2号	①(重大事故)					1	1	2	○	15日0時放出開始，3時間積算	2号機ドライベントによる影響確認のため
38	2011.3.15	1:50	福島第1-2号	②					1	1	2	○	15日1時放出開始，3時間積算	2号機ドライベントによる影響確認のため
39	2011.3.15	3:30	福島第1	—	4						4		15日3時～6時の風速場	風速場確認のため
40	2011.3.15	4:05	福島第1-2号	④					1	1	2	○	15日3時放出開始，1時間放出3時間積算	2号機ドライベントによる影響確認のため
41	2011.3.16	6:51	福島第1-2号	①(仮想事故)				1	1	1	3	○	15日9時放出開始，24時間積算	2号機サプレッションチェンジバー破損による影響確認のため
42	2011.3.16	11:13	福島第1-3号	②						1	1	○	16日11時放出開始，1時間放出6時間積算	3号機ベントによる影響確認のため

6月3日追加（3件）

43	2011.3.12	6:46	福島第2-4号	①(仮想事故)	1				1	1	3		12日12時放出開始，5時間放出6時間積算	4号機ベントを仮定した影響確認のため
44	2011.3.12	10:32	福島第2-4号	①(仮想事故)	4				1	1	6		12日15時放出開始，1時間放出3時間積算	4号機ベントを仮定した影響確認のため
45	2011.3.12	10:47	福島第2-4号	①(仮想事故)					1		1		12日15時放出開始，1時間放出3時間積算	4号機ベントを仮定した影響確認のため

（出所） 原子力安全・保安院（2012）より作成。

うという事実に当事者も利害関係者も第三者も今なおきちんと向き合わないまま復興が叫ばれている可能性が存在する。それが，次に指摘したい論点である。次節では，無限責任という以前に，そもそも責任がともなう事態に向き合っていない様子を，福島原発事故の事故調査のあり方に注目し，「事務局問題」の名のもとに定式化したい。

6　責任にどのように向き合っていないのか——事務局問題

福島原発事故後に公にされたおもな事故調査報告書のうち，調査権限をもつのは国会の事故調査委員会のみである（東京電力福島原子力発電所事故調査委員会 2012）。政府の設置した事故調査・検証委員会（東京電力福島原子力発電所における事故調査・検証委員会 2012）は，調査権限をもたずに設置された。にもかかわらず調査報告書が成立する過程には，責任を問わないことを条件に調査が実施された事実のあったことが注目を集めた。そういう調査の仕方がはたして文明国として適切なものかどうかは，問うに値する[10]。ここでは，それと異なる理由から，あえて同報告書に注目したい。責任に向き合わずにすむ仕組みの特性をうかがう見本例を，同報告書が提供していると思えるからである。問題は，構造災を構成する特性のうち，間違った先例の踏襲に関わる。

責任に向き合わずにすむ組織の構造的特徴

2011 年 5 月 24 日の閣議決定によると，政府の事故調査・検証委員会は「調査・検証を国民の目線に立って開かれた中立的な立場から多角的に」行うとされる。他方，同委員会の設置主体は利害関係者の内閣官房である。すると，「中立的な立場」と設置主体が利害関係者である事実の間の緊張関係が，さまざまな仕方で処理される必要が生ずる。責任の不明瞭化は，そのような処理手続きの 1 つであろうと想像される。事実，政府事故調査・検証委員会の 2011 年 7 月 8 日付の記録によると，ヒアリング結果を「責任追及のために使用しない」旨の申し合わせがなされている。

それゆえ，中立性を標榜しつつ利害関係者が事故調査にあたる過程に介在する第 2 種の決定不全性があるとすれば，その焦点は，当事者，第三者を含む人類全体に向けて公にされるべき責任のゆくえであることが予想されよう。そのような観点から眺めると，政府事故調査・検証委員会は，「責任追及のために

図 2-2　政府事故調査・検証委員会の組織構造

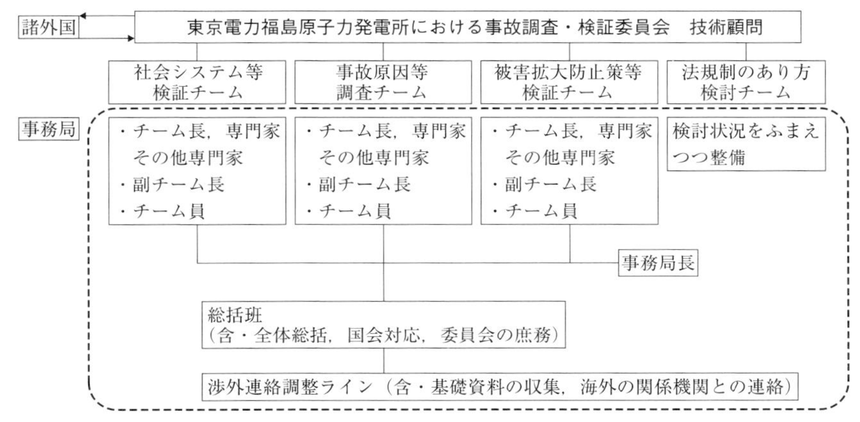

（注）東京電力福島原子力発電所における事故調査・検証委員会事務局の設置に関する規則（2011 年 5 月 31 日）による。

使用しない」仕方で事故調査，検証を進める組織の構造的な特徴を教えてくれる。

「東京電力福島原子力発電所における事故調査・検証委員会事務局の設置に関する規則」（平成 23 年 5 月 31 日）第 1 条によると，政府事故調査・検証委員会の事務局は次のように位置づけられる。「内閣官房に，『東京電力福島原子力発電所における事故調査・検証委員会』の調査，検証を補佐するとともに，同委員会の事務を処理するため，東京電力福島原子力発電所における事故調査・検証委員会事務局（以下，「事務局」という。）を置く」。

事務局は委員会の「補佐」という位置づけである。他方，同第 2 条によると，事務局には事務局長のほか，参事官，企画官，その他所要の局員をおくとされる。さらに，同第 3 条によると，事務局には政策・技術調査参事をおくことができる。そして，同第 4 条によると，「事務局の内部組織に関し必要な事項は，事務局長が定める」とされる。事故調査・検証委員会と別立ての組織が形成されていることがうかがえよう。その組織には，政府の事故調査・検証委員会を構成する 4 つの検討チームと 1 対 1 で対応するグループが存在する。すなわち，チーム長，専門家，その他専門家，副チーム長，チーム員からなる，4 つの事務局専門家グループが組織化されている（図 2-2 参照）。

史上最悪の原発事故の原因調査・検証委員会であれば，委員会の「補佐」にあたる事務局に委員会の職務に対応するこのような手当を施すのはけだし当然かもしれない。他方，その意味は，別途慎重に吟味してみる必要がある。なぜなら，図中の点線に囲まれた事務局を構成する主体は利害関係者である内閣官房に属すのに対し，その上に記された事故調査・検証委員会は，「中立的な立場」を標榜する独立の第三者委員会だからである。第三者委員会の事務局を利害関係者が担当する，という奇妙な組織構造がそこに介在している[11]。

はたして，同委員会が，事故調査・検証の結果を「責任追及のために使用しない」仕方で設置，運用されたのは前記のとおりである。すると，そういう組織構造において，「補佐」の形式のもとで，第三者委員会が事故調査・検証の結果を「責任追及のために使用しない」という方針から逸脱しないようガイドする役割を事務局が演ずることは，無理なく想定できる。

事務局問題の仮説

ここでは，そうした可能性を，事務局問題という，より一般的な問題として提示したい。問題は，次の３つの要素からなる。

① 第２種の決定不全性の介在する過程，とくに第三者と利害関係者が抱き合わせになって問題解決に取り組む過程では，事務局問題の発生が想定される。ここで事務局問題とは，公益に資する第三者の役割遂行にあたって利害関係者が事務局を担当することにより，実質的に利害関係者の誘導によって公益を実現する試みが空洞化する現象を指す。

② 事務局問題は，第三者の役割が問題の原因究明と責任の所在の解明にあるとき，名目的な問題解決と実質的な問題の温存という効果をもちやすく，構造的に同型の問題を際限なく招く可能性がある。

③ 事務局問題の解決には，問題の原因に遡って責任の所在を公にし，実質的に責任を負うべき利害関係者が交代した組織構造のもとで問題解決にあたることが望ましい。事務局の構成員に負のフィードバックがかからない構造を改めないかぎり，問題は構造的に解決しないと思われるからである。

むろん，これは，他のさまざまな条件を捨象して仮説的に定式化した問題の１つの相にとどまる。また，事務局問題の具体的な姿は，問題の特性，状況，登場するアクター，セクターの種別によりさまざまでありうる[12]。福島原発事故に関するかぎり，たとえば刷新されたはずの原子力規制委員会の事務局を経済産業省に属す旧原子力安全・保安院の役人が担当していることは，事務局問題が温存され，発現する可能性を残す。

政治家ならば，選挙で更新されうる。残念ながら，事務局を構成する役人はその種の外部評価を受ける機会に恵まれない。問題は，万人にとっての公益の実現に関わる。公益を損なったのなら，その責にある人材を交代させるというごく普通の評価システムを適切に適用し，事務局を構成する人員を刷新することにより，間違った先例を改めることが肝要である。

ここで公益を損なうとは，既存の制度上の先例を尊重しないことではない。むしろ，間違った先例を踏襲することにより，不特定多数の人の生命と財産を著しく危険にさらす状態を指す。また，ここでいう事務局の構成員には，業務の下請け，孫請け，曾孫請け等々の系列を承る人員も含まれる。こうした問題の仮説にしたがうと，既存の業務系列関係も含む構造をできるところから速やかに刷新し，旧来の利害関係から独立，そしてなにより当該の事柄に関する専門能力に恵まれた外部からの人員群をダイナミックに事務局に登用し，事務局全体の公益性と専門性をアップグレードするような外部人材登用型の事務局イノベーションが求められる。

以上のような事務局問題，そして前節で指摘した制度化された不作為をめぐる責任帰属の問題は，福島原発事故というフロントエンドにおける重大事故にとどまらない広がりをもつ。福島原発事故は，万人が不可避的に直面せざるをえないバックエンドにおける責任帰属の問題と表裏の関係にあるからである。とりわけ，バックエンドにおける高レベル放射性廃棄物処分は，事務局問題と制度化された不作為が発現する場面に潜む無限責任の所在を教えてくれる。

7 高レベル放射性廃棄物処分——現在進行中の構造災

2020年の東京オリンピックの誘致の際に，福島原発事故が「コントロール」されているといった言説が一定の役割を演じたことは記憶に新しい。ここでは，「コントロール」されていようといまいと，私たちが直面せざるをえない問題を見本例にしたい。高レベル放射性廃棄物の処分がそれである。発電用原子炉の運転によって生まれた自然界に存在しない廃棄物の処分という，発電用原子炉の安全性と対になる問題である。問題の及ぶ時間の幅は，発電用原子炉の運転の安全性で想定される時間の幅より桁違いに大きい（Benedict, Pigford and Levi 1981: Chap. 10; Macfarlane 2012）。そこには，途方もない長期の時間の流れの中で，相互依存性と複雑性によって問題が増幅されかねないという構造災の特性が関与する。

高レベル放射性廃棄物処分と社会的な意思決定

高レベル放射性廃棄物の半減期は数万年から数十万年，数百万年という超長期にわたる。これまで，海洋底下処分，氷床処分，宇宙空間処分など，さまざまな処分法が考えられてきた。現在は，地層処分の可能性が検討されている。ただし，超長期にわたる放射性廃棄物の地層中でのふるまいは直接確認できない。そのため，性能（含・安全性，以下同様）に影響を与えそうなシナリオを想定し，そのシナリオに沿って数値計算を行い，性能を評価するという間接的な方法が用いられる。

したがって，数値計算の精度を改良することは繰り返し可能だが，どこまで改良すれば対象のふるまいを正確に理解し，制御するために十分なのかが原理的に確定しにくい。その点において，数値計算によるシミュレーションには常に相応の不確実性が含まれる。高レベル放射性廃棄物処分の場合，性能評価に関わるそのような原理的な不確実性が，さらにどういうやり方で物事を決めていけばよいかという，社会的な意思決定過程における不確実性と複雑に関わり合う。

数万年から数十万年，数百万年といった，有史以来人間が過去に経験した数千年という時間よりもはるかに長い期間にわたって高レベル放射性廃棄物を人間の手できちんと社会的に貯蔵，管理できるという保証は何人たりともできない。実際には，高レベル放射性廃棄物を人間の生活環境から超長期にわたって持続的に「遠ざけて」おく手法が求められる。いいかえると，地層処分は，高レベル放射性廃棄物のもたらす負の影響，あるいはリスクを超長期にわたって一定のレベル以下に抑えるやり方を決める社会的な意思決定の手法でもある。

けれども，社会的意思決定の手法としてどのような決め方が唯一解，あるいは最適解であるかは，あらかじめわかっていない。フランス，スウェーデン，カナダなどの先行して問題に取り組んできた国でも，20年から40年にわたる紆余曲折の中で，段階的に時間をかけ，超長期にわたる人類の将来に関わる重要なことを，将来世代の選択の幅を狭めないやり方で決めるというやり方を基本理念として試行錯誤を続けてきた（松本 2009: 237-40）。いいかえると，一度選択すると後戻りできないような選択肢（ポイント・オブ・ノーリターン）を極力排除する決め方を選ぶという理念に立脚する。

しかし，ポイント・オブ・ノーリターンを極力避けるような決め方を選ぶと，社会的な意思決定の過程に大きな不確実性を抱えこむことになる。構造災の術語でいいかえるなら，科学技術と社会の間に相互依存性と複雑性が介在することにより，問題の難しさを増幅する可能性がある。そこから，高レベル放射性廃棄物処分をめぐる責任問題は顕在化しうる。少なくとも2つの点において，発電用原子炉の立地過程で用いられた想定が先例として高レベル放射性廃棄物の処分において踏襲されているからである。1つは，社会的受忍は金によって代替できるという想定，いま1つは，その判断は財政難に苦しむ過疎地に対して有効だという想定である（たとえば，高レベル放射性廃棄物の処分場の候補地としてかつて想定された地域は，2002年にスタートした候補地の応募に関心を表明した10カ所余りに即してみると，いずれも財政難を抱えた過疎地に遍在している。松本 2012: 156）。

こうした想定が有効性を欠き，公益につながらないことは，福島原発事故，とりわけその除染にともなう廃棄物の管理，処分における一連の事象が示唆するとおりである。そのような想定が発電用原子炉の運転と対になる高レベル放射性廃棄物処分問題でも踏襲されようとしている。だとすると，公益を損なうことが明らかな想定を先例として踏襲することに対する応分の社会的責任を，踏襲しようとする主体，そしてそれを認可する主体に配分することが，文明国として最小限求められる対応だと思われる。

高レベル放射性廃棄物処分にともなう無限責任

前記のとおり，高レベル放射性廃棄物の半減期は数万年から数十万年，数百万年という超長期に及ぶ。けれども，超長期にわたる将来世代の状態に対する責任は間違いなく今の私たちの決定や行動にある。将来の状態の内訳は現時点での予想を超えているが，大きくいえば，人類が生存する場合とそうでない場合の中間の状態のはずだ。数万年，数十万年，数百万年後までのそういう中間の状態のすべてに対する責任とは，とりもなおさず無限責任である。ここで無限責任とは，超長期にわたる極度の不確実性により責任の所在が不透明である反面，結果の重大性が著しい決定にともなう責任の全体をさす。

無限責任は，何人も負いつくすことはできない。したがって，どういうやり方で物事を決めていけばよいかを考えるには，そのような無限責任を，その世代の一定の主体が負えるだけの有限責任の範囲の物事に変えることが不可欠である。つまり，そういう物事をどう決めていけばよいかの問題は，無限責任をどう有限化するかの問題にいいかえることができる。

8　制度の設計責任

責任帰属というと，法令に違反することもなく，人の道にもはずれないかぎり，重大な問題は発生しないと信じられているかのようだ。他方，法的責任と倫理的責任だけでは，肝心なことが問われない場合が存在する。

法的責任とも倫理的責任とも異なる，社会的責任の所在

たとえば，前記の SPEEDI の例のように，制度化された不作為が介在する場合，法令に違反してもいなければ，人の道にもはずれていないにもかかわらず，不特定多数の人の生命や財産や人生に関わる無限責任をともなう重大な帰結が発生しうる。その場合，無限責任は集合的無責任につながりかねない。構造災の視点から眺めるかぎり，無限責任を有限化して，社会的な責任配分を適切に行わないかぎり，問題の再発は防げない。

一例をあげよう。たとえば，一般の人にわかりやすく，双方向コミュニケーションを重視して科学技術の情報を伝える試みとして，サイエンス・カフェが福島原発事故以前より行われてきた。サイエンス・カフェとは，肩のこらない雰囲気のもとで，市民と科学者が科学に関わる話題を喫茶店などで率直に語りあう試みをさす。日本では，2000 年代以降，官，産，学セクターの肝いりで普及した。サイエンス・カフェ・ポータルサイトによると，そのような試みが 2005 年から福島原発事故の直前までに 253 回東北地方において開催されている。そのうち，原発に関するテーマで開催されたのは，1 回を数えるにとどまる。2010 年 7 月 24 日，六ヶ所村で開催されている。だが，テーマは原発の安全性の話題ではない。原子力における産学連携がテーマだ。つまり，福島原発事故に関わる安全性の話題は，事故の直接の当事者となる地域の民セクターの人々に対して，何も事前に語られていない。官，産，学セクターがこぞって推進した科学の公衆理解の場としてのサイエンス・カフェにおいてである（松本 2012: 166-67）。

この事実から学べる教訓は，科学技術がもたらしうる社会にとって望ましく

ない効果を事前に語らないという偏りを，わかりやすく，双方向コミュニケーションを謳い文句にした日本の科学技術コミュニケーションの場が抱えこんでいることである。その事実は法令にふれているわけでもなければ，人の道にはずれているわけでもない。けれども，同じ偏りが今後も引き続き踏襲されるかぎり，被災者に対する社会的責任が問われ続けよう。

社会的責任の再帰性

他人事ではない。巷では，原子力工学者が安全神話に棹さして隣接分野などの最新の知見を取り入れた人工物の点検，更新を怠ったことがしばしば論難の的とされる。なるほど，気づかないままその事態を招いたのなら，専門性が問われる。気づいていながらその事態を招いたのなら，専門家としての社会的責任が問われる。ところで，同じ論法により他分野の専門家，たとえば社会学者もまた社会的責任を免れない。福島原発事故の起こるまで社会学者が学会誌に発電用原子炉のリスクについて発表した論文は皆無である。科学技術をテーマとして発表した論文とて，残念ながら，恐ろしく稀である。つまり，無限責任を想定して，重大事故を防ぐ適切な努力を事前に十分行ってこなかったという点に関するかぎり，原子力工学者も社会学者もさして選ぶところがない。

そういう問題の構造を不問にしたまま，あと知恵を利してさまざまなことを手っ取り早く言い立てることは，問題当事者である被災者や家族の信頼を長期的に得ることをかえって困難にする。さらに，ポスト福島状況における的確な対策を打ち出すことをそれ以上に困難にすると思われる。なぜなら，構造災の概念に照らすかぎり，福島原発事故の背後にひかえる構造的な問題を抜きに，その場かぎりの反省と対症療法が繰り返されるであろうことは想像にかたくないからである。そういう再生産のループを不問にするかぎり，被災者と家族の境遇はけっして浮かばれない。

無限責任の有限化に向けて

制度化された不作為にせよ，無限責任にせよ，事前にあえて耳の痛いことを指摘し，不断に軌道修正をしてこなかった行動様式からもたらされていると筆者は考える。事前にあえて耳の痛いことを指摘することと，何事かが起こったあとに耳に心地よいことを言い立てるのとは，似て非なるふるまいである。両者の差異を曖昧にし続けないことが，何人も負いつくせない無限責任をせめて学セクターの現場で有限化するために必要だと思う。

考えてみると，安全でない状態で安心して重大事故を引き起こすような社会状況を二度と招かぬためには，無限責任がともなう問題を万人が公に共有する仕組みを制度の再設計によって創出することが不可欠である（たとえば，日本学術会議〔2014〕を参照）。

9　構造災の社会学的含意

構造災を分析の鍵概念として考察を進めてきた。そのような考察の社会学的な含意を明確にしておきたい。含意は2つある。1つは，構造災はその担い手の倫理的特性の結果としてのみ理解できない点にある。すなわち，どのように倫理的特性のすぐれた人間を想定しても，それだけでは解けない問題の次元に照準した概念である。いま1つは，構造災の特性は個人の行為特性の結果としてのみ理解できない点にある。すなわち，個人の行為特性がかりにどうであろうと否応なしに課されてしまう制度の次元に即して理解することが求められる。たとえば，構造災の特性としての秘密主義は個人の行為特性としての秘密主義という意味ではなく，制度化された秘密主義といえる問題の次元が存在することを指している。以下，それぞれについて説明したい。

「よい人」の担う構造災

まず，構造災は構造災を担う「よくない人」によってもたらされることを必ずしも含まない。それどころか，構造災の担い手は「よい人」であることのほうが多いと考えられる。なぜなら，先例が間違っているときに先例を踏襲してしまったり，問題を増幅したり，公式の規範を長期にわたって空洞化したり，その場かぎりの想定をもとにした対症療法が増殖したり，責任の所在を不明瞭にしているにもかかわらず，構造災ともいえる状態が久しく続いているとすれば，それは，「よくない人」が多くの人の意思に反してそうなっているというよりは，どちらかというと「よい人」が多くの人の総意を体現していると見るほうが無理がないからだ。

たとえば，先例が間違っているときに先例を踏襲して問題を温存してしまうのは，それが特定の範囲の人にとって局所的に心地よい状態であるからだと見るほうが説明に無理がない。組織社会学の古典的な知見として知られる，スペースシャトル・チャレンジャー号爆発事故において10年近くに及ぶ「逸脱の常態化」(normalization of deviance) によってNASAの部局と契約業者との間に工業基準に違反した部品の品質検査を見逃す関係が形成されてきた事実は (Vaughan 1996), 見逃す行為が両者の個別利害にかなう状態であったことを物語っている。最初は工業基準に違反した部品の品質検査を見逃す人が逸脱者であったはずだ。それが, 工業基準に違反していることを指摘する人が逆に逸脱者になっていく。

このように, 構造災が特定の業界や組織にとって局所的に心地よい状態だというときの「心地よい」には, 少なくとも2つの意味が存在する。1つは, 規則や倫理からの逸脱行為が特定の業界や組織全体の利害にかなっており, 結果として当該業界や組織の構成員をそれなりに潤わせる効果をもつ。いま1つは, そのような逸脱行為が問題だと指摘する人がいても, たとえば「空気を読める」かどうか等々といった別だてのカテゴリーのもとでそうした指摘が読み替えられ, 特定の業界や組織全体の逸脱という事実のもたらす鋭い緊張関係が緩和される。

このように実利と心の緊張緩和の両面において「心地よい状態」が局所的に成立した暁には, たとえ間違っていても, あるいは間違っていればいるほど, 先例は当該業界や組織の内部で忠実に踏襲される可能性が高い。そして, その状況で先例を忠実に踏襲する, または率先して踏襲するリーダーは, どちらかというと, 当該業界や組織全体に貢献する功労者, すなわち「よい人」と認知されるはずである。

他方, そうした局所的に「心地よい」均衡状態は, 逸脱のもたらす過誤や間違った先例のもたらす問題を消滅させることはない。その結果, そのようにしてセクターを問わず複数の業界や組織において事実上の逸脱行為が重なる場合, 社会全体の公益を不断に損ない続ける。いいかえると, 先例が間違っているときに先例を踏襲する結果構造災が顕在化する過程は, 当該業界や組織にひとかたならず貢献する「よい人」によって担われることが十分に想定可能である[13)]。

「制度化された不作為」の系譜——戦前から続く構造災

さらに, 構造災は個人の行為特性とは異なる次元をもつ。たとえば, 先に第5節で扱った「制度化された不作為」としての秘密主義は, そのことを端的に示している見本例である。前記のとおり, SPEEDIの計算結果が公開されなかったのは，担当者が秘密主義であったというより，SPEEDI の緊急時の目的と運用を定めた旧原子力安全委員会の環境放射線モニタリング指針に周辺住民の「健康と安全」が明記されないという制度設計からなかば必然的に帰結している。緊急時の目的に謳われているのは，「影響の評価」だからである。

そうした「制度化された不作為」は，福島原発事故を境として突如として現れたのではない。少なくとも，関東大震災後の復興過程における官セクターの「誤った先例の踏襲」，あるいは「対症療法の連鎖」といったふるまい方のうちにも明瞭に見て取ることができる（松本 2012: 83-88）。構造災の系譜は，戦前期にその淵源をたどることができるのである。「制度化された不作為」としての秘密主義は，やはり戦前期，少なくとも対米開戦前夜に軍事技術で発生した大事故が帝国議会に報告されないまま対米開戦を迎えたという事実まで遡ることができる（Matsumoto 2014）。このような戦時動員期[14]に発生した軍事技術の大事故は，対米開戦のゆくえに影響を与えかねない重大性をもつものであった。

ところが，真の原因がわかったのは，対米開戦から 1 年半近くが経過した 1943 年 4 月のことであった。それは，対米開戦の意思決定に間に合わなかった。日本国は，真の原因の究明を待たずに，対米開戦を迎えたことになる[15]。

立場明示型の制度再設計の提言

以上のように，構造災が今に始まったことではなく，その淵源は戦前期に遡る根深さを備えている。そのため，構造災の解決には制度の根本的な再設計が不可欠である。とくに，現代の大きな不確実性のともなう問題（例，高レベル放射性廃棄物処分）に制度の再設計を通して取り組む場合，どういう立場で取り組んでいるかを明らかにすることが肝要である。立場というと，思想，信条と思われがちだが，ここでいう立場とはそういうものではない。むしろ，楽観的な見通し，慎重な見通しなどといった，結論を導くときに前提する条件設定を指す。つまり，どのような条件設定をするとどのような結論が得られるかというように，条件設定の立場と取り組む中身を誰からも見えるようにワンセットにして提示することを意味する。

筆者は，このような見地からこれまで立場明示型インタープリタ，立場明示型研究助成の提言を提示してきた（松本 2002 [2012]; 2009; 2012）。それらをふまえ，ここでは立場明示型科学的助言制度を提示したい。立場明示型科学的助言

図 2-3　立場明示型科学的助言制度の概念図

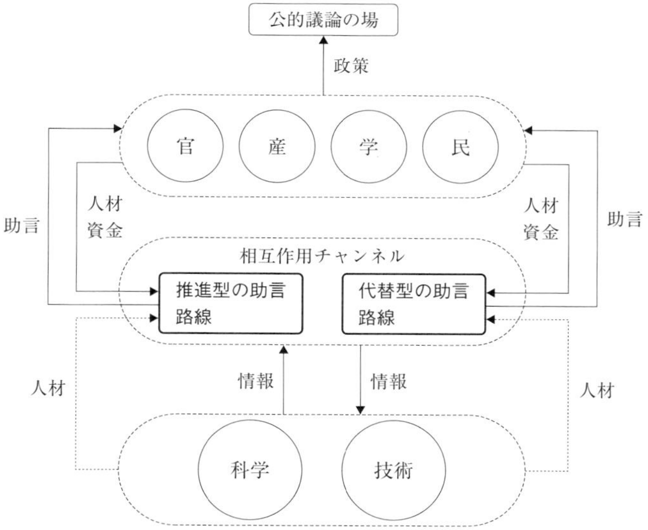

公的議論の場

政策

官　産　学　民

助言　人材 資金　人材 資金　助言

相互作用チャンネル

推進型の助言路線　代替型の助言路線

人材　情報　情報　人材

科学　技術

（注）　ここでいう学セクターの構成員は科学者，技術者以外の研究者を指す。実線の矢印は定常的な関係を，破線の矢印は必要に応じて想定される関係を示す。

制度とは，事前に政策担当者に耳の痛い重要な警告を未然に発する回路を実効的に作動させるため，立場を明示した助言の中から官セクターが特定の助言を採用したり，しなかったりする様子を誰でも見ようと思えばいつでも見られる仕組みを指す（図 2-3 参照）。

たとえば，低線量被曝のように，閾値があると見る立場とそうでない立場が鋭く対立する場合（立石 2013），異なる問題の認知，評価が，それぞれどのような状況で，どう既存のデータと関わりながら，誰を想定し，どのような利用可能な手段を用いて，いかなる価値や規範や慣習のもとで，どのような内容の助言を提示しているかが社会の各セクターから誰でも見ることができる制度設計が肝要である。

そうすることにより，構造災にともなって発生する無限責任を社会的責任の配分に有限化する土台が得られる。その際，どのような解決の選択肢にせよ，現状では無限責任がともなわざるをえない状況にあることを万人が知ることが不可欠である。無限責任がともなう事実を知る人と，知らない人の間で情報格差が存在し，社会が分極化した状態のもとでは，結果として声の小さい人が責任を引き受けさせられるという傾向をもつであろうことは想像にかたくないからである（Jobin 2013）。

そこで，高レベル放射性廃棄物処分のような現在進行中の構造災から予想される無限責任のともなう争点について，科学的証拠が存在する，あるいは存在しない範囲についてのできるだけ正確かつ多様な情報を，網羅的に1カ所にまとめて系統的に保存，整理，分類，更新して万人に供する仕組みを創出することが肝要である。たとえば，原発推進派も原発慎重派も原発廃止派も含む，さまざまな立場や想定からどのような選択肢が導かれるかに関するできるだけ正確かつ異質な情報を，網羅的に1カ所にまとめて系統的に保存，整理，分類，更新して万人に供する，構造災公文書館の設置を求めたい。

構造災に取り組むための提言として，筆者は2002年にその必要性を説いた（松本 2002 [2012]）。福島原発事故のようなことが起こることは，そのとき想定していなかった。福島原発事故を経た現在，その必要性はいっそう高まっていると思う。とくに，官，産，学，民の各セクターがそうした仕組みの創出に応分の関与をすることが不可欠である。そして，公的な議論の場におけるすべての発言録，当日配付資料をもれなく正確に再現，分類，保管，公開されるように法律によって義務づけることが望ましい。そのような情報集積所の存在しないところで，原発推進派と原発慎重派と原発廃止派が入り乱れ，民セクターによる合意形成を求めても，収拾困難な混乱状態か，先送りが帰結することは必至である。

10 むすび

以上，本稿で得た結論は，次の4点にまとめることができる。

① 構造災の観点から眺めると，加害者，被害者論に収まりきらない問題の1つは，制度化された不作為である。制度化された不作為のもとでは，法令にも人倫にも違反しないふるまいが，重大な結果を第三者にもたらしうる。目的にも，運用にも，周辺住民等の避難に役立てる規定が登場しないSPEEDIの指針のあり方は，制度化された不作為の見本例を提供している。

② 構造災は，公益性の高い問題を政策を手段として解決する過程に介在する第2種の決定不全性の空隙を縫って生ずる。たとえば，第2種の決定不

全性を固定するために秘密主義や先例踏襲が用いられることにより，制度化された不作為が温存され続け，問題が構造的に再生産される余地が存在する。

③ 構造災は個人の行為の倫理的特性にのみ還元できない制度設計の次元に由来する。そのような観点から眺めると，構造災には制度設計のあり方に由来する無限責任が帰結しうる。そのような構造災の淵源は少なくとも関東大震災の事後処理から戦時動員期に至る戦前期に遡ることができる根深さを備えている。

④ それゆえ，構造災を解決するには，とくに公益を著しく損なう重大な問題の解決に取り組む場合，無限責任を有限化して社会的責任配分を適切に行うことが肝要である。その際，あと知恵に訴えた専門知の評価や責任配分ではなく，事前に発信された専門知への評価や責任配分が不可欠である。

個人の行動の自由度を基本的に制約する制度を誰がどのようにして設計したかを不問にしたまま，問題を個人の行動や心がけだけに帰属させる責任配分の仕方は，問題を矮小化してスケープゴートを仕立てて幕引きをするのと相似の効果を生みかねない。その場合肝心なのは，重大事故を招いた制度の設計者を結果に応じて適切に交代させることである。責任配分は，そのためのもっとも基本的かつ有効な手段にほかならない。いいかえると，制度の設計責任が適切に問われることのない社会では，どこまでも同型の欠陥を抱えた制度が同種の制度設計者によって万人に提供され続ける。

無限責任をともなう問題を共有するために公共財としての立場明示型科学的助言制度や構造災公文書館を提供することは，無限責任を社会全体で受け止め，社会的責任を配分する貴重な手段である。それは，安心感を醸成するといった類の事柄と一線を画す。なにより，安全でないにもかかわらず安心して重大事故を引き起こすような社会状態を二度と招かぬ制度を再設計するための，不可欠の条件である。

本章の内容は制度の設計責任を問うことによって制度の再設計を達成しようとする１つの試みにとどまる。そういうさまざまな試みが複数現れ，次世代に向けた公共財として蓄積されることが，その社会のもつレジリエンス（復元力）ではあるまいか。日本の社会を担う次世代が，たとえ何事が起ころうと，事実と向き合い，事実解明をもとに責任の所在を明確にし，責任の所在をもとに的確な方策と提言を全人類に向けて発信，実行されんことを願っている。

付　記

本稿は，松本三和夫，2017，「構造災——科学社会学からのメッセージ」（『死生学・応用倫理研究』22: 11-44）に加筆，修正してまとめなおしたものです。

注

1) 除染については，環境省（2012，2013）などを参照。
2) この点に過不足のない説明を与えることは，紙幅の制約により本稿では断念せざるをえない。とりあえずの見取図として，松本（2016），Matsumoto（2017b）を参照されたい。
3) 災害研究の布置の中で構造災を位置づけるものとして，Matsumoto（2017a）を参照。
4) 残念ながら，この点は日本の政策立案，実行，評価過程も含むさまざまな社会過程において十分共有されていない。
5) 福島原発事故以前にこの点に注意を促したものとして，松本（2009）などを参照。
6) こうした一連の系譜の見取図として，さしあたり松本（2016），Matsumoto（2017b）を参照。
7) 詳しくは，松本（2009: 234-36）を参照。
8) 代わりに，「テクノクラート的な意思決定」対「参加型の意思決定」といった，とてもわかりやすい二分法が流布することにより，二重の決定不全性の所在，両者の関係，さらに「政策のための科学」により問題当事者にどのような状態がもたらされることになるかについての検証過程が著しく見えにくくなっている。
9) ちなみに，SPEEDI の運用を定めた環境放射線モニタリング指針の緊急時の規定に住民の「健康と安全」が登場しない事実に対して，同指針は原子力災害特別措置法（1999年制定，2000年施行，2006年最終改訂）を根拠法としており，同法の中で「国民の生命，身体及び財産を保護すること」（1条）が謳われているのだという「説明」がなされることがある。少なくとも3つの理由で，ここではこの種の「説明」に本文で紙幅を費やさない。第1に，そもそも，その種の実定法解釈をもとにして瞬時に緊急時の SPEEDI の運用指針を「国民の生命，身体及び財産を保護すること」に関連づけて行動するような人間を緊急時に想定することが事実上不可能に近いこと（そうであるかぎり，そのような「説明」はエクスキューズたりえない）。第2に，そういう「説明」の試み自体が，後知恵にほかならず，社会的責任の所在を不明瞭にする以外の社会的機能をさして期待できないこと。第3に，かりに原子力災害特別措置法が環境放射線モニタリング指針の根拠法であるとしても，両者の間に明示的な相互言及関係がほとんど存在しておらず，そのため緊急時に瞬時に的確な実定法解釈ができる人間といった前記の非現実的な想定を余儀なくされていること自体が，何にもまして厳しく問われるべき制度の設計責任を構成していること。
10) こたえは，事故を起こした原子炉内部の直接検査，あるいは事故現場の作業員の健康調査がくまなく行われる十数年後，さらに幼子を含む被災地の子どもが成長する数十年後に，明らかになる。
11) 第三者性が「形をつけただけでは不可で，実質的に保証されていなければならない」ことはエネルギー分野の技術者によっても指摘されている（石谷編 2011: 27）。残念ながら，その指摘はまったく生かされていないようである。

12) セクターとアクターを識別する意味と意義については，松本（2009: 231-34）を参照。

13) 詳しくは，松本（2012: 83-88）を参照。

14) 1938年4月1日，国家総動員法が制定されている。

15) 「制度化された不作為」としての秘密主義と並び，誤った先例の踏襲，対症療法の連鎖などの点においても構造災の要素を同事故の処理過程に見て取ることができるが，紙幅の制約のためここでは立ち入ることができない。この点の詳細については，Matsumoto（2014）を参照。

参考文献

Ahn, J., 2007, "Environmental Impact of Yucca Mountain Repository in the Case of Canister Failure," *Nuclear Technology*, 157 January: 87-105.

Beck, Ulrich, 1986, *Risikogesellschaft: Auf dem Weg in eine andere Moderne*, Suhrkamp.（＝1998，東廉・伊藤美登里訳『危険社会――新しい近代への道』法政大学出版局）。

Beck, Ulrich, 1987, "The Anthropological Shock: Chernobyl and the Contours of the Risk Society," *Berkeley Journal of Sociology*, 32: 153-165.

Benedict, M., T. H. Pigford, and H. W. Levi, 1981, *Nuclear Chemical Engineering*, 2nd. ed., McGraw-Hill.

Clarke, Lee, 1999, *Mission Improbable: Using Fantasy Documents to Tame Disaster*, The University of Chicago Press.

Clarke, Lee, 2008, "Possibilistic Thinking: A New Conceptual Tool for Thinking about Extreme Events," *Social Research*, 75(3): 669-690.

Congressional Research Service, 2011, Japan-U. S. Relations: Issues for Congress, 8 June.

Espeland, W. N., 1998, *The Struggle for Water: Politics, Rationality, and Identity in the American Southwest*, The University of Chicago Press.

原子力安全・保安院，2012，http://2www.nisa.meti.go.jp/earthquake/speedi/erc/speedir erc index.html（2012年7月12日取得）

原子力安全委員会，2008，「環境放射線モニタリング指針（2010年4月一部改訂）」。

Hughes, Thomas P., 1986, "The Seamless Web: Technology, Science, Etcetera, Etcetera," *Social Studies of Science*, 16(2): 281-292.

石谷清幹先生メモリアルシンポジウム追悼会実行委員会編，2011，『水と炎の日々（第3集）』学術出版印刷。

Jobin, Paul, 2013, "Radiation Protection after 3.11: Conflicts of Interpretation and Challenges to Current Standards Based on the Experience of Nuclear Plant Workers," Paper presented at Forum on the 2011 Fukushima/East Japan Disaster, 13 May, Berkeley.

環境省，2012，「『除染特別地域における除染の方針（除染ロードマップ）』の公表について」1月26日。

環境省，2013，福島環境再生事務所「除染モデル実証事業後の空間線量率の推移について」6月7日。

Latour, Bruno, 2001, *Les Microbes: Guerre et Paix, suivi de Irréductions*, La Nouvelle

Édition, La Découverte.
Law, John, 2002, *Aircraft Stories: Decentering the Object in Technoscience*, Duke University Press.
Macfarlane, Allison, 2012, "The Nuclear Fuel Cycle and the Problem of Prediction", 年報『科学・技術・社会』21: 69-85.
松本三和夫，2002（2012 復刊），『知の失敗と社会』岩波書店。
松本三和夫，2009，『テクノサイエンス・リスクと社会学――科学社会学の新たな展開』東京大学出版会。
松本三和夫，2012，『構造災――科学技術社会に潜む危機』岩波書店。
松本三和夫，2016，『科学社会学の理論』講談社。
Matsumoto, Miwao, 2010, "Theoretical Challenges for the Current Sociology of Science and Technology: A Prospect for Its Future Development," *East Asian Science, Technology and Society: an International Journal*, 4(1): 129-136.
Matsumoto, Miwao, 2014, "The 'Structural Disaster' of the Science-technology-society Interface: From a Comparative Perspective with a Prewar Accident," J. Ahn, C. Carson et al. eds., *Reflections on the Fukushima Daiichi Nuclear Accident*, Springer, 189-214.
Matsumoto, Miwao, 2017a, "Researching Disaster from a STS Perspective" (co-authored with K. Fortun et al.), U. Felt, R. Fouché, C. Miller, and L. Smith-Doerr eds., *The Handbook of Science and Technology Studies*, 4th ed., The MIT Press, 1003-1028.
Matsumoto, Miwao, 2017b, "The Sociology of Science and Technology," K. O. Korgen ed., *Cambridge Handbook of Sociology* Vol. 2, Cambridge University Press, 166-177.
Nakanishi, Tomoko et al. eds., 2013, *Agricultural Implications of the Fukushima Nuclear Accident*, Springer.
Nakanishi, Tomoko et al. eds., 2016, *Agricultural Implications of the Fukushima Nuclear Accident: The First Three Years*, Springer.
日本学術会議 科学者からの自律的な科学情報の発信の在り方検討委員会，2014，「記録 科学者からの自律的な科学情報発信を実現する組織」（文書番号 SCJ 第 22 期－260919－22381000－009）。
OECD/NEA & NRC, 1994, Proceedings of an Open Forum: Three Mile Island Reactor Pressure Vessel Investigation Project, Achievement and Significant Results (OECD Documents, 1994).
立石裕二，2013，「放射線被曝問題における批判的科学」年報『科学・技術・社会』22: 31-46。
東京電力福島原子力発電所事故調査委員会，2012，『国会事故調報告書』徳間書店。
東京電力福島原子力発電所における事故調査・検証委員会，2012，http://www.kantei.go.jp/jp/noda/actions/201207/23kenshou.html（2013 年 3 月 4 日取得）
Vaughan, Diane, 1996, *The Challenger Launch Decision: Risky Technology, Culture, and Deviance at NASA*, The University of Chicago Press.

第2部

避難者の生活と自治体再建

第3章

「原発避難」をめぐる問題の諸相と課題

山本 薫子

1 原発避難の経緯と避難者の状況

東京電力福島第一原子力発電所事故（以下，原発事故）発生から2017年3月で6年が経過した。同年3月31日に浪江町・飯舘村・川俣町で，4月1日に富岡町で，それぞれ帰還困難区域を除いた区域の避難指示が解除された。しかし，帰還困難区域および大熊町・双葉町の全町避難は今もなお継続され，避難指示が解除された地域でも帰還する住民は一部に限られる。

公的な避難指示とは別に，被ばくリスクにともなう健康被害の不安をおもな理由として自宅を離れた人々も今なお全国で避難生活を送っている。避難指示区域からの避難（強制避難），それ以外の地域からの避難（自主避難）の違いにかかわらず，避難者による賠償を求める訴訟は今も全国で続いている。さらに，原発事故後，子どもを含む，少なくない人数の福島県からの避難者たちは避難先での偏見，いじめ，暴言，差別等の人権に関わる被害を受けてきた[1]（黒澤2017）。

帰還困難区域以外の区域での避難指示が解除され，制度上は帰還が可能となったことは，強制避難者が避難を続ける「大義名分」を失い，「避難せざるをえない人々」から「帰還を選択しない人々」へと立場を転換させられることを意味する。そのことが，今後，新たな問題や混乱，苦悩をもたらすおそれもある。

2011年3月の原発事故以降，避難生活の長期化にともなって，避難者たちは住民生活再建の困難，健康不安を抱えて疲弊し，将来の不安に直面してきた。今日でも原発事故によって生じた避難（以下，原発避難）に関わるさまざまな問題は終わっていないどころか，避難者が置かれた状況はより困難で複雑なものとなっている。

本章では，避難者が抱える問題群の内容を明らかにし，多くの避難者にとって生活再建が困難であることの背景とその構造について全体状況を説明する。そして，避難長期化にともなって人々が直面してきた被害，困難の状況とそれらに関わる背景，課題について論じる。第1節では原発避難の経緯，避難者の類型と人数の推移について確認する。第2節では，強制避難者を取り上げ，避難者間の相違と分断の問題，県外避難の状況について確認した後，帰還や賠償をめぐる問題が避難者たちをいかに追い詰めてきたか説明する（県内避難については，第4章を参照）。そして，第3節では自主避難者を取り上げ，避難生活の状況と課題について事例を交えながら説明する。第4節では，避難者自身による活動の取組みの事例から見えてきた，避難者を取り巻く問題構造を指摘する。そして，最後に第5節で，避難者間の分断を越え，長期的な生活再建を実現するための方策とそこでの課題について考察する。

「原発避難」をめぐる経緯

まず，原発避難の経緯を説明する。強制避難地域のうち，第一原発から10km圏内（大熊町，双葉町，浪江町，富岡町）には事故発生の2011年3月11日中に政府は住民の屋内退避が行われるように指示し，また12日早朝には10km圏外への避難，同日夕方には20km圏内（10km圏内自治体に加え楢葉町，川内村，田村市，葛尾村，南相馬市），さらに3月25日には20〜30km圏内の住民（20km圏内までの自治体に加え，飯舘村）に対し避難が行われるように指示された[2,3,4]。これが「緊急避難期Ⅰ期・緊急期」（3月11日から4月21日まで）であり，このとき住民たちは周辺自治体（郡山市など），首都圏等（埼玉県，東京都など）の一時避難所（体育館や公民館等の施設を一時的に利用）や親族宅に避難した。続く「緊急避難期Ⅱ期・避難所生活期」（4月22日から8月末まで）では居住環境のよ

図 3-1　福島県からの避難者数の推移（2012 年 5 月～2017 年 3 月）

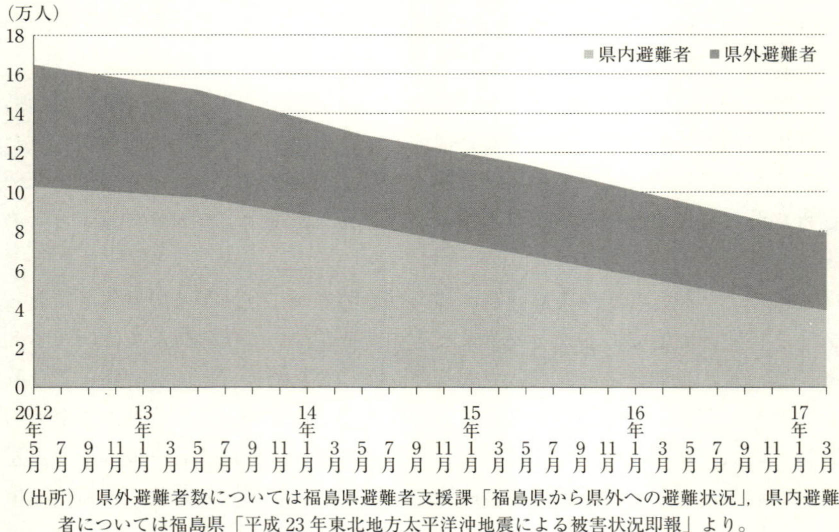

（出所）　県外避難者数については福島県避難者支援課「福島県から県外への避難状況」，県内避難者については福島県「平成 23 年東北地方太平洋沖地震による被害状況即報」より。

り安定した施設や仮設避難所へ移動する避難者が増加した。

2011 年 9 月以降の「避難長期化期」では，避難者の中でもある程度，経済的に余裕のあった人々が自力で避難先確保（賃貸アパート等）を進め，その他の人々についても仮設住宅，借り上げ住宅等（みなし仮設）への入居が順次なされていった。8 月末には埼玉県旧騎西高校避難所を除く全避難所が解消され，原発避難は緊急段階から長期避難生活の段階へと移行した。同年 9 月には，大熊町，双葉町，浪江町，富岡町，川内村，葛尾村，飯舘村，川俣町，広野町，楢葉町，いわき市，田村市，南相馬市の各自治体が原発避難者特例法に基づく指定市町村の指定を受け，これにより避難者は避難先の都道府県・市町村からの行政サービス受給が可能となった。特定の都府県に偏りはあるものの，福島県からの避難者の居住先はほぼ全国に広がった（避難の広域化）。

図 3-1 は，福島県からの避難者数の推移を県外避難と県内避難の別にまとめたものである（2012 年 5 月から 2017 年 3 月）。県外避難者は 2011 年 11 月にはじめて 6 万人を超え，その後 2012 年 9 月まで 6 万人台を推移した。県外避難者数のピークは 2012 年 1 月から同年 6 月までの期間（6 万 2000 人台を推移）であったが，その後は減少が続き，2017 年 3 月 6 日現在では 4 万人弱となった。

また，福島県内の避難者数（2012年3月から2015年12月）も2012年6月の10万1000人をピークに減少傾向にあり，2017年3月6日現在では4万人弱である。ただし，福島県は，災害公営住宅に入居したり，避難先で住宅を再建した人々を「避難者」とみなさず，上記の人数に加えていない。このような「隠れ避難者」は2万4000人以上に上るとみなされている[5)]。

原発避難者の類型と特徴

原発避難者は避難元の相違によって大別できる。図3-2は避難元の別による避難者の類型をまとめたものである。ここでは，居住地が「警戒区域・計画的避難区域・緊急時避難準備区域・特定避難勧奨地点」に指定されたことで自宅に戻れずにいた人々・地域を「①強制避難・第1次避難地域」と呼ぶ。また，区域外に住居がある福島県民のうち自主的に避難していた人々・地域を「②自主避難・第2次避難地域」とし，福島県以外からの自主避難を「③第3次避難地域」とした。

ここで注意すべきことは，これらの類型の間でいわゆる玉突きの現象も生じたことである。つまり，①が②の地域へ，②が③の地域へ，③がさらに遠隔地へと避難したケース等である。すでに報道等でも伝えられたことだが，②や③の中にも，①の指定地域と同程度かそれ以上の放射線量が測定された地域は存在し，このことは避難行動の大きな動機となった。

「原発避難」とは一般に以上の①②③を呼ぶ語だが，これに加えて，福島県内（外）で比較的放射線量が高いとされる地域（中通り北部を中心とした②，北関東地方等の③など）にとどまった人々も，生活を平常に過ごすことができないという意味で「原発避難者」に含められる（「④生活内避難」）。そして，①の強制避難の区域解除・再編にともない，①は②④へ転換しており，避難をめぐる類型にはよりいっそうの複雑さが生じた（山下ほか 2012）。

避難「元」の相違を見ると，①強制避難，②福島県内からの自主避難，③福島県外からの自主避難に大別できた。また，避難「先」の相違を見ると，①福島県内の残留者，②県内への避難者，③県外への避難者に大別できた。全体的な傾向として，福島県内で避難生活を続けた強制避難者の多くは郡山市，いわき市，福島市等の周辺中核都市に居住し，借り上げ住宅等で生活していた。全体として，仮設住宅居住者は高齢者の割合が高かったため，就労者や家族世帯とは異なるニーズ（居場所づくり，生きがいづくり）が求められた。

図 3-2　原発避難の類型図

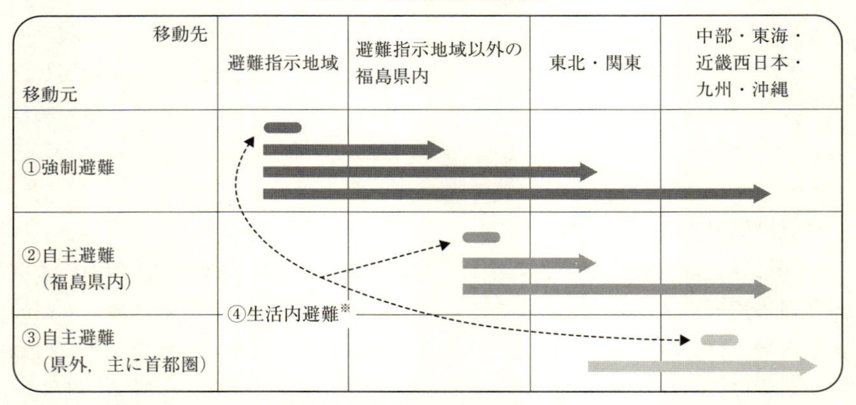

（注）　※生活内避難とは，比較的放射線量が高い地域ではあるが，各地域にとどまらざるをえない中で，日常生活が平常に行われていない場合をさす。
（作成）　社会学広域避難研究会。
（出所）　山下（2012）より転載。

避難先住居形態を見ると，①仮設住宅，②公営・借り上げ住宅，③一般賃貸住宅の居住者の間の相違があった。全体として，それぞれの住宅に居住する避難者同士の横のつながりは希薄で，一般賃貸住宅ではプライバシーは確保されやすいが，自分から働きかけないかぎり，周囲との関係は築きにくく，孤立しやすかった。仮設住宅や公営住宅では，周囲が避難者であるため同じ立場の人々や支援者等との関係は築きやすいが，建物の壁が薄い，大勢が近接して暮らしている等のためにプライバシー確保に支障があり，生活トラブルが生じやすいという問題があった。

自主避難者の多くは県外に避難した。これは「福島県から福島県外への避難」だけではなく「福島県外からさらに遠隔地への避難」の２つに大別できるが，大半は母子を中心とする子育て世代であり，被ばくリスクにともなう健康被害への不安が避難の主要な動機となっていた。また，同じ自主避難であっても雇用等のために県内を離れられない状況にある人々は県内でもより線量の低い地域（いわき市など）に移住し，避難生活を送った。

2013 年時点での福島県全体からの避難者の区域別類型を示したものが表 3-1 である。現住地区の区域別の人数規模等を見ると，避難指示区域からの避難者は福島県からの避難全体約 14.6 万人（県外避難と県内避難の合計）のうち半数以

表 3-1　2013 年時点での福島県からの避難者の区域別類型

福島県全体からの避難者 14.6 万人	避難指示区域からの避難者 約 8.1 万人（11 町村）	避難指示解除準備区域　約 3.3 万人（41%） 居住制限区域　約 2.3 万人（29%） 帰還困難区域　約 2.5 万人（31%）
	旧緊急時避難準備区域　約 2.1 万人（広野町，楢葉町，川内町，田村市，南相馬市）	
	その他の避難者　約 4.4 万人（福島市，郡山市，いわき市など，福島県内全域）	

（注）　福島県全体からの避難者数は，福島県「平成 23 年東北地方太平洋沖地震による被害状況即報」（第 1031 報）（平成 25 年 9 月 17 日）による。避難指示区域からの避難者数は，市町村からの聞き取った情報（平成 25 年 8 月 8 日時点の住民登録数）をもとに，内閣府原子力被災者生活支援チームによる集計。旧緊急時避難準備区域からの避難者数は，各市町村からの聞き取り（平成 25 年 9 月 17 日）をもとに，内閣府原子力被災者生活支援チームによる集計。
（出所）　内閣府原子力被災者生活支援チーム（2013a）をもとに筆者が作表。

上に及ぶ約 8.1 万人に上り，自治体数では 11 町村の範囲に及んだ。そして，そのうち避難指示解除準備区域からの避難者が 41%（約 3.3 万人），居住制限区域からが 29%（約 2.3 万人），帰還困難区域からが 31%（約 2.5 万人）であった。加えて，旧緊急時避難準備区域からの避難者が約 2.1 万人，その他の避難者が約 4.4 万人であった。

2012 年 4 月，11 市町村について避難区域再編が行われ，各地域は「避難指示解除準備区域」[6]「居住制限区域」[7]「帰還困難区域」[8]にそれぞれ指定された（図 3-3）。さらに，2014 年 4 月に田村市，同年 10 月に川内村，2015 年 9 月に楢葉町のほぼ全域において避難指示が解除となった。

各区域が再編・設定され，避難指示が解除されたことで，対象区域では原住地への帰還やその準備を開始，もしくは県内の近接地域（郡山市，福島市，いわき市など）との間を行き来する二重生活を送る住民も出てきた。一方で，放射線による健康被害のリスクを理由に，帰還を躊躇する住民は依然として多かった。

冒頭で述べたように，2017 年 3 月末に浪江町・飯舘村・川俣町で，4 月 1 日に富岡町で，それぞれ帰還困難区域を除いた区域の避難指示が解除され，原発避難をめぐる状況はさらなる局面を迎えた（図 3-4）。制度上，帰還可能となったことは，「避難者」ではなくなることを意味する。つまり，除染の遅れ，長期的な健康被害のリスク，帰還後の生活再建の不安等を理由に帰還しない住民たちは，今後，「避難者」ではなく「移住者」とみなされかねない。そして，

図 3-3　区域再編の状況と推移（2014 年 4 月 1 日現在）

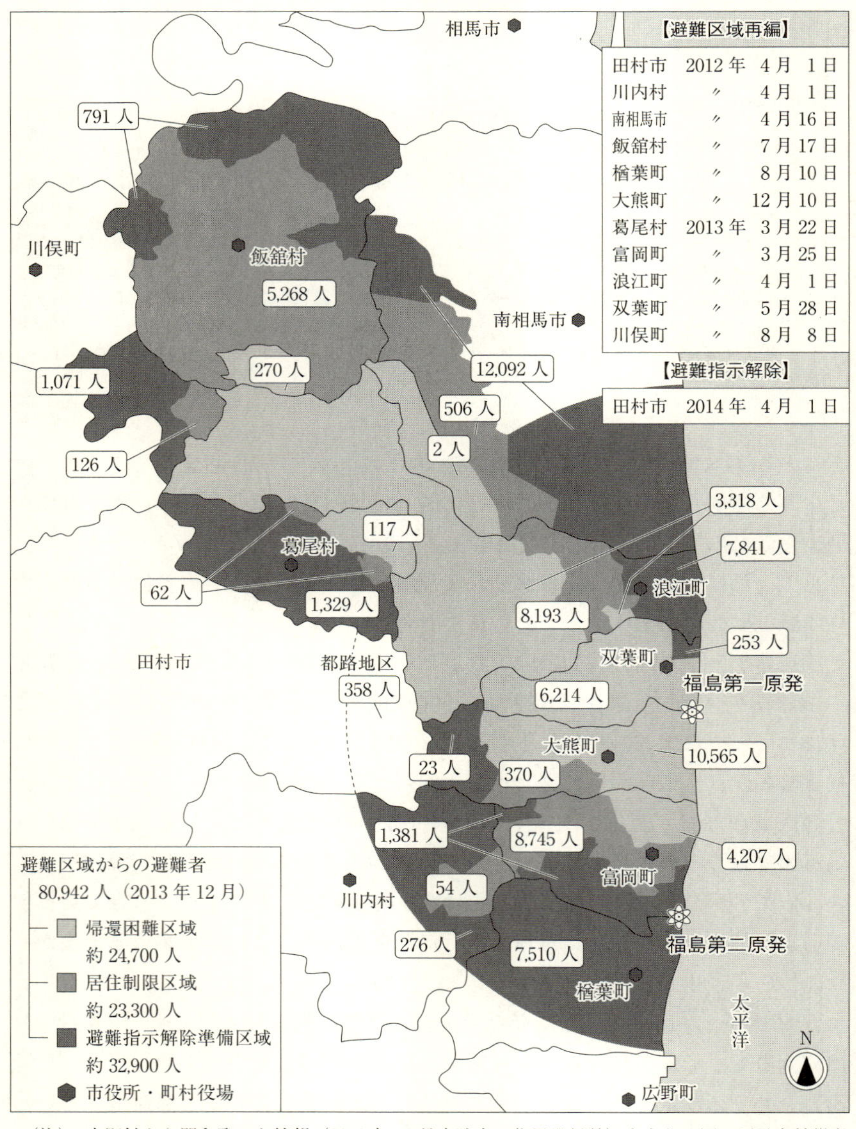

（注）　市町村から聞き取った情報（2013 年 12 月末時点の住民登録数）をもとに国の原子力被災者生活支援チームが集計。

（出所）　内閣府原子力被災者生活支援チーム（2013b: 4 頁）より。

図 3-4　2017 年 4 月 1 日現在の避難区域

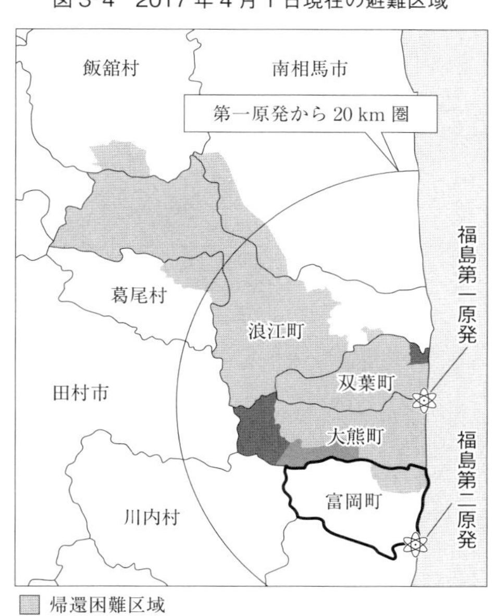

（出所）福島民友ホームページより。

そのことが避難者をめぐる新たな問題に波及するおそれも懸念される。

広域避難の状況と推移

次に，福島県外の各地での避難者の状況について見ていこう。福島県から県外への避難者数（2017 年 3 月 13 日時点）の避難先の内訳を見ると，県外避難者 3 万 9218 人の避難先は人数が多い順に東京都 5061 人，埼玉県 3993 人，茨城県 3690 人，新潟県 3106 人，神奈川県 2766 人であった[9]。

図 3-5，3-6，3-7 でそれぞれ関東地方，愛知県と西日本，山形県と新潟県の避難者数の推移をまとめた（いずれも 2011 年 6 月から 2017 年 3 月）[10]。関東地方は東京都が突出して多いが，それ以外の県でも数千人規模の避難者が生活していた。これに対し，大都市を抱える愛知県，大阪府，福岡県でも避難者数は 1000 人未満であり，関東地方と比べると決して多くはない。しかし，とくに岡山県，沖縄県では避難者の受け入れや支援活動が積極的に行われたこともあ

図 3-5　福島県からの避難者数の推移（関東地方）

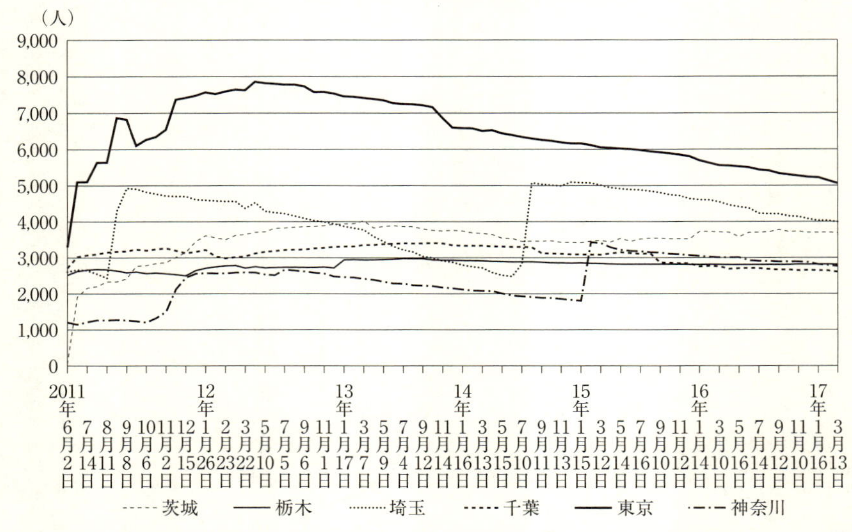

（注）1. 埼玉県については，2014 年 8 月から「公的主体が提供している住宅に避難している避難者以外」も調査対象としたため，人数が大幅に増加した。

2. 神奈川県については，2015 年 2 月から「親族・知人宅等に避難している避難者」も調査対象としたため人数が大幅に増加した。

（出所）福島県「福島県から県外への避難状況の推移」をもとに筆者が作成。

り，県の規模と比較しても避難者の人数は多かった。

これらに対し，福島県と隣接する山形県，新潟県の避難者数の推移は他の都道府県と比較しても特徴的である。山形県では 2011 年 8 月から 2012 年 12 月にわたって 1 万人を超えていたが，その後大幅に減少した。新潟県は，原発事故前から柏崎市など原発産業の共通点をもつ地域を中心に浜通り地域とのつながり（就労を中心にした人の移動や交流）があり，事故から 3 カ月後の 2011 年 6 月には 7000 人を超える避難者が生活していた。

2　強制避難者が置かれた状況と困難

避難者の間の分断と相違

たとえ同じ避難元，さらには同じ家族の間でも，それぞれの避難者が置かれた状況には相違があった。家族内での意識，避難先での雇用・就業（職業・産

図 3-6　福島県からの避難者数の推移（愛知県と西日本）

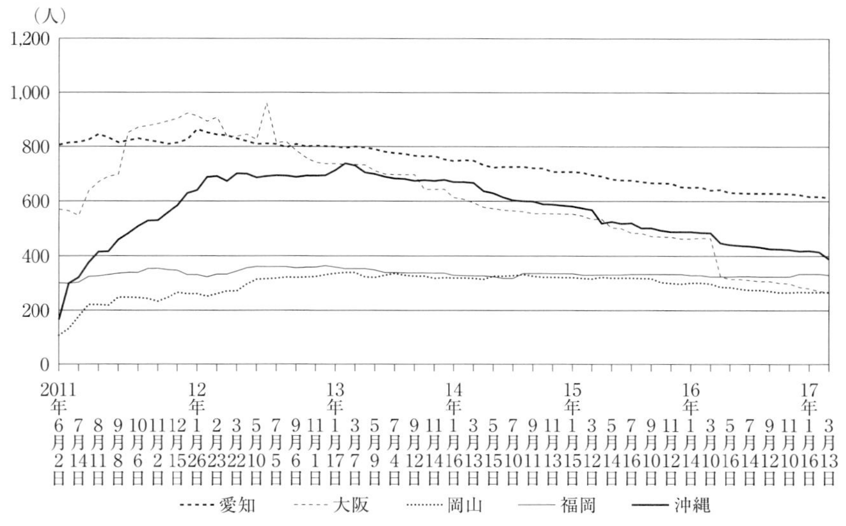

（出所）　福島県「福島県から県外への避難状況の推移」をもとに筆者が作成。

図 3-7　福島県からの避難者数の推移（山形県と新潟県）

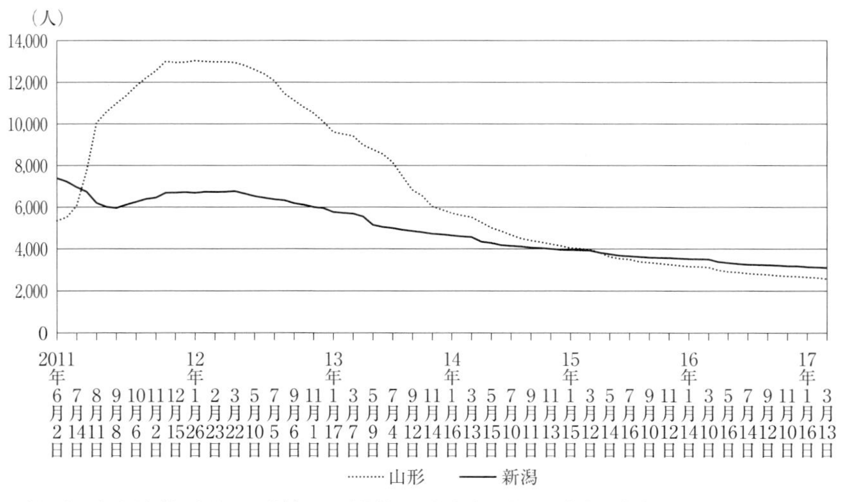

（出所）　福島県「福島県から県外への避難状況の推移」をもとに筆者が作成。

業）をめぐる立場等，原発事故以前にはさほど気にならなかった差異が，避難生活や今後の生活，就労のあり方をめぐる相違，意見の対立として現れた。以下では，まず，強制避難者が避難生活の中でどのような問題，困難が生じ，そのことに関連してどのような避難者間の分断，相違があったのか，考えていく。

(1) 家族内での意識の相違とその背景

家族の間では，まず世代の相違に起因する意識の違いがあった。家族の中でもっとも早期の帰還を望んでいるのは，「慣れない避難先で健康を損なうよりも帰れるならば帰ったほうがよい」と望む，祖父母世代の高齢者であった。祖父母世代の多くは，事故前は自宅の庭で園芸や畑仕事をして体を動かし，近隣の顔なじみの高齢者たちと茶飲み話を楽しんでいたが，避難先での生きがい喪失，運動不足やストレスからくる身体の不調に悩むことも増えた。

これに対して，子育て世代の親たちは子どもの健康被害のリスクを考えると帰還の判断はできなかった。就学年齢にある子どもたちが避難先の学校生活に適応していくにつれ，より帰還から遠のいていった。一方で，子どもたちの中には福島からの避難者だとして避難先の学校での嫌がらせやいじめを受けた者，いったん県外に避難しながら福島県内での就学・卒業を望み，親元を離れて県内で寮生活を送ることを選択した者もいた（山下ほか 2012）。

また，それまでは同居していた3世代家族が原発事故後，別居して避難生活を送るケースも多かった。その理由は避難先の居住スペースが狭小であったり，就労・通勤等の問題であった。しかし，それまで同居していた家族が空間的に分断されることは，意思疎通やコミュニケーション機会の減少をもたらした。

(2) 雇用・就業（職業・産業）をめぐる問題

次に，雇用・就業（職業・産業）による相違を見ていく。もともと第一原発，第二原発に近接した地域では，原発事故以前から，原発関連産業に従事する者とその家族が住民の一定数を占めるという地域特性をもっていた。本章で詳細に検討することはできないが，他の企業城下町の事例を見るかぎり，双葉郡各地でも原発産業（東京電力）を頂点とする強固なヒエラルキーのもとで地域内の経済活動，消費活動が保障されていたと推測される。

こうした地域構造を背景として，自営業者（個人事業主）層はたとえ地域経済，地域政治において一定の影響力，権限を有していたとしても，地域社会全体の構造の中では東京電力との関係で下位に位置づけられる存在であっただろう。このような地域事情を背景として避難者の雇用・就業について見ると，東京電力に直接に関係した業種とそれ以外の業種との間の差がまず指摘できる。東京電力に直接・間接に関係した業種では事故処理や除染に関わって事故後間もなくから事業再開が進むが，それ以外（とくに生活関連）の業種では事業再開が困難であるばかりではなく，とくに自営業では避難先での雇用が見つけにくい，再就労を開始しにくい状況があった（山下ほか 2012）。

県外に避難した強制避難者のうち，原発事故以前に福島県内企業に勤務していた者や自営業者層を中心として，福島県内への移住が徐々に増加したが，この背景には福島県が県内避難者を対象に事業再開支援施策を進めたこと，県外では就職活動や事業再開の面で不利な立場に置かれやすかったこと等がある。例をあげると，就労に必要な資格免許発行が都道府県単位であることや，「避難者はいつまでいるかわからない」ことを理由に避難先で雇用されにくい等のケースがあった。

(3)「わかってもらえない」という苦しみ

原発事故以降，強制避難者たちが長年にわたって直面してきた困難に共通しているのは，周囲の人々に「理解してもらえない」という悩み，苦しみである。

多くの強制避難者たちは，避難後の生活や就労，健康リスク等をめぐって家族，元の住民同士でも考え方の違いが顕著となり，また産業・職業，避難元地域の違いによっても帰還，賠償等において異なる立場に置かれるという苦い経験をしてきた。避難やその後の対応をめぐり，自治体（役場）に不信感を募らせる避難者も少なくなかった。しかし，自治体職員も同じように被災者，避難者であった。役場そのものが移転して業務を継続するという緊急事態のもと，全国に避難した住民への対応，支援を続けるという困難は多くの自治体職員を疲弊させた（山本ほか 2015）。

原発事故によって避難者たちが失ったものは，一見するだけでは，家や田畑といった物質的なもの，つまり賠償金によって代替が可能なものと映るかもしれない。しかし，それらは単なる建物ではなく，時間経過の中で積み上げてきた人生の営み，つくり上げてきた社会関係，つまりは社会的存在である自身そのものであり，代替可能な物質ではない。だからこそ，現実的に成り立たないことをわかっていながらも「元の状態に戻してほしい」という言葉を多くの避難者が口にしたのである。その言葉が避難先で，賠償交渉の場で，そして日本社会全体で理解されない（理解しようとしない）ことに多くの避難者たちは苛立ちを募らせ，そして絶望してきた。

同時に，強制避難者の中には自分自身あるいは家族親戚の中に原発産業に従事していた者も少なくない。そもそも，原発事故が起きるまでは地域の中で「原発は空気のような存在」であり，地域経済は原発産業に支えられていた。そうした背景をもつ避難者たちの中には避難先，とりわけ東京等の大都市部での「反原発」「脱原発」の社会運動や呼びかけに違和感をもち，距離をとろうとする者も少なくなかった（山本 2012）。

避難者たちは原発事故の被害にひどく苦しんできたが，一方で避難元（出身地）が原発産業，ひいては日本の社会の発展を支えてきたことは「地域の誇り」であった。この2つは決して矛盾するものではなく，原発事故が発生したからといって即座に出身地への誇りが消失することはない。

そして，町民が各地にバラバラに離れて避難生活を余儀なくされることで，避難者一般ではなく「同じ町の人とのつながり」を強く求める気持ちも新たに生まれた。しかし，とくに福島県外では日常的に同じ町の避難者同士で顔を合わせられる機会は少なく，また当初は同情的だった避難先の住民からのまなざしも徐々に厳しいものへ変化してきたと感じる避難者は多い。避難先で出身地を伝えることがはばかられる，避難者であることが知られないよう気を遣う者も増えた。

こうした中で，いくら避難生活が長期化しようとも，今の暮らしが「仮のもの」であるという気持ちを拭い去れないと避難者たちは感じた。しかし，その気持ちをうまく言い表すことは難しく，また「言っても周囲には理解されないだろう」という思いによっていっそう孤独を深める避難者も少なくなかった（山本ほか 2015: 29-32）。

各地での避難者の生活と課題

強制避難者を受け入れた各地域では，社会福祉協議会や民間支援団体等による物資援助，孤立防止のための取組みが積極的に進められてきた。以下では，福島県外の避難者受け入れ先のうち，特徴的な地域を取り上げて，状況を報告する。また，アンケート調査等の結果を紹介しながら，それぞれの地域で生活する避難者の生活やそこでの課題，抱える問題について，2012年，2013年の状況を中心にまとめる。

(1) 茨城県で暮らす強制避難者

福島県に隣接し，被災地でもある茨城県は自主避難者の送り出し県でもあるが，また同時に福島県からの避難者受け入れ県でもあった[11]。2012年に茨城県内に避難している1671世帯を対象に茨城大学が実施したアンケート調査（回収率35.1%）の結果を見ると，避難先として茨城県を選んだ理由として20〜50歳代の4割以上が「会社・勤務先などの関係（転勤）」と回答しており，雇用・就業の確保や維持が避難先選択の背景にあったといえる。同じアンケートでは，避難元からの情報やつながりが途切れることを懸念して避難先に住民票を移さずにいることで生じる不便（行政事務），不眠や落ち込みなどの精神面・体調面の不良（健康問題）などの問題があることも明らかにされた（原口 2013）。

(2) 新潟県で暮らす強制避難者　原発事故前から原発関連産業を通じて浜通り地域と関係があった新潟県柏崎市では，避難者をめぐって他県とは異なる状況が生じた。松井克浩によれば，新潟県内では柏崎市に強制避難者，新潟市に自主避難者が多く暮らすという「棲み分け」の現象が生じた。そのため，それぞれの避難者の状況，背景に応じながら地元自治体，地域住民による支援活動がなされた。そして，避難生活長期化の一方，社会関係の構築は十分進まず，むしろ分断が進む中で避難者の抱える問題は増大，複雑化の傾向にあることが報告された（松井 2013）。

その他の報告も含めて，各地の強制避難者が置かれた状況をまとめると，①避難先地域での孤立など社会関係形成・構築の不十分とそれにともなう支援不足の問題，②世帯分離など家族をめぐる問題，③避難先に住民票を移せない（移さない）ことによる不都合，④ストレス等による精神面・体調面の不良，などが主な問題としてあげられた。また，都市部での生活は利便性は高いが，埋没化，孤立の問題もはらんでいた。

社会関係，家族，制度，健康といった，避難者が抱える暮らし全般に関わる問題のそれぞれの現れ方は個別の避難者ごとに異なるが，根本的な原因は同一であり，さらにそれぞれの問題は相互に連関している。ゆえに，包括的な生活再建が実現できないかぎり，そもそもの問題の解決にはほど遠い。各地での避難生活が長期化する中で避難者たちの困難はより複雑化し，根本的な解決の糸口が見つからないまま時間だけが過ぎていくということは多くの人々，家族を苦しめた。

帰還をめぐる問題

2012年以降，福島県内の避難元自治体はそれぞれ災害復興計画を策定し，帰還をめぐる課題に取り組んできた。それらの中には，帰還について具体的な時期を明記した自治体もあり，帰還がいっそう現実的なものとして位置づけられた。

たとえば富岡町では，帰還・移住のいずれに対しても「今は判断できない，判断しない」という立場をとる「第3の道」[12]も復興計画に明記し，スローガンとして「町民一人ひとりのあらゆる選択を尊重」「どの道を選んでも，ふるさとに誇りを感じ，富岡のつながりを保ち続けられる町」を掲げ，帰還をしない，望まない町民を視野に入れた計画とした（富岡町 2015）[13]。背景には，そうした意向をもった住民，帰還に対して迷いや不安を抱える住民が今なお多数を占めていることがある。

復興庁は，2012年以降，避難自治体住民対象の意向調査（アンケート調査）を定期的に実施してきた。2015年度，2016年度に実施された調査のうち，帰還に関する意識を問うた結果をまとめたものが図3-8（全世代）である[14]。いずれの自治体でも回答者は半数以上が60歳代以上であり，年代に偏りのある結果となっていたことから，10〜40歳代を抜き出した結果が図3-9である。自治体による差異はあるものの，全体に「まだ判断がつかない」「戻らないと決めている」の回答のほうが「戻りたいと考えている（将来的な希望も含む）」を上回っており，とくに10〜40歳代の若い世代では顕著である。

「まだ判断がつかない」「戻らないと決めている」の回答の背景には，まず第1に避難元地域の放射能汚染と健康被害のリスクへの懸念がある。さらに，多数の町民が帰還しないことで地域経済，生活インフラが復活せず，日常生活が成り立たないのではないか，との不安も大きい。制度的にはたとえ帰還が可能となってもすぐに生活の見通しが立てられるわけではない。一方で，避難元地域との関係は保ち続けたいと考える住民も多い。帰還が現実的に困難であること，逆に制度的に可能となったこと，そのいずれもが避難者たちを悩ませ，苦悩させてきた。

2017年3月，4月に避難指示が解除された浪江町，富岡町では，避難指示解除から1カ月後の5月時点の帰還者がそれぞれ200人から300人程度，150人程度と推定され，住民の帰還は一部にとどまる[15]。一方，避難指示解除地域一帯では，除染や復興事業関連の作業員は数千人の規模でおり，昼間人口だけを

図 3-8　帰還に対する住民の意向調査の結果（全世代）

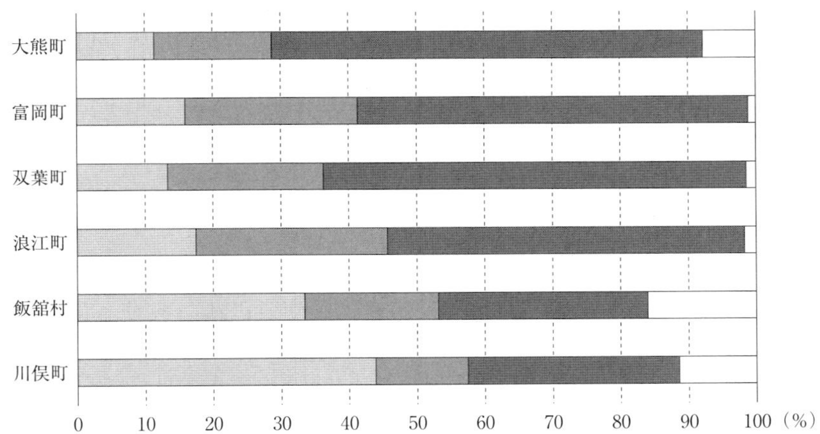

□戻りたいと考えている（将来的な希望も含む）■まだ判断がつかない ■戻らないと決めている □無回答

（注）　回答者数は，大熊町 2,667，富岡町 3,257，双葉町 1,626，浪江町 4,867，飯舘村 1,271，川俣町 280。

（出所）　復興庁・福島県・大熊町（2016），復興庁（2017）より筆者が作図。

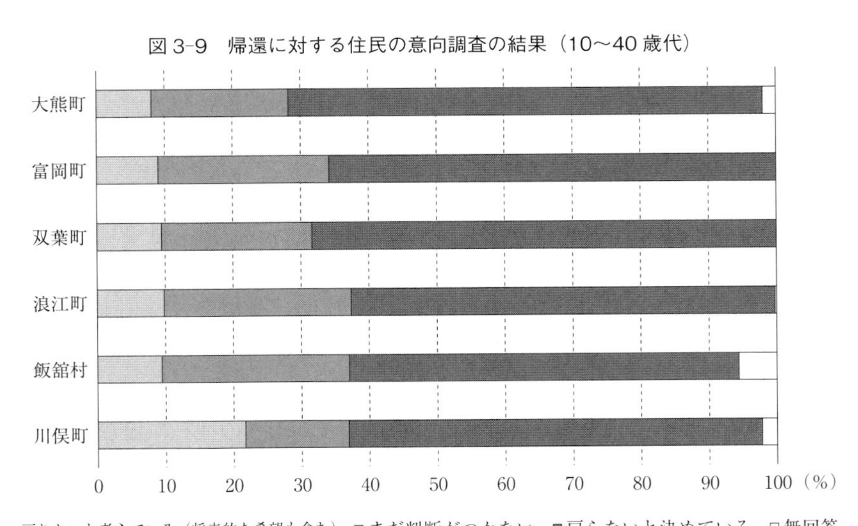

図 3-9　帰還に対する住民の意向調査の結果（10〜40 歳代）

□戻りたいと考えている（将来的な希望も含む）■まだ判断がつかない ■戻らないと決めている □無回答

（注）　回答者数は，大熊町 694，富岡町 754，双葉町 348，浪江町 875，飯舘村 232，川俣町 46。

（出所）　復興庁・福島県・大熊町（2016），復興庁（2017）より筆者が作図。

見ると原発事故前からの人口構成変化は著しい。

富岡町のように自治体主導で診療所，大規模商業施設を開設し，巡回バス路線整備など住民帰還に向けた施策が進められた地域もある。また，産業拠点整備づくりのための事業に大規模な公的予算が投入され，国主導の復興施策のもと，災害公営住宅の建設，整備など基本的な生活インフラ整備，産業整備も急ピッチで進んでいる。しかし，これらは避難者が抱える帰還への不安や躊躇に応えるものではなく，避難先で暮らす住民の中には避難元での復興の進展を「自分の町のこと」として実感できずにいる者も多い。

賠償をめぐる問題

政府は，「東京電力株式会社福島第一，第二原子力発電所事故による原子力損害の範囲の判定等に関する指針」として第一次指針を 2011 年 4 月に発表し，その後順次，中間指針等を明らかにしてきた。しかし，申請手続き等が複雑であること，賠償問題をめぐる責任の所在が不明確であることなどをおもな要因として原発事故の損害賠償は遅れ，そのため多くの被災者，避難者の生活再建は十分に進んでこなかった。

除本理史が指摘するように，原発事故の被害補償は責任を曖昧にしたまま「加害者『主導』」で進められてきたことに構造的な問題をもつ（除本 2013: 25-26, 40-44）。日本学術会議社会学委員会東日本大震災の被害構造と日本社会の再建の道を探る分科会（2014）でも指摘されているが，東京電力による賠償の内容は住民の希望と必ずしも一致しておらず，早期から精神的賠償の打ち切りに関する予想，報道もなされてきた。このように，「被ばくや孤立を覚悟の上で帰還するか」「十分な賠償や政策的支援を受けられないまま自力での移住を決意するか」の二者択一をずっと強いられてきたことで避難者たちは将来の生活再建への不安，心労を余儀なくされている。

さらに，原発避難者をめぐる賠償問題において，「賠償金の焼け太り」とも揶揄するような世評が多くの避難者たちを傷つけてきた。とくに県外で生活する強制避難者の中には，自分が避難者であることを周囲の住民に知られないよう，細心の配慮をしながら生活している人々も多い。これは，「賠償金をたくさんもらっていい生活をしている」等の誤解，偏見に基づく心ない言動で傷つけられてきたせいでもある。

そして，2015 年 6 月に閣議決定された「原子力災害からの福島復興の加速に向けて（改定）」に基づき，避難元地域が避難指示解除準備区域・居住制限区域に指定された人々への精神的損害に関する賠償は2018年3月分までと決定された。これは，避難元地域への帰還を見据えた政策だが，生活再建がまだ十分に見通せない避難者が多い中での賠償打ち切りは「自立」に名を借りた「避難者切り捨て」と呼ばれてもおかしくない。

3 自主避難者が置かれた状況と困難

次に，全国各地で生活する自主避難者が置かれた状況について，すでにまとめられた報告等の内容を確認しながら，とくに母子避難が抱える問題について確認したい。

自主避難者を避難元の別に見ると「福島県内から」と「福島県以外の地域から」に大別できるが（図3-2の②③にあたる），いずれも放射線による健康被害のリスク（とくに子どもの低線量被ばくなど）への懸念が避難の大きな動機であった。このため自主避難者には子育て世代が多数を占めていた。同時に，父親が避難元に残って就労し，母子のみが避難するという世帯分離も目立った。

避難の直接的な動機は，避難元の行政・学校への不信，生活継続の不安があるが，いずれも子どもの健康被害のリスクに関する問題と大きく関連していた。とくに注意したいことは，福島県内および近隣県において必ずしも避難対象地域に指定されてはいないが，放射線量の値は低くはなく，被ばくのリスクが危惧される地域があったことである。そうした地域で，自ら計測した線量が行政から発表されたそれを大きく上回るという経験をしたり，子どもの健康・安全をめぐる事柄に対して自治体・教育機関等が満足のいく対応をとっていないと判断し，危機感を覚えた一部の家族が避難を決意した。

これらの問題に対して，子どもをはじめとする被災者の健康，生活を守り，避難の権利を明記した「子ども・被災者生活支援法（東京電力原子力事故により被災した子どもをはじめとする住民等の生活を守り支えるための被災者の生活支援等に関する施策の推進に関する法律）」が2012年6月に成立したが，その後，具体的な政策実施はなされず，さらに2013年10月に策定された基本方針（2015年改定）の内容が支援法の理念に反したものであることから，支援法の形骸化に対する批判が避難者やその支援者等から寄せられた。

強制避難者とは異なり，多くの自主避難者には賠償金や自治体からの補助等での制限も大きく，住居費，生活費，交通費（世帯分離している家族の高速道路代等）など避難生活を続けていくうえでの経済的な負担は大きかった。多くの自治体で罹災証明書をもたない避難者への借り上げ住宅提供が実施され，そのことは自主避難者の避難行動の促進要因の1つであったが，2017年3月末に福島県の避難指示区域外から全国に避難する自主避難者に対する福島県の住宅無償提供が打ち切られた。このことで，自主避難者の経済的負担は増し，避難者たちの苦悩をさらに深めるものとなった（吉田 2017a・b）。

いつまで避難生活を継続するか（できるか），をめぐる判断に際して，行政からの支援に加え，避難元地域の家族親族・近隣との関係，子どもの進学をめぐる問題も大きく関係する。将来の見通しが立てにくいことが避難者たちをいっそう悩ませている。

福島県から近接県への母子避難（山形県）

図3-7で示したように，福島県と隣接する山形県は原発事故発生から半年の間に避難者が急増し，2011年8月に福島県からの避難者数が1万人を超えた。山形県が借り上げ住宅提供を開始した2011年6月以降，とくに母子を中心とする自主避難者が増加し，ピーク時の2012年1月には県内避難者数（強制避難者を含む）は1万3797人であった。その後，1年近くにわたって避難者数は1万人以上を推移したが，これは他の都道府県と比較しても突出した動きであった。およそ7割弱が自主避難者と推計される（山根 2013: 38）。こうした状況から，福島県は山形市，米沢市に相談窓口を設け，避難者の相談に応じる対応も実施した。

母子のみ避難の背景には，家族内で父親が収入を得るために働き，母親が子どもの世話をする性別役割分業の意識が指摘でき，また母親が子とともに避難する（子を健康被害のリスクから守る）ことは母親の子へのケア責任の1つとして選択された（山根 2013: 40）。県外で生活する避難者が抱える問題は住宅問題，経済問題，健康問題など多岐にわたるが，とくに世帯分離と関連した問題としては，家計が分かれることで生じる経済的負担，母親の子育て負担の増大や孤立があった。

避難者に対する支援として，山形県では2011年から山形市の育児サークルが母子で参加できる場づくりに取り組み，多くの母子避難者が参加した。また，避難者による自助組織も立ち上げられた。そうした中で，福島県内では周囲に気を遣って口にできなかった放射線への不安，健康被害のリスクについて自主避難者同士で語り合うことができた母親たちもいた（山根 2013: 42)。

活発な地元支援と自助グループ結成（沖縄県，岡山県）

沖縄県，岡山県等の西日本地域で生活する自主避難者については，また異なる状況が報告されている。東日本大震災にともなう広域避難では，関東を含む東日本を避難先として選ぶ人々が多かったが，図3-6でもわかるように，大都市（名古屋，大阪，福岡）を抱える各県（愛知県，大阪府，福岡県）には原発事故直後から福島県から一定数が避難した。

これに対し，沖縄県ではピーク時の2013年2月時点で738人であり，他の都道府県と比較すると実数は多くないが，県の規模から考えれば決して少ない数ではない。沖縄県が県内避難者343世帯[16]を対象に2015年に実施したアンケートでは，世帯構成は「単身」が31%，「夫婦と子ども」が27%，「母子(もしくは父子)」が25%であり，全体の44%が「18歳未満の子ども」がいる世帯であった（沖縄東日本大震災支援協力会議 2015)。

沖縄県は福島県からもっとも遠くに位置する県であるため，原発事故による放射線被ばくを避けることが避難のもっとも大きな動機であった人々が避難先として選択するケースが多い。沖縄県に東京から自主避難した女性はその著書の中で最初から中長期的な帰還を想定して避難したと述べているが（山口 2013)，同様の意識で避難した人々も少なからずいただろう。

沖縄県内の自主避難者に対する支援活動，支援ネットワークが活発に行われてきたことの背景には，県内各界の関係機関の連携による「東日本大震災支援協力会議」を原発事故発生の3月下旬に発足させ，支援者を対象に県内での買い物や交通運賃が割引となる支援（「ニライカナイカード」の発行）を行うなど，官民協同の支援が行われてきたことがあげられる。また，本島だけでなく石垣島等でも地元住民による活発な支援活動が行われた（後藤・宝田 2015；高橋 2013)。

これらの支援を受けて避難者自身による自助グループも複数設立された。2015年現在で活動を継続している団体のうち，「沖縄じゃんがら会」には福島県からの避難者6割以上（2015年1月現在）が参加し，支援・生活情報の提供やイベント開催などを積極的に行ってきた。この団体は別のNPOとともに復興庁の「県外自主避難者等への情報支援事業」も受託したが，避難者自身による組織が同事業に関与する例は他の地域ではなく[17]，自主避難者が避難先で主体的に活動の場を広げた例といえよう。

岡山県内でも地元自治体，市民団体等を中心に自主避難者に対する支援が行われ，沖縄県とも類似した状況も見られた（宝田 2012）。岡山県も決して避難者の人数規模は大きくはないが（ピーク時の2013年2・3月で339人），原発事故の前から活動していた地元団体が2011年5月にホームページで東北の被災者を対象に岡山県内での住居提供を呼びかけたところ，関東圏からも希望者が多かったために対象範囲を広げたことが岡山県への避難者の増加につながった[18]。

また，キーパーソンの存在にも注目したい。東日本大震災以前に川内村に移住していた，岡山市出身の30歳代（2011年当時）の女性は，原発事故直後に岡山県内に戻った後，2011年5月に市民団体を立ち上げ，県内への避難希望者への情報提供，避難者同士の交流会企画を進めてきた[19]。彼女は自主避難者ではないが，自らが子育て期の母親でもあることから岡山・福島を結ぶキーパーソンとして自主避難者，とくに子育て女性たちの支援を積極的に行った。岡山県のように，避難者数が最大でも300人台程度の規模の場合，このように特定の団体，人物が核となって動き，自ら情報発信し，関係機関等をつないでネットワーク化することで，避難者のニーズを汲み上げ，よりきめ細かな支援を提供することが実現した。

沖縄県，岡山県での支援活動の特徴の1つとして，福島県内の子どもを対象とした保養事業があげられる。原発事故後も福島県内にとどまり，西日本地方での保養事業を活用した後に自主避難に至る親子もいたが，そうした人々にとって遠方への避難は保養事業の延長線上に位置づけられるものでもあった。低線量被ばくのリスク軽減という自主避難の目的に照らしたとき，この点が福島県に近接する地域への避難とは異なるといえよう。

一方で，避難元から遠距離であることの問題もあった。先述した沖縄県のアンケート結果では，母子避難者からのコメントとして，ふるさとから遠く離れた土地で子育てしていくことへの不安，三重生活の家賃の負担（避難元に建てた自宅のローン，父は関東で就労・生活，母子は沖縄で生活）等に関する記載もあった。

帰還か移住か――追い詰められる自主避難者

まとめると，自主避難者は2種類に大別できる。一方は，福島県内から山形県や新潟県等の近接地域に避難した母子世帯であり，世帯分離の状態にある家族が多かった。経済的な課題（とりわけ借り上げ住宅の入居期限など）を抱え，また避難元に残した家族や友人知人との関係も維持し続けている。そして，避難元地域への帰還のプレッシャーにも絶えず揺れ続けている家族も多い。たとえば，新潟県から福島県に帰還した自主避難者に対し，地元コミュニティ内で「逃げた」等のレッテルが貼られ，帰還後の社会関係の再構築が困難となった例もあった（松井 2013: 65）。健康被害のリスクの回避を目的に避難を決断しながらも，経済状況，家族の状況と帰還時期の判断との間で板挟みになっている避難者も多い（廣本 2016）。

これに対し，沖縄県，岡山県等の西日本地域では，福島県に加えて関東地方からの避難者も多かった。これらの人々は，インターネットの活用など情報収集（発信）能力が相対的に高い人々も多く，避難先で新たな社会関係を構築していくケースも見られた。

しかし，いずれの地域においても，経済的な問題，住居の問題は自主避難者にとって大きな課題となってきた。新潟県が 2013 年，2014 年に実施した県内避難者対象のアンケートについて，福島県からの避難者に限定して再集計した髙橋若菜によれば，「今後の避難生活に関して困っている事，不安な事，ご意見」について尋ねた設問（自由記述）では，両年とも「生活費の負担が重い」が区域外からの避難者（自主避難者）の回答のトップであった[20]。また，「避難生活費の支出」について尋ねた設問（複数回答，2012 年のみ質問）では「仕事による収入」が 67.2%，「預貯金の取り崩し」が 47.3%（n＝1447）であった。髙橋は金銭的な補償がない自主避難者が預貯金の取り崩しをしているのではないかと推測している（新潟県県民生活・環境部 2014: 41-44；髙橋 2014）。

必ずしも福島県出身者だけを対象としたものではないが，先述した沖縄県のアンケート調査（2015 年）の同内容の設問でも，「避難生活費の支出」は「給料，年金など」が 70%，「預貯金の取り崩し」が 44% と，近い傾向が見られた。

先に述べたように，2017 年 3 月末に福島県の避難指示区域外から全国に避難する自主避難者に対する福島県の住宅無償提供が打ち切られた。原発事故から時間が経過し，支援が次々に打ち切られていくことに対して自主避難者からは不安の声が上がっている。経済的支援の打ち切りが現実的となる中で，多くの自主避難者の生活基盤が揺らいでいる。

そして，避難生活の長期化は自主避難者のそれぞれの選択にも影響を及ぼしてきた。避難先での生活基盤が確立し，定住の意識を高める者と，経済的な理由や子どもの教育，家族の事情のために避難元へ帰還する者，それぞれが限られた選択肢の中で熟慮を重ねて下した決断だ。帰還の背景には，除染にともなう避難元の線量低下もある。

しかし，帰還した自主避難者の中には，日常生活の中での放射線への対応や考え方に関して周囲との差異を感じ，孤立やストレスを覚える者もいる。福島県内では，帰還した自主避難者が互いに集い，情報交換や交流を行うための場づくりも進められているが[21)]，帰還後の地域社会への適応，生活再建も自主避難者の課題となっている。

4 「タウンミーティング」から見えてきた避難をめぐる問題の構造

原発事故後の復興に際して多額の公的資金が投入されてきた一方で，復興政策や避難者支援策は必ずしも現場，当事者のニーズに合致しないまま，早いスピードで展開し，そのことに多くの避難者が翻弄されてきた。避難自治体の復興や住民帰還に際しては，地元自治体・県に対して国の政治・政策が大きな影響力を持ち続け，避難者の生活再建や地域復興を結果的に阻害する要因となるという構造的な問題が生じ，かつ再生産されてきた。こうした状況が何年も続くことで，国や福島県に対していくら要望や意見を上げても自分たちの現実，困難は改善されない，と多くの避難者が怒りを通り越し，諦めや絶望を感じてきた。

こうした中，比較的若い世代では，避難元の住民同士で集い，避難前の関係性をもとに生活再建を果たそうとする試みも生まれた。避難者自らが話し合いの場づくりを始め，離れた場所で「ふるさと」を維持し，つながり続けるための活動を行ってきた。以下では，そのうちの一例を紹介し，そこで行われた避難者による語りを通して，①避難者自身による生活再建の試みとその可能性，②そこでの語りから見えてきた原発避難をめぐる問題の困難とその構造，について説明したい。

避難者自身による生活再建，「ふるさと」維持のための試み

以下で取り上げる，富岡町民による自助団体「とみおか子ども未来ネットワーク（TCF）」は，全国に避難する町民のうち主に30～50歳代を中心とした世代から構成されるネットワーク型の組織である。子育て世代でもあるメンバーの多くは，避難先での生活再建，就労や住まいの選択，帰還等をめぐる苦悩を抱え，また決断を迫られてきた。同時に，子どもや親世代の双方への配慮，世話や保護が求められる世代でもあった。

2011年の避難直後，地域活動や日常生活の中でつながりのあった町民たちが集まり，悩みや不安を語り合う中で組織，ネットワークづくりの必要性を実感し，2012年に任意団体として発足したのがTCFである（市村 2013: 171-72）[22]。

TCFでは，富岡町から避難している町民が全国各地で集まり，語り合う「タウンミーティング」を2012年から開始した[23]。これは，避難元を同じくする避難者同士で集まり，原発事故以前までに培ってきた町民同士のつながりを取り戻す場であり，また避難者のエンパワーメントをめざす場でもある。さらに，町民がバラバラに暮らさざるをえない困難の中でも「ふるさと」を手放すのではなく，町民同士の関係を維持し，故郷の記憶や文化を次世代につなげていこうとする取組みでもある。

避難先の各地でそれぞれ順調に生活再建を遂げているように見える町民も，「普段は言いにくいこと」を抱えている。避難者たちは，健康被害のリスク，帰還，就労や生活再建，賠償など多くの悩みを抱え，しかしそのことを避難先ではなかなか口にできず，さらに自分たちが避難先でどのように見られているか，その眼差しがどのように変化してきたか，に注意を払いながら，避難後の日常生活を送ってきた。大都市など一定の匿名性が保障される地域では，「避難者であること」を明らかにせずに暮らす者も少なくない。こうした状況の中，避難者同士で集まり，心情を語り合うことを通じて，個人，家族，地域のそれぞれのレベルでの生活再建，将来に向けた何かしらの解決のヒントを得られたり，意識の変化につながるきっかけとなるよう，町民同士が語り合う場として，タウンミーティングは開催されてきた（山本ほか 2015: 13-15）。

避難者が置かれてきた困難とその構造

そして，富岡町民のタウンミーティングでの語りの分析に基づいて，避難者が置かれてきた困難とその構造が明らかにされている[24]。以下では，2013年3月までの状況を中心に，佐藤（2013），山本ほか（2015）等に依拠しながら，それらを説明する。

図 3-10　原発避難者を取り巻く問題構造の基本骨格

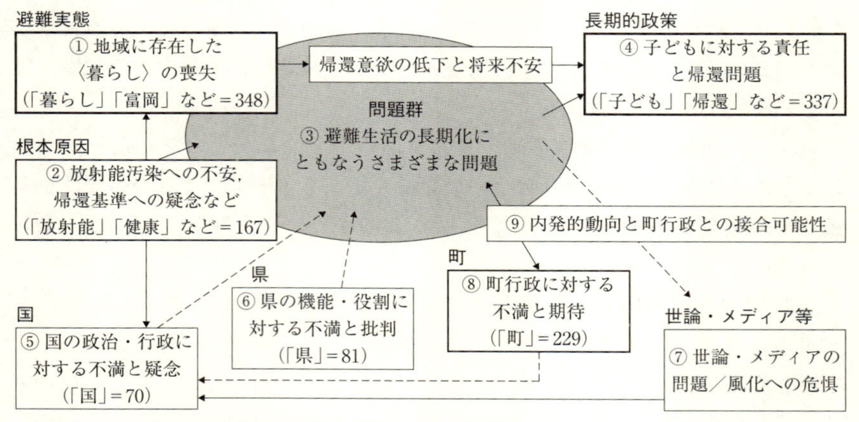

(凡例)　1.（　）内の数値は該当する関連ワードのヒット数。
2. 矢印（実線）は相互の関係性がある／強い。
3. 〃（点線）は相互の関係性がない／弱い。

(注)　1. KJ 法第 1 段階ラベリングから「研究の方法」に示した内容に基づき抽出した 33 のラベルを筆者（佐藤）が再構成して作成。
2. 枠の太さは 1,056 の発言中の関連ワードヒット数を示す（主たるもののみ表示）。

(出所)　佐藤（2013: 445）。

まず，突然の避難を余儀なくされた避難者たちは，住まい，就労，周囲との関係など日々の生活の全体を意味する「暮らし」が奪われた，と感じている。そのことは，これから経験するはずであった「未来」だけでなく「人生そのもの」を奪われた，という思いにもつながる（図 3-10 の①）。そして，そうした状況を改善しようにも避難の根本原因は放射能汚染による健康被害リスク，避難元の地域再建の困難に関わる不安にあるため，住民だけではどうにも解決はできない（図 3-10 の②）。そして，避難生活は長期化し，生活再建と帰還に関わる悩み，困難に直面する日々が続く（図 3-10 の③）。同時に，健康被害リスクに関する不安はとくに子育て世代を中心に帰還意欲の低下に直結し，このことは次世代を担う子どもたちや若者層の将来に関する心配，配慮，責任といった意識を形成してきた（図 3-10 の④）。

一方で，国・県に対しては，帰還・賠償を中心に，原発事故に関わる問題の早期解決を避難者は重視し，また求めているが，そのようには進まない実態を目の当たりにし，政治・行政に対する不満，疑念を抱いている（図 3-10 の⑤）。

同時に，避難者（とりわけ県外避難者）に対する対応，支援内容に関連して，避難者からは県の施策に対する不満，批判が寄せられ（図3-10の⑥），また世論，マスコミ報道における原発避難や避難者の扱われ方，さらに時間の経過にともなう「風化」について危惧，懸念がなされてきた（図3-10の⑦）。

さらに，国・県よりも「近い」位置にある町行政には期待が寄せられる一方，その具体的な施策，取組み内容が町民からはわかりにくいこと，町民間の情報取得や支援内容に関する格差を中心に，町行政への不満の声があげられてきた（図3-10の⑧）。一方で，避難者自らが不安や不満も共有しながら，連携して町民の声を町・県・国に届け，問題解決，復興につなげていこうという内発的取組みの動きも見られる（図3-10の⑨）（佐藤 2013）。

以上は，富岡町のタウンミーティングで得られた語りをもとにした分析であるが，強制避難/自主避難，県外避難/県内避難の違いにかかわらず，原発避難者の生活再建を妨げてきた困難の問題構造もこれらに共通する内容を含んでいる。以下で，それらをまとめておきたい。

① 避難者は自らの意思によるものではない原発事故により，それまで築いてきた生活基盤を失い，さらに事故が起きなければ手に入れられるはずの将来をも失った。

② そのことは，原発事故以前までに築いてきた人間関係を含め，日々の暮らしを体現する場，地域の喪失につながった。

③ 原発事故直後の「同情」の時期を過ぎ，世論や世間の避難者に対する眼差しは厳しさを増している。そうした変化，風当たりの強さを実感することは日々のストレスでもあり，また生活再建の意欲を減退させがちである。また，制度，世論を含め，避難者の間の差異が強調されやすい傾向にあり，このことは避難者同士の連帯を阻む要因として作用してきた。

④ 避難先で，住まい，仕事，子どもの教育の立て直しを始め，自分と家族の将来に関わる重要な選択を迫られるが，そこでの判断の基盤とすべき「現在の自分」がいつまでも確実なものと感じられない。とくに，放射能汚染については，何が「正しい情報」なのか判断は難しく，ゆえに自分の選択になかなか自信がもてない。

⑤ 国，県による復興施策は，自分たち避難者のためではなく，地域の経済復興，除染・復興事業の整備・開発のためになされているのではと違和感をもち，また自分たちの存在がないがしろにされているとも感じ，無力感

に苛まれる。

これらはいずれも相互に関連することで，よりいっそう問題を複雑化させてきた。原発事故以降，避難者が抱えてきた問題は，生活，就労，家族など，一見すると個別に見える事項がそれぞれ関連し，さらにそのことがまた別の問題の要因として現れることでよりいっそう複雑さを増してきた。そのことにより，「自分の問題」でありながら，とうてい自分だけでは解決できないという困難が生じ，さらに将来の生活にも大きく影響し続ける包括的な問題として避難者を追い詰めてきた（山本ほか 2015）。

5 避難者間の分断を越え，長期的な生活再建を実現するために

避難生活の長期化にともなう避難元コミュニティの喪失

今なお，居住地から切り離された避難者たちの眼前には避難生活長期化とそれにともなう数々の問題，困難がある。避難者をめぐるそれぞれの問題（雇用，生活再建，世帯分離，健康被害のリスク等）はいっこうに解決に向かう気配を見せず，逆により複雑化し，解決の困難さは避難者を疲弊させている。精神的に追い詰められている避難者も多い。長引く避難生活や健康被害のリスクへの不安から体調悪化，抑うつ傾向に悩む人々もいる。

すでに避難指示解除がなされた地域もあるが，このことは避難者を「避難者であった人々」という存在におとしめる。生活再建への道がいまだ不鮮明な中，避難指示解除，帰還政策が進められていくことは，多くの避難者を帰還と避難先への移住との間で板挟みの状態に置き，家族や地域の分断，対立をも生みかねない。

原発避難者の苦悩は元の地域から突如，強引に切り離されるという異様な経験から始まっている。そのことは逆にいえば，多くの避難者たちが事故発生前までは地域社会に根ざし，家族，周囲とも緊密な関係を築いていたゆえでもある。

避難元自治体の多くでは，都市部とは異なり，世代をまたいで家族，親族，近隣住民との関係が築かれ，それに基づいて地域社会が長く維持されてきた[25)]。そのことはとくに高齢者層を中心とした帰還希望の意識の背景にあり，避難元におけるような定着が避難先では図れなかったことの現れでもある。生活圏内で長期にわたって築かれてきた社会関係はその個人が社会的存在としてあるた

めに必要な要素であり，社会的な意味での人格を形成するものでもある。原発事故によってそうした社会関係から強制的に引きはがされた人々のうち，とくに居住年数が長かった者ほど帰還を望むのは当たり前のことであるが，かつてと同じような社会関係，地域コミュニティの維持，回復は，現実には不可能である。

原発事故によって失われたものは，避難元地域での生活の総体であった。そこでの社会関係とは，職場，同級生，近隣など人間関係のすべてを含む，地域生活を通して形成される関係の総体であった。しかし，避難生活が長期化する中で，本来は対立したりいがみあう必要などなかった人々の間に生じた（生じさせられた）相違によって，もともとあった社会関係も分断されてきた。

原発避難者の生活再建のための地域再建

長期の広域避難が続き，避難元での社会関係の維持は容易ではない。すでに，避難先で新しい社会関係を形成し，現実的な生活再建に向けて住宅購入を決断する者も増えてきた。そのことは避難者たちが避難元を捨てたということを必ずしも意味しない。むしろ，生活の安定を図り，その先に中長期的なスパンでの帰還を考えている人々もいる。

原発避難者たちが抱える困難の大きな要因は復興政策にある。早期帰還の政策が進められる一方で，今すぐには帰還できないという現実がある。健康被害リスクの懸念が解消されないにもかかわらず，避難解除は進み，原発事故によって家を追われたはずの人々が「避難者」ですらない存在にされかけている。

3.11 後の世界においてわれわれが目にしている原発避難の問題は，一貫して「異常な事態」が続いている。「絶対に安全」とうたわれていた原子力発電所は大災害を起こし，その収束すらまだ完了にはほど遠い。生まれ育った地域で歳を重ねていくことに何一つ疑問を抱かずに生活していた住民たちは，突然に住まいと生活のすべてを奪われ，各地でバラバラの避難生活を余儀なくされた。雇用や通学，住居の問題から家族と離れて暮らさざるをえなくなった者も多かった。そしてそれは今もなお続いている。

性急な帰還政策が進められる中で，避難者自身が納得し，同郷者たちと協力しながら「ふるさと」，そして人間らしい暮らし，生き方を取り戻すために，つまりは「人間の復興」を獲得していくために，避難者間の分断を越えていく取組み，長期的な生活再建を実現する方策が必要である。

注

1) 2017年4月に，文部科学省は福島県から県内外に避難した児童・生徒に対するいじめが同年3月までに全国で199件あったとの調査結果を発表した。
2) 通常の災害（災害対策基本法）と異なり，原子力災害対策特別措置法では内閣総理大臣が原子力緊急事態宣言を公示し（15条），地方公共団体に対して行う指示（20条）を受けて市町村長は住民その他に伝達することとなっている（28条の災害対策基本法56条の読み替え）。
3) 本書では「強制避難」という語を用いている。ただし，ごく一部を除いて緊急避難に関する政府指示は避難自治体にも避難者にも直接には届いていなかったこと，住民の避難はまず「自主判断」によって行われたということは重大な事実として指摘しておきたい（山下ほか 2012）。
4) 加えて，4月11日には20 km圏外にある福島県内5市町村（飯舘村・浪江町・葛尾村の全域，および川俣町と南相馬市の一部地域。約3000世帯，約1万人）が計画的避難区域に指定されている。さらに，2011年6月から11月の間に，伊達市，南相馬市，川内村の各地域が「特定避難勧奨地点」に指定された（2013年12月に一部解除）。
5) NHK「震災・原発事故から6年　データで見る福島の復興」 http://www.nhk.or.jp/d-navi/link/2017fukushima/（2017年5月1日最終アクセス）。吉田千亜は，このことも含めた避難者数の算出に関する問題点を指摘している（吉田 2017b）。
6) 避難指示区域のうち放射線の年間積算線量が20ミリシーベルト以下となることが確実と確認された地域。2012年4月，田村市都路地区の一部（福島第一原発から半径20 km圏内）の警戒区域が解除され，避難指示解除準備区域に再編され，ここから原発避難問題は避難区域再編の段階へと入った。
7) 避難指示区域のうち年間積算線量が20ミリシーベルトを超えるおそれがあり，引き続き避難を継続することが求められる地域。居住制限区域は，除染や放射性物質の自然減衰などによって年間積算線量が20ミリシーベルト以下になることが確実と確認された場合，「避難指示解除準備区域」に移行する。
8) 居住制限区域の一部地域で，放射性物質による汚染レベルがきわめて高く，住民の帰還が長期間困難であると予想される区域。具体的には，5年間を経過してもなお年間積算線量が20ミリシーベルトを下回らないおそれがあり，年間積算線量が50ミリシーベルト超の地域。
9) 福島県「福島県から県外への避難状況」（調査時点 2017年3月13日）。
10) 福島県「福島県から県外への避難状況の推移」（2017年3月29日更新）。
11) 茨城県内の広域避難者4035人のうち，97.6%が福島県からの避難者であった（茨城県災害対策本部調べ，2013年1月時点）。
12) 早期帰還（「第1の道」），政策的支援の手薄い自力による移住（「第2の道」）のいずれでもない，第3の復興のあり方（長期的な避難生活への支援等）を通じた生活再建，地域再生（日本学術会議東日本大震災復興支援委員会 2014；日本学術会議社会学委員会 2014）。
13) ただし，「第3の道」を復興計画に明記したことと，そのための施策を具体的かつ積極的に打ち出したかどうか，は分けて捉える必要がある。結果的に，富岡町の復興計画は復興庁等からの強い指導が入ったことで，当初の指針からはかけ離れた，従来の縦割り型分野別・組織別計画としてまとめられた（金井・今井 2016: 95-99）。

14） 対象市町村のうち，大熊町（2015 年 8 月実施），富岡町（2016 年 8 月実施），双葉町・浪江町（2016 年 9 月実施），飯舘村（2017 年 1 月実施），川俣町（2016 年 11 月実施）の結果を示した。設問は「将来，〔自治体名もしくは地区名〕の避難指示が解除された後の〔自治体名もしくは地区名〕への帰還について，現時点でどのようにお考えですか」。

15） ただし，役場に居住届を提出しないままの居住や，避難先との二重居住の住民も一定程度いると推測されている。福島民友「帰還徐々に 生活環境が課題 避難指示解除 1 カ月」（2017 年 4 月 30 日），日本経済新聞「浪江・富岡，帰還 1% 台にとどまる 避難解除から 1 カ月」（同年 5 月 1 日）より。

16） 避難元別の内訳は，岩手県 6 世帯，宮城県 63 世帯，福島県 227 世帯，茨城県 29 世帯，栃木県 7 世帯，千葉県 11 世帯。

17） ただし，岡山県では同事業を協同で受託している 2 団体のうち 1 団体の構成メンバーに福島県からの避難者によって立ち上げられた団体が含まれている。

18） 岡山市市民協働局市民協働企画総務課移住・定住支援室「おかやま生活」ホームページ，https://okayama-life.jp/group/oidense/（2015 年 12 月 30 日最終アクセス）。

19） 『中国新聞』「備後語録」（2014 年 8 月 25 日）。

20） 2013 年は回答数 78（n＝783），2014 年は回答数 46（n＝672）。

21） 『福島民友』「『自分だけ浮いている』 帰還者，情報不足背景に“孤立感”」（2014 年 1 月 8 日）。

22） 2013 年 5 月より特定非営利活動法人。

23） 2017 年 3 月までに全国で計 20 回開催されている。タウンミーティングの内容の詳細は山本ほか（2015）等を参照。

24） 分析手法の詳細については佐藤（2013）を参照。

25） 南相馬市が 2014 年 6 月から 8 月にかけて，市内の旧警戒区域等の住民（5476 世帯）を対象に実施したアンケート調査（回収率 54.5%）では，居住年数は「50 年以上」が 47.2%，「30～50 年」が 29.3% と非常に長期にわたって居住していた者が多かった（南相馬市復興企画部企画課「南相馬市旧警戒区域等市民意向調査 調査結果」2014 年 10 月）。

参考文献

復興庁，2015，「県外自主避難者等への情報支援事業 報告書」（三菱総合研究所作成）。

復興庁，2017，「平成 28 年度 福島県の原子力災害による避難指示区域等の住民意向調査 全体報告書」。

復興庁・福島県・大熊町，2016，「大熊町 住民意向調査 報告書」。

福島県，2013，「平成 23 年東北地方太平洋沖地震による被害状況即報」（第 1031 報）平成 25 年 9 月 17 日。

福島県，2014，「福島県避難者意向調査（応急仮設住宅入居実態調査）全体報告書」福島県生活環境部避難者支援課。

福島県，2015，「平成 26 年度 福島県避難者意向調査（応急仮設住宅入居実態調査）全体報告書」福島県生活環境部避難者支援課。

福島県，2016，「平成27年度 福島県避難者意向調査（応急仮設住宅入居実態調査）全体報告書」福島県避難地域復興局避難者支援課。
福島県「福島県から県外への避難状況の推移」。
福島民友，2017，「原発事故の避難区域」（http://www.minyu-net.com/news/sinsai/saihen.php）。
後藤範章・宝田惇史，2015，「原発事故契機の広域避難・移住・支援活動の展開と地域社会——石垣と岡山を主たる事例として」『災後の社会学』No. 3（科学研究費補助金〔基盤研究A〕「東日本大震災と日本社会の再建——地震，津波，原発震災の被害とその克服の道」）：41-61。
原口弥生，2012，「福島原発避難者の支援活動と課題——福島乳幼児妊産婦ニーズ対応プロジェクト茨城拠点の活動記録」『茨城大学地域総合研究所年報』45: 39-48。
原口弥生，2013，「東日本大震災にともなう茨城県への広域避難者アンケート調査結果」『茨城大学地域総合研究所年報』46: 61-80。
東日本大震災支援全国ネットワーク（JCN）広域避難者支援活動，2013，「社会福祉協議会における広域避難者支援に関する実態調査 調査報告書」。
日野行介，2015a，「不十分な実態把握」関西学院大学災害復興制度研究所ほか編『原発避難白書』人文書院。
日野行介，2015b，「冷たい復興——みなし仮設打ち切りで漂流する自主避難者」『世界』872: 108-16。
廣本由香，2016，「福島原発事故をめぐる自主避難の〈ゆらぎ〉」『社会学評論』67(3): 267-84。
茨城大学人文学部市民共創教育研究センター，2017，「第3回 茨城県内への広域避難者アンケート（2016）結果報告書」。
市村高志，2013，「私たちに何があったのか——『とみおか子ども未来ネットワーク』の二年間」『現代思想』41(3): 168-85。
今井照，2014a，「原発災害避難者の実態調査（4次）」『自治総研』424: 70-103。
今井照，2014b，『自治体再建——原発避難と「移動する村」』筑摩書房。
金井利之・今井照編著，2016，『原発被災地の復興シナリオ・プランニング』公人の友社。
関西学院大学災害復興制度研究所，2013，『震災難民－原発棄民 1923-2011』。
川瀬隆千，2015，「宮崎への避難・移住者の実態と今後の支援——東日本大震災・原発事故による避難・移住者へのアンケート調査報告」『宮崎公立大学人文学部紀要』22(1): 1-16。
紺野祐・佐藤修司，2014，「東日本大震災および原発事故による福島県外への避難の実態(1)——母子避難者へのインタビュー調査を中心に」『秋田大学教育文化学部研究紀要 教育科学部門』69: 145-57。
黒澤知弘，2017，「追い詰められている避難者の子どもたち」『世界』893: 84-87。
増田和高・辻内琢也ほか，2013，「原子力発電所事故による県外避難に伴う近隣関係の希薄化——埼玉県における原発避難者大規模アンケート調査をもとに」『厚生の指標』60(8): 9-16。
松井克浩，2013，「新潟県における広域避難者の現状と支援」『社会学年報』42: 61-71。
南裕一郎，2014，「〈調査報告〉沖縄における東日本大震災被災者への支援と自主避難者の生活」『Zero Carbon Society 研究センター紀要』2/3: 19-24。
内閣府原子力被災者生活支援チーム，2013a,「避難指示区域の見直しについて」(http://www.meti.go.jp/earthquake/nuclear/pdf/131009/131009_02a.pdf)。
内閣府原子力被災者生活支援チーム，2013b,「福島第一原発事故に係る避難指示区域における立入り等に関する規制について」(平成 26 年 5 月)。
内閣府原子力災害対策本部，2015,「原子力災害からの福島復興の加速に向けて」(改訂)(http://www.meti.go.jp/earthquake/nuclear/kinkyu/pdf/2015/0612_02.pdf)。
成澤宗男，2012,「山形の『りとる福島』から 自主避難者たちの『厳寒の日々』」『週刊金曜日』880: 18-19。
日本学術会議東日本大震災復興支援委員会 福島復興支援分科会，2014,「東京電力福島第一原子力発電所事故による長期避難者の暮らしと住まいの再建に関する提言」。
日本学術会議社会学委員会 東日本大震災の被害構造と日本社会の再建の道を探る分科会，2014,「東日本大震災からの復興政策の改善についての提言」。
新潟県県民生活・環境部，2014,「避難生活の状況に関する調査」報告書。
沖縄東日本大震災支援協力会議，2015,「平成 27 年度避難世帯向けアンケート調査の結果について（概要)」。
大島堅一・除本理史，2012,『原発事故の被害と補償――フクシマと「人間の復興」』大月書店。
阪本公美子・匂坂宏枝，2014,「3.11 震災から 2 年半経過した避難者の状況―― 2013 年 8 月栃木県内避難者アンケート調査より」『宇都宮大学国際学部研究論集』38: 13-34。
佐藤彰彦，2013,「原発避難者を取り巻く問題の構造――タウンミーティング事業の取り組み・支援活動からみえてきたこと」『社会学評論』64(3): 439-59。
関礼子，2015,『“生きる”時間のパラダイム――被災現地から描く原発事故後の世界』日本評論社。
関礼子・廣本由香編，2014,『鳥栖のつむぎ――もうひとつの震災ユートピア』新泉社。
震災支援ネットワーク埼玉（SSN)，2012,「埼玉県震災避難アンケート調査集計結果報告書（第 3 報改訂版)」。
高橋征仁，2013,「沖縄県における原発事故避難者と支援ネットワークの研究 1 弱い絆の強さ」『山口大學文學會誌』63: 79-97。
髙橋若菜，2014,「福島県外における原発避難者の実情と受入れ自治体による支援――新潟県による広域避難者アンケートを題材として」『宇都宮大学国際学部研究論集』38: 35-51。
髙橋若菜・田口卓臣編，2014,『お母さんを支えつづけたい――原発避難と新潟の地域社会』本の泉社。
宝田惇史，2012,「『ホットスポット』問題が生んだ地域再生運動――首都圏・柏から岡山まで」山下祐介・開沼博編著『「原発避難」論――避難の実像からセカンドタウン，故郷再生まで』明石書店。
東京都総務局，2015,「都内避難者アンケート調査結果」。
とみおか子ども未来ネットワーク・社会学広域避難研究会，2013,「とみおか子ども未来ネットワーク活動記録」1。
富岡町，2015,「富岡町災害復興計画（第二次)」。

山形県広域支援対策本部避難者支援班，2014，「避難者アンケート調査 集計結果」。
山形県広域支援対策本部避難者支援班，2015，「避難者アンケート調査 集計結果」。
山口泉，2013，『避難ママ――沖縄に放射能を逃れて』オーロラ自由アトリエ。
山本薫子，2012，「富岡町から避難して――町民が口にした脱原発運動への違和感」『週刊金曜日』905: 28-29。
山本薫子・高木竜輔・佐藤彰彦・山下祐介，2015，『原発避難者の声を聞く――復興政策の何が問題か』岩波書店。
山根純佳，2013，「原発事故による『母子避難』問題とその支援――山形県における避難者調査のデータから」『山形大学人文学部研究年報』10: 37-51。
山下祐介，2012，「国・東電は実態を踏まえた対応を――『帰りたい』と『帰れない』の間」『週刊金曜日』905: 24-27。
山下祐介・山本薫子・吉田耕平・松薗祐子・菅磨志保，2012，「原発避難をめぐる諸相と社会的分断――広域避難者調査に基づく分析」『人間と環境』38(2): 10-21。
山下祐介・市村高志・佐藤彰彦，2013，『人間なき復興――原発避難と国民の「不理解」をめぐって』明石書店。
除本理史，2013，『原発賠償を問う――曖昧な責任，翻弄される避難者』岩波書店。
除本理史・渡辺淑彦編著，2015，『原発災害はなぜ不均等な復興をもたらすのか――福島事故から「人間の復興」，地域再生へ』ミネルヴァ書房。
米田美音，2015，「岡山県における原発自主避難者と地元住民のコンフリクト――公立小・中学校の学校給食を事例に」『お茶の水地理』54: 11-20。
吉田千亜，2016，『ルポ 母子避難――消されゆく原発事故被害者』岩波書店。
吉田千亜，2017a，「原発事故７年目に問われる『復興』――借上住宅打ち切りを目前に」『世界』893: 77-83。
吉田千亜，2017b，「原発事故７年目に問われる『復興』――ひろがる『復興計画』と『被害実態』のかい離」『世界』895: 173-79。

第4章

避難指示区域からの原発被災者における生活再建とその課題

高木 竜輔

1 問題の所在

原発避難の長期化と原発被災者の生活再建

東日本大震災・福島第一原発事故から6年を経過した2017年3月末は，「原発避難」問題にとって大きな節目となった。自主避難者（区域外避難者）に対する仮設住宅の提供が3月末をもって打ち切られた[1)]。他方で避難指示区域に関しては，富岡町，浪江町，飯舘村，川俣町の避難指示解除準備区域，居住制限区域が解除された。それにあわせて，環境省は帰還困難区域を除く地域の直轄除染の完了を宣言した（フォローアップ除染は引き続き実施されている）。4市町村の帰還困難区域と大熊町，双葉町への避難指示は引き続き継続されるものの，事故直後に第一原発20 km圏内が警戒区域に指定されていたときから比べると，多くの地域で避難指示が解除されたことになる。

避難指示の解除が進んだ。しかし他方で，原発事故によって長期避難を余儀なくされた被災者の生活再建は進んでいるのだろうか。結論からいうと，その点で大きな困難に直面しているといわざるをえない。たとえば，旧警戒区域で避難指示が解除された地域の住民帰還率は軒並み低いままだ。たとえば2015

年９月に避難指示が解除された楢葉町の帰還率は2017年７月末に帰還率が24.7％となったが，依然として低い（『福島民報』2017年９月５日付）。旧避難指示解除準備区域だった広野町でも住民の帰還率が５割に達するのに４年かかっている。原発事故から６年経過して一部地域の避難指示が解除された富岡町や浪江町などでも，将来の住民帰還率の低下が危惧されている。多くの原発被災者が，戻りたいのに戻れないと考え，避難先での生活の継続を選択している。

そもそも，原発事故による被災者にとって，生活再建とは何を意味するのだろうか。たとえば，避難先に住宅を再建したらそれは移住を意味し，それで生活再建は完了したとなるのだろうか。そのことは，彼ら／彼女らが避難元を捨てたことを意味するのだろうか。また，避難元に戻ったらそれで生活再建は完了したといえるのだろうか。

他方，帰還困難区域を除いて避難指示がほぼ解除されたということは，避難指示区域内の復旧・復興が今後ますますクローズアップされてくる。とはいえ，商店や病院，学校などのインフラの再開，雇用の創出，放射線量，放射性廃棄物の中間貯蔵施設の建設など，課題は山積している。そもそも原発被災者は，第一原発事故がまだまだ収束していないことに不安を感じている。避難指示区域内における生活インフラの再建が進まなければ，原発避難者は戻りたくても戻れない。このように，原発被災者の生活再建と一口にいっても，さまざまな論点があり，時間の経過とともにますます複雑化しつつある。

しかし，原発事故から６年が経過する中で，原発被災者の生活再建の姿がある程度見えてきたことも事実である。たとえば，遅れが指摘されていた原発被災者向け復興公営住宅も７割弱まで整備され，住宅再建もある程度進んでいる（本稿執筆時点）。避難指示区域内に関しては，イノベーション・コースト構想に基づく新技術・新産業の誘致という政府方針が示され，それに基づく基盤整備が進められている。

本稿の目的

本稿の目的は，福島第一原子力発電所の事故において避難指示区域から長期の避難を余儀なくされた被災者の生活再建がどのようになされているか，またそこにおける課題は何なのかを明らかにすることである。

その際，「すまい」「つながり」「まち」という３つの指標に焦点を当てて原発被災者の生活再建の動態を見ていくことにする。その第１の理由は，近年の復興施策においては住宅とつながりの再建がとくに重視されてきたことにある。阪神・淡路大震災以降，住宅再建を進めるにあたって行政からの支援制度が整備されてきた。また，仮設住宅や公営住宅の整備においても入居者同士のつながりをいかに構築し，コミュニティを維持していくかに注意が払われてきた。このような過去の震災の教訓が今回の原発事故からの復興においても活かされているかどうか，検証されなければならない。

第2の理由は，第1の理由とも関係するが，「すまい」の再建と「まち」の再建を原発被災者がどのように捉えているのか，という点である。原発被災地は事故によって役場機能を含めて他地域への長期避難を余儀なくされている。放射線量の問題もあり，復興庁の意向調査などでも多くの人が帰還に二の足を踏んでいる。「すまい」の再建場所と避難元である「まち」の再建がずれる中で，原発被災者は生活再建をどのように捉えているのか。そのためここでは，本論執筆時点で政府からの避難指示が出ている大熊町，双葉町，2017年3月末に一部が避難指示解除された富岡町，浪江町，2015年9月に避難指示が解除された楢葉町を中心的に取り上げる。それらの地域を対象とした復興庁の意向調査のデータやその二次分析を通じて原発被災者の生活再建の一端を見ていくことにしたい。

以下，第2節では原発被災者の生活再建を見ていくうえで考慮すべき点を整理し，分析する枠組みを提示する。「すまい」「つながり」「まち」という3要素を，第3節から第5節の各節において検討する。各節で検討された原発被災者の生活再建の内実をふまえ，第6節では知見の整理とそこから原発被災者の生活再建をめぐる今後の課題について考えてみたい。

なお，本稿では「原発被災者」と「原発避難者」という類似した言葉を使用する。避難指示が出された直後においては，両者はほぼ同じ内容であり，原発避難者とは「原発事故ならびに放射能汚染により震災当時暮らしていた生活圏を離れている人」と定義できる。しかし避難指示解除が進み，人々の帰還が始まると，両者に食い違いが現れてくる。帰還したら避難者ではないかもしれないが，被災者としてさまざまな困難に直面する。そのため，原発被災者を「原発事故ならびに放射能汚染により何かしらの被害を被っている人」と定義し（高木・川副 2016: 26），原発避難者の上位概念として捉えておく。

2　原発事故からの避難と生活再建をめぐる課題

本章のテーマである原発被災者の生活再建の内実とその課題について検討する前に，分析のための論点を整理し，その上で枠組みを示しておきたい。

地震や津波などを原因とする自然災害が発生した際，人々は生命や財産，生活環境などにおいて何かしらの被害を受けるし，その被害から逃れるために人々は避難をするかもしれない。そのため，災害の原因（災害因）が異なれば被害の形も異なるし，避難の仕方，生活再建の仕方も当然異なってくる[2)]。ただし原発事故においては，加害者である東京電力による賠償，政府による避難指示や支援のあり方なども原発被災者の生活再建を大きく方向づける。

以下では，先行研究を手がかりに災害因としての原発事故の特徴について確認し，それにより強いられた避難生活の特徴について明らかにする。その結果として原発被災者の生活再建について，「すまい」「つながり」「まち」に注目しながら見ていくことにしよう。

災害因としての原発事故

そもそも原発事故とはどのような災害因なのかを簡単に確認しておきたい。ここでは，①放射能汚染，②人為的な災害，という2つの特徴についてのみ確認しておこう。

第1の特徴である放射能汚染とは，原発事故によって放射性物質が大量に放出されたということである。そしてそれがもたらす放射線被ばくを避けるために被災者は避難を余儀なくされている。放射性物質が出す見えない放射線が人体に健康被害を与えるわけだが，その基準に関していまだ科学的に確定されているとはいいがたい。そのため，放射線被ばくのリスクに対する考え方・認知が人々によって異なる点も重要である。そしてそのことが人々の間に分断をもたらしていく（山本ほか 2015）。その結果，放射線被ばくに対する認知が人々の避難行動，さらには生活再建の方向性に大きく影響を及ぼす。

災害因としての原発事故の特徴の第2は，原発事故が人災であるという点である。つまり，原発被災者は被害者でもあり，東京電力ならびに政府[3)]が加害者として存在するということである。日本の法体系では，電力事業者に対して無過失責任が課せられていることが原子力損害の賠償に関する法律において定められている。このことは，原発事故が起きたときに電力事業者に対して賠償責任が発生し，被害を受けた人々に対しては賠償が支払われることを意味する。すなわち，被災者の生活再建に対して行政だけでなく加害者である東京電力も大きな影響を与える[4)]。

ただし，原発事故に対する実際の賠償のあり方は，事故が発生する前ではなく，発生後に原子力損害賠償紛争審査会（以下，原賠審）の指針に基づいてその都度決められている。それも加害者である東京電力が政府とともに賠償の枠組みを決めていることが大きな問題として指摘されている（除本 2013a）。

原発事故による避難生活

今回の原発事故では，原発周辺地域に対して警戒区域ならびに計画的避難区域，緊急時避難準備区域が設定され，政府・自治体の指示のもとに多くの被災者が避難を余儀なくされた（強制避難者）。それだけでなく，避難指示区域以外においても他地域へと避難する動きが見られた（自主避難者）[5)]。強制避難者ならびに自主避難者の人数はピーク時には16万人を超えたともいわれているが，正確な数字はわからない。

上記で指摘した災害因としての原発事故の特徴は，被災者の避難のあり方を規定する。原発事故による避難の第1の特徴は，避難先が全国各地（さらには海外）にまで及ぶという避難の広域性である（山下 2014: 66）。2017年8月時点において福島県から約3万5000人が県外へと避難している。もう少し詳しく述べると，政府による避難指示が出された地域から福島県内へ，福島県内から隣接県へ，そして関東からさらに遠くへという，玉突き状の避難が指摘されている（山下ほか 2012: 11）[6)]。

第2の特徴は，住民だけでなく行政機能も避難を余儀なくされたという，全域避難である（今井 2014）。双葉郡の8町村と飯舘村においては，原発避難によって住民だけでなく，商工業者や役場機能も避難せざるをえなくなった。そのため舩橋晴俊が述べるように原発事故・原発避難によって地域社会がまるごと解体したわけであり，原発被災者が個人の生活を再建することはとても時間がかかる（舩橋 2014: 64）。

第3の特徴は，避難の長期性である。避難の長期性とは，事故の発生にともなう避難生活が長期化することを意味する。放射線被ばくを避けるために被災者は避難しているのだが，その放射線量が政府の定めた基準まで低下しないために避難が長期に及ぶ。除染作業にも時間がかかる。そして避難が長期化することで，避難先での生活に慣れてしまい，元の地域に戻れなくなる人も出てきている。

そしてこれら3つの特徴の帰結として，原発事故による避難自体が非常に複雑な様相を示していることである。いくつかあげていくと，避難者が大量に発生したため避難者を受け入れる応急仮設住宅確保に時間がかかったこと，各地域の放射線量が明らかになることで避難指示区域外において新たな避難者（自主避難者）が生み出されたこと，などがある。前者に関しては，避難指示区域の被災者に対する住宅供給が遅れたことで被災者は数多くの移動を余儀なくされたことを確認しておこう（西田 2015）。後者に関して加藤眞義が示しているように，政府による避難指示が遅れたこと，そこに恣意性と消極性が認められることが自主避難者を生み出しており，避難行動がおよそ1年半にわたって続くことになった（加藤 2013: 264）。

原発被災者の生活再建を規定する3要素

これまでの震災研究では，被災者の生活再建について彼ら／彼女らの私有財産に対する支援はほぼなく，道路や公営住宅など公共的投資に限定されてきたこと，阪神・淡路大震災以降それが問題視され，議員立法による被災者生活再建支援法の制定を通じて徐々に個人的資産への補助，具体的には住宅への支援がなされつつあることが指摘されている（大矢根 2007: 153）。

では，原発被災者の生活再建についてどのように考えればいいのだろうか。そのことに影響を与えると考えられる3つの要因について整理してみたい。

第1に，原発事故により被災者が失ったもの，被害が何であるのかが生活再建に影響を与える。被災者の生活再建を考える際，彼ら／彼女らが失ったものを考えることが重要であろう。被災・避難の内容が被災者の生活再建の方向性を大きく規定するからだ。原発被災者は避難を強いられることによって，多くのものを失った。住宅に加え，仕事（山本ほか 2015），家族生活（吉田 2012），商店や医療などの生活環境（高木 2015；尾崎ほか 2015），自然の恵み（藤川 2015），人間関係やコミュニティ（山本ほか 2015；藤川 2015）など，多岐にわたる。

第2に，避難生活のあり方が原発被災者の生活再建に影響を与える。どこに避難したか（県内で避難しているのか県外に避難したのか），居住形態（仮設住宅か借り上げ住宅なのか），避難指示の区分（帰還困難区域，居住制限区域，避難指示解除準備区域，緊急時避難準備区域）によって，原発被災者の避難生活のあり方はかなり異なってくる。避難先の違いは入手する情報の違い，居住形態は得られる支援の量，避難指示の種類は賠償額の違いとなって現れる。それが被災者の間の分断のきっかけとなる（山下ほか 2012；山下・市村・佐藤 2013；除本 2015）。さらに避難先によっては受け入れ住民との軋轢を生み出すことにもなる（川副 2013；高木・川副 2016）。

第３に，賠償や復興政策など，原発事故に対応した制度が生活再建に影響を与える。先ほども述べたように，原発事故は人災であり，原発被災者に対して各種賠償（精神的賠償，財物賠償，就労・営業損害に対する賠償など）が出ていることが自然災害と大きく異なる点である。これらの賠償は，加害者である東京電力が被災者に対し避難を強いていること，震災前の生活を破壊したことに対する償いであり，被災者の生活再建のために賠償が支払われているわけではない[7]。しかし政府は賠償を生活再建の手段として位置づけており，そのことが問題として指摘されている（山下・市村・佐藤 2013）。とはいえ，賠償が実質的に原発被災者の生活再建として機能していることも事実である。

本章の視点と枠組み

本章では避難指示区域内の被災者に焦点を当てて，長期避難の中での彼ら／彼女らの生活再建の現状とその課題について各種データから見ていきたい。その際，これまで紹介してきたように，原発被災者の生活再建を，①原発事故による被害，②避難生活，③賠償／復興政策の帰結として捉えていく（図 4-1）。

他方，原発被災者の生活再建の現状と課題を見るために，ここでは「すまい」「つながり」「まち」という３つの指標に注目したい。田村圭子らは，阪神・淡路大震災の被災者が直面する生活課題を関係者が参加するワークショップの結果から７つに整理した。それは「すまい」「つながり」「まち」「こころとからだ」「そなえ」「行政の対応」「景気・生業・くらしむき」であり，そのうちとくに「すまい」と「つながり」が意見として多かったという（田村・立木・林 2000；立木 2015）。

住宅の再建については，これまでの震災研究においてとくに重要視されてきた。吉川忠寛は生活再建を考えるうえで住まいの確保が出発点であり，住まいをどこに確保するかがとても重要な課題であると指摘している（吉川 2007: 45）。

図 4-1　原発事故被災者の生活再建の規定要因

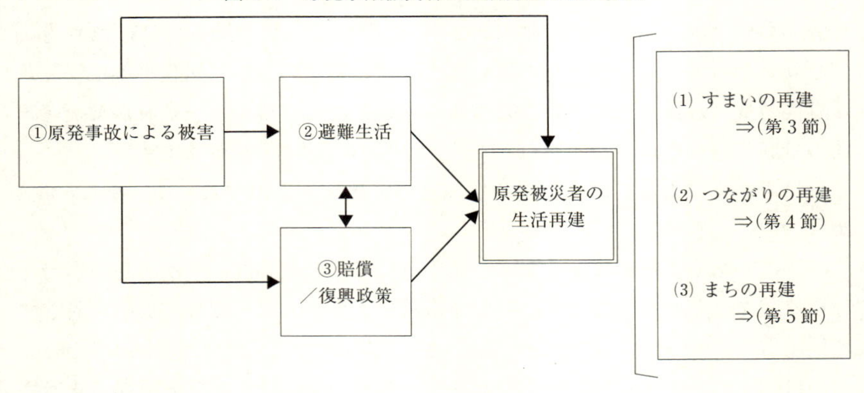

このことが，原発被災者の生活再建においてもそのまま当てはまるのかについて別途検討が必要であるが，ここでは重要な一要素としてあげておこう。

第 2 の要素が「つながり」である。ここではつながりを見るための指標として，家族とコミュニティを取り上げる。原発事故からの避難においては世帯分離の問題が議論されてきた（吉田 2012；山地 2014）。避難を機に別れた家族が，住まいの再建を通じて再統合しているのかどうかが問われている。加えて，地域コミュニティのつながりについても見ていきたい。

第 3 の要素である「まち」とは，被災地の再生状況である。2014 年以降，旧警戒区域の避難指示が解除されてきた。とはいえ，住民の帰還はなかなか進んでいない。その背景には，住民が戻るための生活インフラが十分に回復できていないという背景があるが，課題はそれだけではない。この点について見ておきたい。

以下の各節においては，「すまい」「つながり」「まち」という 3 つの点について見ることで，避難指示区域の被災者の生活再建の現状と課題を見ていくこととする。とはいえそれは，「どこまで生活再建が進んだのか」を明らかにするものではない。本章執筆時点においてはまだその段階ではないし，それを明らかにするためのデータもそろっていない。本章では，利用可能なデータを用いて原発被災者の生活再建の一端とその課題を示すとともに，そこにおける，①被害，②避難生活，③賠償／復興政策の影響をあわせて見ていきたいと思う[8)]。

3　すまいの再建

原発被災者の生活再建について，最初に「すまい」について見ていきたい。前節でも述べたとおり，住宅をどこに，どういう形で再建するかがその後の生活の大きな礎になるため，被災者の生活再建において住宅は非常に重要である。避難指示区域の被災者が，避難が長期化しすぐには避難元に戻れない中で，住宅についてどのような選択を行っているのだろうか。さらに住宅再建に関して原発避難者に固有の課題があるのだろうか。この点について確認してみよう。

住宅再建をめぐる制度

各種データを確認する前に，原発避難者が置かれている諸前提を確認しておきたい。今回の原発被災者の住宅再建の特徴として，⑴借り上げ住宅の特例制度，⑵原賠審が定めた中間指針の四次追補における住宅確保に関わる損害賠償の適用，⑶原発避難者向けの復興公営住宅の建設，について確認しておく必要がある。

⑴ 借り上げ住宅の特例制度　今回の震災では岩手，宮城，福島3県で約30万人に及ぶ被災者に対して仮設住宅の供給に長期の時間がかかると予想された。大量の避難者の住宅確保をすみやかに行う必要から，借り上げ住宅制度の特例が認められた。通常の借り上げ制度は基礎自治体が民間アパートなどを指定し，そこに避難者に入居してもらう形をとるが，それでは間に合わない。そのため一定の基準を設けたうえで避難者がすでに入居している民間アパートをみなし仮設住宅として認める。それが特例制度である。2011年5月から開始されたこの制度によって避難者の住宅確保は一気に改善し，福島県内の避難所は2011年12月末をもって閉鎖された。

借り上げ住宅の特例制度は2012年12月28日で新規受付が終了され，県外から県内に戻る場合のみ入居継続が認められた。それ以外の理由，たとえば仕事や学業，結婚や出産などの理由によって居住形態を変更する必要があっても，それについては制度の適応は原則されない[9)]。このため被災者は，住宅支援を継続して受けるためには個人の生活が制約されるという状況に置かれることにもなった。

今回の原発事故においては福島県全域に災害救助法が適用されたため，福島県内の避難指示区域外の地域から県外へと避難する人にも借り上げ住宅制度が適応された。当初は罹災証明書の提示で住宅を借りることができたが，途中からは妊婦や小さな子どもをもつ世帯に限定されることとなった。

(2) 住宅確保に関わる損害賠償　避難指示区域からの避難者に対して，精神的賠償や就労不能損害のほかに，土地や住宅，家財などに対する財物賠償が支払われることとなった。ただし当初の制度設計においては住宅に関する賠償額には二重の減額措置が設定されており，避難指示の解除のタイミングや経年減価によって支払い額が減少するとされていた（除本 2013b）。そのため避難先において住宅再建するためには自前の資金を持ち出す必要があった。

ただし2013年12月に発表された原賠審中間指針の四次追補においては「住宅確保に関わる損害」に対する賠償制度が導入された。これは，当初の財物賠償制度では地価の高い避難先での住宅購入に対応できなかったのに対し，震災前の住宅の財物価値との差額を賠償として支払うことを定めたものである。これによって避難先において住宅を購入しやすくなった。これは帰還困難区域だけでなく，条件はあるものの避難指示解除準備区域や居住制限区域の世帯においても認められている。

(3) 原発避難者向けの復興公営住宅の建設　2011年秋以降，避難指示区域の放射線量が徐々に明らかになり，長期にわたって戻れない地域があることがわかるとともに，避難者が長期にわたってコミュニティを維持する仕組みが検討されるようになった。いわゆる「仮の町」や「町外コミュニティ」に関する議論である。これに関しては2012年9月より復興庁において「長期避難者等の生活拠点の形成のための協議会」が開始された。ただし実際の内容は，ほぼ福島県内の拠点地域に長期避難者向けの公営住宅を建設するというものにとどまり，その枠組みが明らかになるにしたがって「仮の町」に対する避難者の期待は急速にしぼんでいった。

避難者向けの復興公営住宅は早いところで2014年11月より入居が開始しており，2017年6月末時点で4890の整備予定戸数に対して完成したのは3514戸，71.9% にとどまる[10]。上記で紹介した原賠審中間指針の四次追補によって住宅確保がしやすくなったとはいえ，それでも住宅取得が困難な人が多くおり（避難区域内の津波被災者，避難元に不動産をもたない人，高齢者など），そのような人は仮設住宅や借り上げ住宅で復興公営住宅への入居を待っている。とはいえ，

2016年に入ってから募集戸数に対して申し込みが埋まらない状況が生じ始めており，一部の住戸については建設するかどうか再検討されている[11)]。

復興公営住宅においては，入居者のコミュニティ形成という別の課題もある。阪神・淡路大震災からの復旧・復興局面において孤独死の発生などが社会問題化したことへの反省から，東日本大震災においても仮設住宅には連絡員が配置され，各町村には生活相談員が配置されるなどの対応がとられている。復興公営住宅に対してもコミュニティ交流員が配置されており，長期避難者等の生活拠点におけるコミュニティ交流支援に関する事業が行われている。

(4) 原発被災者の住宅再建のパターン

阪神・淡路大震災からの復興過程においてこれまで指摘されてきたのは，「避難所→仮設住宅→公営住宅（または自力再建）」という住宅再建における単線性の問題である（塩崎 2014）。そして都市部の被災地域の土地区画整理事業によって，被災者が元の地域に戻れないことが指摘されてきた。それに対して原発事故においては，一部には津波で自宅を失った人もいるが，多くの被災者は元の地域に自宅がある。戻ろうと思えば戻れる土地と住宅が存在する（帰還困難区域を除く）。とはいえ，避難者の中には高い放射線量を気にして戻ることをためらう人も多く，また長期の避難によって自宅が傷み，住めない状況にある。2013年からは条件つきではあるが避難指示区域の町村において住宅の取り壊しに補助が出ることになり，多くの人が申請をしている状況にある。

このように考えると，避難指示区域内の原発被災者の住宅再建にはおおまかに4つのパターンがあると考えられる。第1に，避難指示解除後に元の自宅を修理して帰還するというパターン。それまでは仮設住宅ならびに借り上げ住宅にて避難を継続することになる。第2に，避難元に戻らず，今の避難先または避難元に近いところで住宅を再建するパターン。第3は，避難先で住宅を再建できずに復興公営住宅にて生活を継続するパターンである。第4に，避難元に長期にわたって戻れないために復興公営住宅に入居するか避難先で家を購入し，どこかのタイミングで避難元に戻るというパターン。以上の4パターンは理念型であり，それ以外の住宅再建のパターンも現実的にはありうるだろう[12)]。

この住宅再建のパターンは被災者の将来選択と密接に関係している。舩橋晴俊は，帰還か移住かという将来選択に対し，「第3の道」としての「長期待避，将来帰還」（以下，待避と表記）を提起した（舩橋 2014: 66-67）。それと住宅再建との関係でいうと，帰還は第1のパターン，移住は第2と第3のパターン，待避は第3と第4のパターンとなる。復興公営住宅については，移住として入居する人もいるだろうし，待避として入居する人もいると考えられる。

原発被災者の住宅再建がどのように展開されるかは今の段階では確たることはいえないが，震災から6年が経過する中で，少しずつその姿が見えてきた。以下ではいくつかのデータを使って，原発被災者の住宅再建をめぐる状況を確認しておきたい。

長期避難下における原発被災者の住宅再建の状況

福島県内に避難する楢葉町，富岡町，大熊町，双葉町，浪江町の5町の原発被災者の住宅再建状況を見るために，各自治体の県内避難者数に占める仮設住宅・借り上げ住宅入居者比率を使って確認しておこう[13)]。これを見ると2017年3月末時点で，楢葉町64.8%，富岡町では30.3%，大熊町では30.4%，双葉町では24.8%，浪江町22.7%である。つまり楢葉町以外の自治体では，福島県内の原発被災者の約7割が（形の上では）住宅再建を果たしたことを意味する。他方，楢葉町については，将来の帰町を検討している住民が多いためか，その数値が高くなっている。ただこのデータでは，原発被災者がどのような住宅で再建を果たしたのかは不明である。

次に復興庁の住民意向調査を手がかりに原発被災者の住宅再建の内実を見ていきたい。ここでは先ほどの5町について，本章執筆時点でデータのある2013年，2014年，2015年，2016年の各時点における対象者の居住形態を見ておきたい（図4-2）[14)]。これらの地域は楢葉町を除いてそれぞれの調査時点において全町避難指示が出ているため，調査結果にある「持ち家」という回答選択肢は避難先に自宅を購入したと解釈していいと思われる。楢葉町に関しては2015年と2016年の調査はその時点で避難指示が解除されているため，「持ち家」の解釈が難しい。とはいえ，両調査時点において町民の帰還率は1割未満であり，そのことをふまえてデータを解釈していきたい。

図4-2からもわかるとおり，2013年から2016年にかけて「持ち家」と回答した割合は高まっている。ほぼ全域が帰還困難区域に指定されている双葉町や大熊町では，その割合が3〜5割に至る。ただ，3つの避難指示区分が混在する浪江町や富岡町でも2013年から2016年にかけてその割合は高くなっており，その比率は双葉町や大熊町とほぼ変わらない。他方で，「仮設住宅・借り上げ住宅」への入居世帯比率は2〜4割程度まで減少していることがわかる。ただ

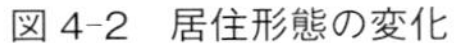

図 4-2　居住形態の変化

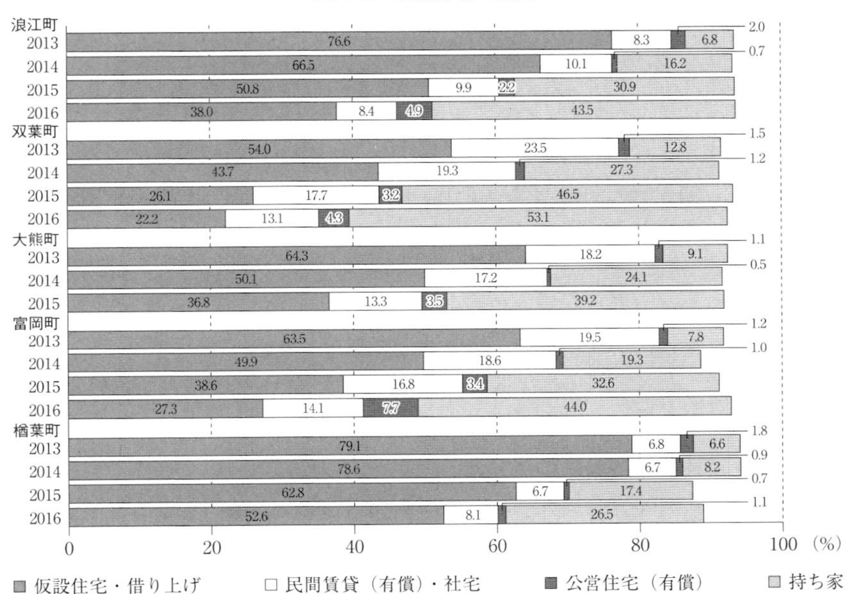

（出所）　復興庁「福島県の原子力災害による避難指示区域等の住民意向調査全体報告書」の各年版から筆者作成[15]。

し，楢葉町に関しては多くの住民が将来において帰町することを検討しているのか，その値の減少幅は低く，持ち家購入割合も他町と比較して多くない。

これらのデータを見ていくと，基本的には5町の住民の避難先での持ち家購入の動きが着実に進んでいることがわかる。そしてこの背景には，原賠審の中間指針の四次追補で追加された住宅確保損害が大きく作用していることを見て取ることができるだろう。もちろん，仮設入居者比率の減少分がすべて持ち家の購入へと至っているわけではなく，復興公営住宅への入居者も一定割合いるが，持ち家比率と比較したときにそれほど目立つものではない。

明らかになった第2の点は，住宅再建の動きが避難指示区分によって大きく異なるものではないことである。確かに楢葉町では持ち家購入の動きは目立っていない。しかしそれ以外の4町では，町のほとんどが帰還困難区域である大熊町や双葉町だけでなく，2017年3月に一部地域が避難指示解除された富岡町や浪江町でも持ち家購入の動きが加速している。避難指示が解除されると示されていても，原発事故により受けた被害や避難生活の長期化の中では解除後すぐに帰還できる見込みが立たないこと，また住宅の劣化などのために家屋の解体をしたことが，避難先での持ち家購入の動きにつながっている。

またここで注意しないといけないのは，原発避難者の住宅再建をめぐる意思決定のタイミングについてである。避難先で建て売りの住宅を購入する場合は別として，土地を購入し自宅を建設するには時間がかかる。とくにいわき市などにおいては業者に注文してから1～2年ほど待つといわれている。つまり図4-2の数値に現れるはるか以前から被災者は避難先での住宅再建に向けた動きを開始し，行動に移していると思われる。

では，原発被災者の住宅再建にはどのような背景があるのだろうか。つまり，どのような人がどのような住宅再建を選択しているのだろうか。ここでは2016年に富岡町民を対象に実施された復興庁などによる調査データの二次分析により，避難指示区域内の被災者の住宅再建の論理についてもう少し詳しく見てみよう。表4-1は，属性別に見た居住形態を示したものである[16)]。この結果から明らかになったことを2点にわたって確認しておきたい。

第1に，避難生活における仕事の再編や帰還意思などが住宅再建の方向性を規定していることである。持ち家層の多くは，50代，60代を中心として避難元に近いいわき市で住宅再建をしている。その背景には，自営業など家業の継続や再開など生業が理由としてあげられるが，帰還については断念している人が多い。他方で復興公営住宅については70代を中心とした高齢者が多く，仕事をしていない彼ら／彼女らは持ち家の再建ができないために公営住宅に入居していると思われる。また，仮設・借り上げ住宅への入居者は帰還することを念頭に避難指示解除を待っているように思われる。さらに，これはデータでは明確にできないが，震災前からの仕事を継続している人においては震災後における雇用先の都合ならびに避難元自治体の再編による従業地が予測できないために，民間賃貸住宅を継続させているとも読める。このように，長期の生活再建の中での人々の暮らしと将来の帰還意向をふまえたうえで住宅が選択されているのである。

第2に，ここでも，避難指示区分の違いが被災者の住宅再建に影響を与えていない，という点である。確かに避難指示解除準備区域からの避難世帯において仮設・借り上げ入居者が多く，帰還困難区域において持ち家購入者が多い傾向にある。とはいえ，どの避難指示区分であっても，半数近くの世帯は持ち家

表 4-1　属性別に見た居住形態（富岡町，2016 年）

（%）

		仮設・借り上げ	公営住宅（有償）	民間賃貸住宅（有償）	持ち家	その他	N
年　代	30 代以下	20.5	3.9	28.6	34.5	12.5	336
	40 代	29.3	5.6	17.2	42.4	5.6	396
	50 代	29.6	3.9	12.1	48.5	5.9	544
	60 代	26.4	7.6	9.6	53.6	2.7	837
	70 代以上	28.2	12.4	8.8	42.6	8.0	816
避難先	いわき市	25.7	6.4	11.6	51.9	4.4	1,226
	郡山市	33.7	15.5	8.3	40.9	1.5	611
	その他福島県	31.4	7.6	9.0	41.8	10.2	421
	福島県外	22.1	2.7	21.1	43.1	11.0	773
避難指示区分	避難指示解除準備区域	31.7	6.1	15.2	40.3	6.8	442
	居住制限区域	26.7	8.0	12.6	47.1	5.6	1,590
	帰還困難区域	25.4	7.0	12.9	47.6	7.1	940
仕事の状態	自営（継続）	24.7	1.9	12.3	57.1	3.9	154
	自営（休業）	29.3	7.8	7.8	55.2	0.0	116
	被雇用者	24.0	2.0	17.7	47.7	8.6	916
	パート・アルバイト	34.4	13.3	8.6	39.1	4.7	128
	無職（求職中）	27.8	11.2	9.6	45.6	5.8	1,293
	無職（非求職者）	33.0	9.0	14.9	38.8	4.3	188
	その他	23.8	5.0	26.3	35.0	10.0	80
帰還意思	戻りたい	38.0	7.1	14.7	34.2	6.0	482
	まだ判断がつかない	31.0	9.7	13.6	41.1	4.6	777
	戻らないと決めている	22.6	6.7	12.1	51.6	7.1	1,754

（出所）　復興庁・福島県・富岡町による「住民意向調査」のデータをもとに筆者が再集計し作成。

を購入している。長期避難という事実の中では，線量の多少にかかわらず避難指示が解除されても戻れないという判断をしているように見える[17]。

小　括

以上のデータから，原発被災者の住宅再建に関して明らかになったことを整理しておこう。第 1 に，原発事故による長期避難の中で，被災者の他地域における住宅購入の動きがかなり進んでいることが明らかになった。その背景には，原賠審の中間指針の四次追補で設定された住宅確保に関わる損害賠償（住宅確保損害）が後押ししていることは間違いない。被災者の住宅再建パターンとしては，あくまでもデータを見る限りにおいては，避難先への移住を前提として住宅再建の判断を下しているように思われる（これについては後ほどふれる）。

第２に，このような住宅再建における選択は，被災者の置かれた状況によって規定される。当然ではあるが，仕事の有無やライフサイクル上の位置によって住宅再建の判断に違いが見られる。当然，その前提としては帰る－帰らないという将来意向も考慮されているが，それが住宅再建における決断と相まって将来意向をより強固なものにしていると考えられる。

4　つながりの再建

次につながりの再建について見ておこう。避難指示区域の原発被災者は全国各地へと広域避難を余儀なくされた。加えてそれ以降，長期の避難生活を強いられた。このような避難の過程の中で，原発被災者はさまざまなつながりを失った（山本ほか 2015）。加えて，賠償などの政府施策や支援などによる分断が被災者間のつながりをさらに失わせた（山下ほか 2012）。

原発被災者が喪失したつながりは，はたして生活再建の過程の中で回復しているのだろうか。次につながりの再建について見ていくことにしたい。

つながりの再建をめぐる論点

つながりの再建に関してここでは，(1)家族，(2)コミュニティ，の２点に注目してみたい。

原発事故からの避難において世帯分離の問題が注目された。避難指示が出された双葉郡は事故前には比較的家族構成員が多く，持ち家比率も高かった。そのため大家族であるほど世帯分離を余儀なくされる傾向にある。被災者の生活再建過程の中で，世帯分離は解消されたのだろうか。

もう１つはコミュニティの再建である。広域避難・長期避難の中で，避難者は避難先での生活を余儀なくされている。避難先での人間関係はどのようになっているのだろうか。それに加えて，避難元社会との関係がどのように維持されているのだろうか。

以下，最初に災害が家族ならびにコミュニティに及ぼす影響についての先行研究を整理し，そのうえで長期避難状況下における家族生活とコミュニティの再建がどうなっているのかをデータを通じて見ていくことにしよう。

(1) 家族の再建

災害が家族生活に与える影響については，過去の災害に関する研究においても明らかにされている（黒木 1999；田並 2013)。阪神・淡路大震災において仮設住宅入居者を調査した黒木雅子によれば，仮設住宅の間取りが1Kもしくは2Kと狭いことで，入居において世帯分離が生じたことを明らかにしている。ただし黒木の調査では，世帯分離を経験したのは対象者の16.3%にとどまっている。これについて黒木は，対象者の中に震災前から単身独居である高齢者が多いことを指摘している（黒木 1999: 110)。黒木の調査が仮設住宅を対象としたものであり，被災者全体の傾向ではないことからすると，その割合はもう少し高くなるかもしれない。

また，阪神・淡路大震災は都市直下の地震災害であり小規模家族が多いことと比べると，原発事故の避難指示区域はどちらかといえば農村地帯であり家族規模は比較的大きい。福島大学災害復興研究所が震災直後の2011年8月に双葉郡8町村の世帯を対象に質問紙調査を行った結果，全体の約3割の世帯において世帯分離を経験しており，3世代以上の家族においては48.9%に及ぶ（丹波・増市 2013)。また吉田耕平は避難指示区域から避難を余儀なくされた3家族について聞き取り調査を行っている。そこでは家族が最小の社会的単位であるがゆえに，原発事故が生み出すさまざまな問題や矛盾を家族が受け流すことなく抱えていかざるをえないことを述べている（吉田 2012)。

除本理史は世帯分離の背景として，原発事故によって日常生活を支える諸条件とその一体性が破壊されてしまったことを指摘する。たとえば役場から災害に関する情報を入手したい人，会社の都合で勤務先が変わる人，以前から通学している学校に通いたい人もいる。「何らかの要素を選択すれば，他の要素をあきらめなくてはならない。この選択が家族の成員の間でくいちがうと，家族の離散が生じる」（除本 2016b: 35)。事故前は家族構成員のニーズが避難元で充足できていたものが，原発事故によって別々の場所で対応しなければならなくなったがゆえに世帯分離が生じる。さらに原発事故からの復旧・復興によって，これら諸条件の一体性が回復する保証はないとも指摘する（除本 2016b: 35)。

(2) コミュニティの再建

また，つながりの再建に関するもう1つの論点はコミュニティである。阪神・淡路大震災においては孤独死の問題がクローズアップされた（額田 1999＝2013)。その一因として，住宅再建の仕方がコミュニティづくりに大きな影響を与えていることがあげられる。前述した単線型住宅復興の過程の中で，そのつど人々のつながり，コミュニティがばらばらにされるという経験が被災者を社会的に孤立させていることが指摘されている（塩崎 2009: 141；伊藤 2015: 29-32）。これ以降，仮設住宅や災害公営住宅には集会所が設置されたり，行政の働きかけによって自治会がつくられているものの，構造的な問題は解決していない。

ただし今回の原発事故においては仮設住宅だけでは応急住宅が足りず，みなし仮設として借り上げ住宅の特例制度が活用された。このことは原発避難者がすみやかに住宅を確保することにつながったが，反面で避難者同士のコミュニティ形成を難しくしたという点で大きな課題を残した（山本ほか 2015；立木 2015）。仮設住宅であればまとまって入居できるため避難元を同じくする人のコミュニティが維持される。しかし借り上げ住宅では避難先がばらばらでコミュニティを維持しにくいことが指摘されている。加えて仮設入居者と借り上げ住宅入居者において支援の格差が発生し，両者の間に分断も生み出した。

原発避難の長期化が懸念されるにつれて，避難元自治体からは避難先でのコミュニティ形成の必要性が主張されるようになった。それが「仮の町」や「町外コミュニティ」に関する議論である。とはいえすでに述べたように，それは復興公営住宅におけるコミュニティ支援事業という形に収斂してしまった（正式名称は「生活拠点コミュニティ形成事業」）。現在，福島県内のNPOが福島県から事業委託を受け，公営住宅におけるコミュニティ形成に取り組んでいる（高木・川副 2016）。

長期避難の中での家族生活の再建

以下では，これまで見てきた住宅再建をふまえて，家族生活の再編についてデータを確認しておきたい。各自治体が出している避難者数の情報や復興庁が各避難元自治体に対して実施している住民意向調査を見ると，世帯分離の状況は依然として深刻な状況にある。

原発事故以降，避難指示区域からの世帯の平均人数は減少したままである。富岡町，大熊町は毎月避難状況をホームページ上で公表しており，かつ世帯数も公表している。そこで震災以降における平均世帯人数の推移を計算してみると，震災直後（2011年3月31日）の富岡町，大熊町ではそれぞれ2.51人，2.72人なのが，2013年4月1日においてはそれぞれ2.03人，2.17人であった。さらに2017年4月1日時点においては1.87人，2.19人である[18)]。富岡町ではますます平均世帯人数が減少している。大熊町では平均世帯人数にほとんど変化はないが，震災前の水準まで回復しているわけでもない。

表 4-2　震災前と現在の平均世帯人数（富岡町，2016 年）

	震災前の世帯人数		2016 年時点の世帯人数			震災前と2016 年の差
	平均値	標準偏差	平均値	標準偏差	N	
仮設・借り上げ	3.12	1.57	2.15	1.16	825	－0.97
公営住宅	2.57	1.53	1.81	0.96	227	－0.76
民間賃貸住宅	2.91	1.71	2.22	1.21	395	－0.69
持ち家	3.57	1.66	3.08	1.49	1,395	－0.49
その他	2.58	1.81	2.49	1.44	191	－0.09
合　計	3.22	1.68	2.58	1.42	3,033	－0.64

（出所）　復興庁の住民意向調査のデータより筆者が再集計し，作成。

加えて，長期避難の中で多くの世帯は分離したままで，解消されていない。復興庁の 2013 年の住民意向調査では，世帯分離の状況を明らかにしている。これを見ると，世帯分離している割合は楢葉町 43.0%，富岡町 38.7%，大熊町 40.6%，双葉町 41.9%，浪江町 42.4% と，いずれの地域でも 4 割程度において世帯分離が継続していることがわかる（復興庁「平成 25 年度原子力被災自治体における住民意向調査」H26. 6）[19]。もちろん，原発避難という状況下においても家族構成員の転勤や就職・進学，結婚など世帯構成員のライフサイクル上の変化が生じるゆえ，それらをすべて原発避難が原因であるとは断定できない。

とはいえ，原発避難による世帯分離は住宅再建によってある程度解消されていることも事実である。表 4-2 は富岡町に関する 2016 年の復興庁意向調査の二次分析の結果を示したものである。これは，居住形態別に見た震災前の平均世帯人数，2016 年時点の平均世帯人数を示したものである。これを見ると，どの居住形態においても世帯構成員数を減少させていることがわかる。ただし，仮設・借り上げ住宅と比べた場合，避難先での持ち家購入世帯において両時点の差は少ない。持ち家での住宅再建が家族の再統合の役割を果たしているといえるだろう。他方で復興公営住宅（表における「公営住宅」）においては持ち家購入世帯ほど両時点の差が縮まっているわけではない。その背景としては，復興公営住宅は間取りの関係で大人数は入居できず，高齢単身者または夫婦のみ世帯が入居するケースが多いためである。

世帯分離が生じるということは，家族内において構成員が担う役割に影響が生じる。筆者は楢葉町民を対象に実施した質問紙調査の結果から，原発事故が夫婦の仕事の分担ならびに子育て負担に影響を与えることを明らかにしている

(高木 2013)。具体的には，原発事故に直面して夫婦間においては男性の雇用が優先され女性の雇用が犠牲になる傾向があり，育児などの家庭内負担が女性にのしかかっていることが明らかになった。震災前は3世代家族が中心であり，世代で家族内役割が分担されていたのが，原発事故に直面して家庭内資源の再編を余儀なくされると，そのしわ寄せが女性へと向かったことが見て取れる。

もちろん，この楢葉町の調査結果は震災から1年後の段階でのものであり，その後の長期避難生活において家族生活がどのように再編されているかまでは確認できていない。さらにこの点については，自主避難（区域外避難）においても事情は同じであり（吉田 2016），経済的事情においてはさらに厳しい状況に置かれているかもしれない。

コミュニティの再建

次に，長期避難の中でのコミュニティの再編について見ておこう。ここでは復興公営住宅入居者の人間関係，原発避難者の避難先ならびに避難元地域とのつながり，住民票の取り扱いについて見ておきたい。

(1) 避難先でのつながり

まず復興公営住宅入居者の人間関係について見ておきたい。復興公営住宅は，上記でも述べたように，被災者の住宅再建過程において，住宅再建が完了したとみなされる段階である。とはいえ，このような住宅再建過程においては局面が変わるごとにコミュニティが崩壊してきたことも指摘したとおりである。加えて原発事故において被災者は広域避難している中で，なおさらコミュニティを形成するのが難しいともいえる。仮設住宅や借り上げ住宅などから復興公営住宅に入居した原発被災者は，団地内においてコミュニティを形成しているのだろうか。

この点について西田奈保子らの研究グループは2017年1月に福島県内の復興公営住宅入居者を対象に質問紙調査を実施している（西田・高木・松本 2017a; 2017b)。そこでは，団地入居者同士の関係は一定程度形成されつつあるが，住民同士で支え合う関係はまだまだ形成途中であることが示されている。既述したように，復興公営住宅に対しては，NPOが福島県から依託を受けてコミュニティ交流事業を実施していることにより，団地内居住者の関係づくりは短期間のうちに始められているようである。とはいえ入居からまだ時間が経過していないこと，さらには団地居住者の高齢化などの理由から，相互の信頼関係に基づくコミュニティ形成までには至っていない。加えて，入居している団地住宅でずっと暮らすと回答する者は5割弱にとどまり，入居者の高齢化も相まってコミュニティづくりの難しさを指摘している。

また，長期避難の中で，避難先の地域社会への関わり方についてはどうだろうか。これについては先ほどの復興公営住宅入居者調査（西田・高木・松本 2017a）と，楢葉町民を対象とした調査（以下，楢葉町調査）[20]（高木・菊池・菅野 2017）から見ていきたい。どちらの調査においても，「避難者は，避難先の地域活動に居住者として積極的に参加すべきであると思うか」との設問を設定している。復興公営住宅入居者調査では51.6%が，楢葉町調査では58.0%が「そう思う」と回答している。これはあくまでも避難先コミュニティへの関与規範を尋ねているものであり実態を尋ねているわけではないが，長期避難の中で避難先コミュニティへの関与意識が芽生えていることも事実である。

住宅再建の結果として避難先コミュニティの一員という意識が形成されつつあるが，では避難者ではなくなったのかといえば，そうとはいえない。同じく両調査では，「現在，避難者であるという認識はもっていない」という質問をしている。復興公営住宅入居者調査では54.1%が「そう思わない」と回答している（西田・高木・松本 2017a）。楢葉町調査においては62.4%が「そう思わない」と回答している。さらに楢葉町調査において居住形態別にその値を見ると，仮設住宅では70.2%，借り上げ住宅では64.2%，持ち家では52.9%が「そう思わない」と回答している（高木・菊池・菅野 2017）。このことは，制度上は住宅再建が完了した層でも半数以上が自らを避難者であると位置づけているのである。そのため，このことは住宅再建が避難終了の区切りにはなっていないという事実を示している。

これらの調査結果が示唆するのは，原発避難者は長期避難の中で避難先コミュニティへの関与意識を高めつつあるものの，避難先での自らの立ち位置については明確に定めることができていないということである。

⑵ 避難元とのつながり

先ほどの点は，原発事故から6年が経過し，避難元に戻れないとわかっていても，多くの原発被災者は避難元とつながりを保っていたいという意識をもっていることと関係する。この点について富岡町，大熊町，双葉町を対象とした復興庁の住民意向調査では，帰還意向において「迷っている」「戻らない」と回答している対象者に避難元とのつながりを尋ねている。その結果として，おおむね5〜6割の回答者が避難元とのつながりを保っていたいと回答している[21]。このことは，復興公営住宅入居者調査ならびに楢葉町調査の結果においても同様の結果が示されている（西田・高木・松本 2017a）。加えて楢葉町調査においては，居住形態による違いは見られなかった（高木・菊池・菅野 2017）。以上の調査結果からは，長期にわたって避難していても，避難先で住宅を再建していても，避難元の地域とは関わりを持ち続けたいという原発避難者の思いを確認することができる。

このように長期間避難し，これからも当面戻れないと考えている人が避難元とつながっていたいと思うのは，原発被災者の住民票の取り扱いにおいて象徴的に現れている。今井照と朝日新聞は震災直後から6次にわたる原発避難者へのパネル調査を実施している（今井 2017: 20）。2017年1月に実施された最新の調査結果では，住民票をすでに移した人は1割にすぎず，半数の人は住民票を移すつもりはないと回答している。また，復興公営住宅入居者への質問紙調査においても同様な質問を行ったところ，住民票を移すことを検討しているのは1割にとどまり，65％の人が住民票を移さないと答えている（西田・高木・松本 2017a）。

小　括

以上から，原発事故が家族生活に与える影響に関して明らかになったことを整理しておこう。

避難指示区域からの被災者においてはその約半数が世帯分離を経験していることが明らかになった。ただしそれは住宅再建によって一定程度解消される可能性があることが見て取れた。今後も住宅の再建が進むことを考えると，それによって一定程度は世帯分離が解消されることを示している。とはいえ原発事故の影響は世帯分離だけにとどまらない。その一例として楢葉町調査の結果から家族構成員の家族内役割への影響を確認した。このことが，原発被災者の人生全体に大きな影響を与えると予想され，長期的な視点で見ていくことが必要だと思われる。

また，原発避難者のコミュニティ形成についていうと，復興公営住宅入居者のコミュニティは形成途中である。避難者の中には，長期避難の実態に合わせたコミュニティ意識が形成されているように見える。住宅再建した層における受け入れ地域との関わり方については今後の調査に委ねるしかないが，意識のうえでは多くの人が避難者という自己認識のもとで避難先の地域コミュニティに関わりたいと考えている。他方で，多くの避難者は長期避難が続く中でも避難元社会に関わり続けたいと考えている。このことをどのように社会が受け止め，制度的に支援していくかが問われている。

以上の点からつながりの再建という点で見たときに，それはまだまだ再建途上であるといわざるをえない。とはいえ，住宅確保損害賠償を通じた避難先での住宅再建がつながりの再生を一定程度促しているのは事実であるし，また他方で避難生活の長期化がつながりの再建を難しくしているともいえる。そもそも，原発事故により突如として避難を余儀なくされたこと，さらに全域避難により遠く離れた場所へ避難を余儀なくされたことが，つながりの再生を難しくしているとともに，被災者の新たな意識を生み出していることも確認できる。

5　まちの生活再建

最後に「まち」の再建状況について見ておきたい。これまで見てきた「すまい」や「つながり」は，どちらかといえば避難先での生活再建である。他方，2014 年 4 月から本格的に始まった避難指示の解除を機に避難元の再建も大きな課題としてクローズアップされてきた。ここでは，避難指示区域内の再生状況に着目し，そのことを原発被災者の生活再建との関係で考えていきたい。

避難指示区域の復旧・復興についての政府方針と施策

原発事故により避難指示が出された地域では，除染・インフラの復旧に始まり，商業や医療，教育機関の再開など，避難者が帰還して生活できるための条件整備が急ピッチで進められてきた。というのも多くの自治体において，上記の点の整備を避難者が帰れるための条件として復興計画において提示していたからである。

とはいえ，避難指示が解除されたからといって，すぐに避難者が帰れるわけではない。多くの自治体で帰還者数が伸び悩んでいることが新聞報道されている。2015 年 9 月に避難指示解除された楢葉町は，解除から 1 年半が経過した 2017 年 7 月末に帰還率が 24.7% になった[22]。2012 年 3 月に帰町宣言がなされた広野町は，それから約 5 年が経過した時点で帰還率は 79.1% である（『河北新報』2017 年 5 月 13 日付）。住民の帰還に時間がかかる背景には，第一原発の未収束の現状や健康問題だけでなく，日常生活を送るための各種インフラがまだ整っていないなどが指摘されている。

ここで，避難指示区域の復旧・復興に関わる論点を確認しておこう。原発事故により避難指示区域に指定された地域では，第一原発の廃炉，除染の実施と除染廃棄物の処分，学校や病院，商店などの生活インフラの回復，失われた雇用の受け皿の創出など，復旧・復興するうえでさまざまな課題が山積する。そのため政府は，2012年9月に「原子力発電所の事故による避難地域の原子力被災者・自治体に対する国の取組方針」（グランドデザイン）を，2015年7月には「福島12市町村の将来像に関する有識者検討会 提言」（以下，「提言」）を発表し，原発事故による被災地域の復興ビジョンとその具体的方策を示している。

「提言」の中では，30〜40年後の被災地域を見据えた2020年の課題として，①産業・生業（なりわい）の再生・創出，②住民生活に不可欠な健康・医療・介護，③未来を担う，地域を担うひとづくり，④広域インフラ整備・まちづくり・広域連携，⑤観光振興，⑥風評・風化対策，⑦文化・スポーツ振興，をあげている。その中でも政府が上記課題①において，その中心に位置づけているのがイノベーション・コースト構想である。これは，廃炉に向けた技術開発拠点の集積を通じて新技術や新産業の創出をめざすものであり，モックアップ試験施設や廃炉国際共同研究センターなどが整備されている。

除染廃棄物の処分については，各地域に減容化施設を建設・稼働させ，その後第一原発の周辺に建設予定の中間貯蔵施設に貯蔵することになっている。本章執筆時点ですべての地権者の同意が得られているわけではないが，すでに第一原発の敷地内への除染廃棄物の搬入が開始されている。

避難指示区域内の各種インフラについても着実に復旧されている。2017年3月末に避難指示が解除された富岡町においては，それに合わせてスーパーやドラッグストア，ホームセンターがテナントとして入居する「さくらモールとみおか」がオープンしている。鉄道も2019年までに富岡－浪江間の開通がめざされている。

学校に関しては，楢葉町の小中学校が2017年4月から町内で再開し，富岡町の小中学校も2018年4月から町内で再開予定とされている。また高校に関しても，双葉高校，富岡高校などが休校となり，広野町にふたば未来学園高が2015年に創設されるなど再編の動きがある。

避難指示区域の再生をめぐる課題とその論点

とはいえ，避難指示区域の再生にはそれ以外にもさまざまな課題が存在する[23)]。これらの地域の避難指示解除後における「まち」再生をめぐる課題について考えるために，先行して避難指示が解除された広野町や川内村などに関する研究を整理しておきたい。そのうえで，商工事業者をめぐる調査結果を紹介することを通じて，避難指示区域の再生をめぐる課題について見ていきたい。

(1) 全域避難地域における再生をめぐる課題　第一原発から20〜30 km圏に関しては一部地域を除いて緊急時避難準備区域が設定された。その中でも広野町と川内村は全域避難を余儀なくされており，その点では富岡町や浪江町など旧警戒区域で全域避難に指定された地域と同じである。

原発事故から1年後に帰町宣言がなされた川内村や広野町では，原発事故からの地域再生をめぐるさまざまな課題が指摘されている。具体的には，日常生活，教育，医療・福祉，物流・商工業など多岐にわたる（除本・渡辺編 2015）。全域避難を受けた地域の復旧・復興の難しさについては船橋晴俊が「5層の生活環境の破壊」（船橋 2014），除本理史が「ふるさとの喪失」（2016a）として示している。

加えて，避難指示区域内の復興をめぐる課題として除本が指摘しているのが「不均等な復興」（除本 2015: 9）という現実である。たとえば，復旧事業・復興政策の中で建設業はその恩恵にあずかることができるが，他方で地元住民向けの業種（小売業，サービス業など）は再開の見通しさえつかない，といった点である。さらに除本は，原発事故の被害地域に特有の課題を3点ほどあげている。第1に政府による避難指示などの「線引き」により地域間の不均等性がつくりだされていること，第2に「線引き」による区域設定が被害実態とズレていること，第3に放射線被ばくによる健康被害のリスクの重みづけがその人の属性によって異なること，である（除本 2015: 8-9）。

除本が指摘した「不均等な復興」は，原発被災者の帰還後の生活においても影響を及ぼす。藤川賢は川内村の調査を通じて，避難指示対象地域のコミュニティ再建の課題として，①放射能をめぐる危険とそのリスク認知のズレ，②リスク認知や補償，避難の違いにより生ずる行政不信，③生活圏である隣接自治体の避難による生活継続の困難性，の3点を指摘している（藤川 2015: 46）。これらの背景には，住民間の分断が避難指示解除されても継続されており，避難生活ならびに賠償／復興政策の影響が見て取れる。

さらに，藤川が「数字の上での所得は低くても豊かだった村の生活を支えてきた，自然の恵みと，それにかかわる地元の小さな経済が失われた打撃も見逃せない」（藤川 2017: 282）と指摘するように，避難前の相互扶助的なコミュニティの暮らしが原発事故によって壊れ，短期の賠償金によって市場経済に基づく生活に転換させられたことも重要である。震災前の生活基盤が回復していないにもかかわらず賠償が打ち切られ，避難元に戻れず，生活において困窮していることが指摘されている（藤川 2015: 38-45）。

それだけでなく，マイナー・サブシステンスとしての山の暮らしが原発事故によって奪われてしまったこと（金子 2015: 118），さらに避難元で農業を再開してもそれを「俺の道楽」という形でラベリングをしなければ自らへの非難，妨害，軋轢を回避できない状況に置かれていること（牧野 2016: 15），地域の文化，とくに祭礼についても従来からのルールを大幅に緩和して何とか維持されていることなど（藤原・除本・片岡 2016），原発事故前のコミュニティの崩壊が多面的に現れている。除本は原発事故からの地域再生において「長期継承性」「地域固有性」の重要性を指摘しているが（除本 2016b: 185），全域避難の中でこれらが破壊されてしまったこと，避難元に戻っても生きがいを見出しにくいことが，原発避難者から避難元に戻る意欲を失わせているのである。

(2) 商工事業者の再建とその課題

避難指示区域内の再生について，ここでは商工事業者の抱える課題に注目してみたい。なぜなら，生活インフラとしての商工業の再開は避難者の帰還を大きく左右するため，避難指示区域内における大きな課題になっているからである。先ほど紹介した「提言」では避難指示区域内の2020年の課題として，産業・生業（なりわい）の再生・創出を第1の課題に掲げていた。避難指示が出された地域の商工事業者に対しては，グループ補助金など，政府からさまざまな再開支援に向けた補助金が用意されている。加えて2015年には事業の再開に向けた個別支援を行う福島相双復興官民合同チームが発足している。

では，避難指示区域内の商工事業者の置かれている状況はどうなっているのだろうか。福島県商工会連合会が2016年に避難指示区域内の商工事業者に対して実施した質問紙調査の結果を見ると[24]，全域避難した地域の商工業の再開の困難が見えてくる。その結果について少し見ておきたい。

調査の結果，震災から5年半が経過した段階でも48％の商工事業者が休業しており，再開していてもそのうち避難元で再開しているのは2割にとどまっている。とくに第一原発の周辺4町の休業率が5〜7割と高く，業種でいうと小売業（63.7%），飲食業（60.0%），卸売業（60.0%）などにおいて休業率が高い。このように，再開できるかどうかにおいても，除本が述べた「不均等な復興」が確認できる。休業者に再開できない理由を尋ねたところ，8割強の事業者が「商圏の喪失」をあげており，これが最大の理由であった。

再開した事業者であっても，置かれている状況はとても苦しい。もちろん利益が上がった事業者も3割程度あるが，他方で4割弱の事業者において売り上げが5割以上減少していると回答している。再開した事業者の多くは震災の年の2011年に事業再開しているが，それでも震災前の売り上げには遠く及ばない事業者が多数存在する。全域避難し，人が戻らない地域においては事業を維持することこそ大きな課題があるが，再開するにあたって補助金はあっても再開後に利用できる支援はほとんどなく，その中で営業確保損害賠償に関しては，2015年3月以降，減収率100%の年間逸失利益の2倍を一括して支払われ，その後は個別事業ごとに相当因果関係を算定する枠組みになる。実質的には賠償の打ち切りである。

避難指示区域の再生について避難者から考えた場合，避難先で再開した商工事業者が避難元に帰ってくるかどうかが大きな論点である。調査結果を見ると，避難先で再開している事業者のうち，避難元で事業再開を計画しているのは4割弱にとどまった。他方で2割強が当面は避難先で事業継続すると回答し，3割強が避難元での事業再開をあきらめ避難先で継続すると回答している。要するに，避難先で再開した事業者の半数以上が，当面は避難元で再開しないのである。図4-3は業種別に見た避難元での再開意向であるが[25]，これを見ると製造業や小売業などにおいて戻らないと回答している割合が高く，おおむね7割程度に及ぶ。対人サービスや飲食業などでも5割が戻らない。とくに小売業や対人サービスなどは地域住民向けの事業者であり，これらの業種が戻らないことは原発避難者が戻れない理由となる。とはいえ，避難先で再開し売り上げが回復していない中で，それを閉じてまで売り上げが見込めない避難元に戻るという判断に至らないことが，このような調査結果に表れているのだろう。

避難指示区域内の再生について，筆者はジグソーパズルになぞらえて説明したことがある（高木 2015）。地域社会に求める条件は人それぞれであり，条件が合致し戻れる人から戻っていくしかない。そのため，ジグソーパズルのピースが1つずつ組み合わさるように，避難区域の地域社会の再生には長期の時間

図 4-3　業種別に見た避難元での再開意向

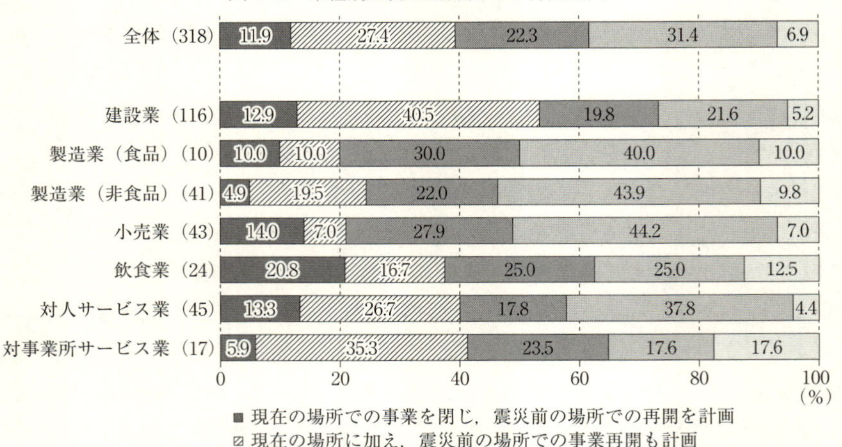

（出所）　福島県商工会連合会（2017）に掲載の図表を加工し，引用。

が必要である（高木 2015: 164）。そのような長期の時間軸に合わせた支援策が求められている。

小　括

これまで見てきたように，避難指示区域内の地域再生においては多くの課題が山積している。広野町や川内村など避難指示が実質的に1年程度の地域でも多数の困難を抱えている。それらは，各地域の特性に加え，被災者の抱えている課題（賠償や家族構成，分断や軋轢）なども絡んでいるため，かなり複雑である。藤川賢（藤川 2015: 35）は「避難指示の解除を受けて帰還できるかどうかには，避難者の属性に応じてさまざまな事情が存在する。それを無視して支援を打ち切ることは，帰還を促進するよりも，かえってコミュニティの再建を妨げる恐れがある」と述べているが，まさに政府の復興施策によって避難指示区域内の再生が失敗に至る可能性も考えなければならない。

また，事業者が補助を受けて避難元なり避難先にて事業再開したとしても，長期にわたる事業継続を見通せていないことが大きな課題であり，全域避難した地域の再生には時間がかかるであろう。復興を急ぐあまりに，とにかくインフラ整備を急いでいる。しかし，補助金を用いて事業を再開しても，住民の帰還は徐々にしか進まない中ではすぐに経営難に陥るだろう。そのことを理解しているからこそ，事業者はたやすく避難元で再開できないのである。

このことを避難元に戻った住民の側から見ると，住民がなかなか戻らないなかでせっかく再開した商店など地域の生活インフラが閉じたり病院が撤退すると，その地域で生活できなくなり，再度他地域へ出ざるをえなくなるかもしれない。避難指示解除にあたっては自治体ごとに復興計画が立案され，帰還者が生活できるための最低限のインフラが整備されてきた。しかしその中で整備したインフラが機能停止に陥ってしまうと，復興計画に基づくインフラ整備が避難指示解除のための「アリバイづくり」となる可能性もある。いずれにせよ，地域再生に時間がかかるなかでは，このような生活インフラに対する長期的支援が求められている。

もう１つ重要なのは，復興計画に基づくインフラ整備，とくに大型商業施設が大手資本に依存しがちであり，加えてこれもまた自治体ごとに整備されていることである。人が戻っていないなかでの大型商業施設の整備によって震災前から営業していた事業者はさらに再開意欲を失うだろうし，他方で大手資本による商業施設が長期にわたって営業してくれる保証はどこにもないのである。さらにこのような大型商業施設が自治体ごとに整備されているために，双葉郡全体で見たときに自治体間で商業施設が競合することになる。そのこともまた，双葉郡全体の地域としての持続可能性を不安定にさせ，帰還した住民の生活を脅かし，避難者が帰還をためらう要因となっている。

6　原発被災者の生活再建とその課題

以上，長期避難下における原発被災者の生活再建の状況について，「すまい」「つながり」「まち」の点から見てきた。長期にわたって全国各地に避難している原発被災者は，震災から６年が経過する中で避難先において住宅再建の動きが進んでいることを確認した。そして避難先を中心として住宅建設待ちの状態が続いていることなどを考えると，この動きはしばらく続くだろう。そこにおいては原発事故後における家族の形があり，それに対応する形で住宅が再建されるであろう。今回の論文ではふれることができなかったが，原発被災者がどこで仕事を行うのか，どこで子どもの教育を行うのか，などライフサイクル上の各段階で選択を迫られていたはずだ。原発事故後において当面の帰還の選択をふまえた雇用と家族の形がある程度決まったからこそ原発被災者の住宅再建が進んでいるのである。

また，図4-1で示した原発被災者の生活再建の規定要因について振り返って確認すると，その規定要因として「③賠償／復興政策」が大きく影響を与えていることを見て取ることができる。住宅確保損害が被災者の住宅再建を強く促していること，「町外コミュニティ」に端を発した復興公営住宅における生活拠点コミュニティ形成事業など，原発事故への対応においてさまざまな制度が用意されており，それが原発被災者の生活再建を大きく方向づけていることは間違いない。

とはいえ，「③賠償／復興政策」自体が，「①原発事故による被害」ならびに「②被災者の避難生活」の実態に裏づけられておらず，そのことが原発被災者を今も苦しめていることも見えてきた。住宅を自力で再建できず，復興公営住宅に入居した原発被災者によるコミュニティ形成には各種困難が見受けられること，さらには長期避難を経て避難指示が解除された地域における生活インフラとしての商工業の苦難，などを確認した。賠償や復興政策が原発被災者の被害に裏づけられ，妥当なものだったのか，これからきちんと検証すべきだろう。

さて，これまでの議論をふまえて，原発被災者の生活再建における課題について最後に確認しておきたい。

個人／世帯の生活再建と被災地域の再生とをどう結びつけるか

第1の課題は，個人（世帯）の生活再建と，避難指示区域の再生とをどう結びつけるのか，という点である。つまり，原発被災者の生活再建プロセスにおいては，他の被災地と比較したときに復興に対する集団合意の過程が欠如してしまうことが大きな課題である。津波被災地域では，土地区画整理や防災集団移転事業など一定の地域を対象として事業が展開されるのに対し，原発被災地域の住宅再建は賠償を通じて世帯単位で実施される傾向にある[26]。その結果としてなされる住宅再建は，避難元の地域住民とのコミュニケーションが欠如したなかでなされる。どうしても仕事や教育など，世帯の都合によりなされてしまう。

その一例として，「まちづくり協議会」による復旧・復興の動き（今野 1999: 138-41；櫻井・伊藤 2013: 50）が避難指示区域内の地域においてはほとんど見られなかったことをあげておこう。阪神・淡路大震災においてまちづくり協議会の役割が重視され，東日本大震災でも津波被災地ではまちづくり協議会による取組みが見られた。原発避難地域においても防災集団移転事業などは見られるが，復興全体においてまちづくり協議会による取組みはほとんど見られない。原発事故により全域避難し，地域コミュニティがばらばらになってしまったこと，被災地という空間で共在しながら議論することができないこと，さらに復興の空間的単位が自治体という大きなくくりになっているため，個々の被災地を単位として立ち上がる組織が復興のための適切な主体として捉えられなかったことなどが，原発避難指示区域においてまちづくり協議会の立ち上げを難しくしている根本的な理由といえる。そのため，避難指示区域の復興・再生においては行政と個人が直接向きあう形で復興計画がつくられた印象がある。

住宅は単に人が住む場所ではなく，自己実現や福祉を追求する場所としても重要である。津久井進らは「復興のスピードを重視するあまり，住民合意のプロセスを省こうとすれば，『すまい』の権利である自己実現やそれぞれの幸福追求の機会が奪われかねない」（津久井・斎藤 2013: 227）と述べているが，原発避難者は住宅再建に関して住民合意の機会すらほぼ与えられなかったといえよう。除本はこのことについて次のように述べている。「原子力災害における『生活再建』『復旧』『復興』とは何か。これら3つの課題は重なり合いつつも，その“主語”が異なっている。『生活再建』は個人や家族，『復旧』はインフラなどの施設が主語となるだろう。また『復興』は，福島復興などというように，しばしば地域が主語とされる」（除本 2015: 34）。

このように考えると，住民合意に基づく復旧・復興プロセスを通じて，「すまい」「つながり」「まち」など，水準の異なる生活再建の諸要素を被災者が統合的に捉えていくことが欠かせないはずだ。しかし現実にはそれがなされていない。原発被災地の復興について政府はイノベーション・コースト構想を提起しているが，そこには除本がいうように，「『生活再建』『復旧』『復興』の間には，避けがたい矛盾が生じてくる」（除本 2015: 34）。このことを考えたとき，賠償などの制度に基づいて生活再建を果たした被災者の復興がどこかで壁に突き当たるように思われる。

生活再建における経路依存性と「第3の道」の実現

第2に，前項で述べたことと関係するが，これまで見てきた「すまい」「つ

表 4-3　居住形態別に見た帰還意思（富岡町　2016 年）

居住形態	戻りたいと考えている	まだ判断がつかない	戻らないと決めている	N
仮設・借り上げ	22.4%	28.7%	48.9%	884
公営住宅（有償）	15.6%	33.6%	50.8%	250
民間賃貸住宅（有償）	18.5%	26.7%	54.8%	405
持ち家	12.1%	22.8%	65.1%	1,426
その他	14.2%	19.1%	66.7%	204
全　体	16.2%	25.6%	58.3%	3,169

（出所）　復興庁の住民意向調査のデータより筆者再集計し，作成。

ながり」「まち」という生活再建の要素は同じ被災者において密接に関連しているということである。そこには本章においてきちんと取り上げることのできなかった仕事や将来の帰還意思も大きく関連している。世帯主の仕事の関係で住宅の再建先が決まってくると，本人または同居家族はそれによって何かしらの欲求充足をあきらめることになってしまうかもしれない。将来の帰還意思について家族によって判断が分かれれば，世帯分離が継続したままでの生活再建ということになる。

また，個人（世帯）の生活再建の時間と地域社会の再生の時間がかみ合わないこともありうるだろう。「まち」の再建が遅れているから，帰りたくても帰れない。だからこそ，避難先で住宅再建をせざるをえない。だからこそ第 4 節で確認したように，避難先で住宅再建をしていても避難者という自己認識を持ち続けているのだ。とはいえ，それが長期に及ぶと，戻れたはずの人が戻れなくなってしまう，ということも出てくる。そこには，被災者の生活再建における経路依存性を見てとることができるだろう。

この点で重要なのが，生活再建における経路依存性の影響をいかにして最小限にとどめることができるのか，という点である。そのことを考える一例として，避難先での住宅再建について考えてみたい。一般的に原発被災者が避難先に住居を確保したことをもってその人は移住したと考えられている。たとえば『朝日新聞』2016 年 2 月 21 日の記事では「原発避難者の不動産取得 7100 件　帰還断念，移住進む」との見出しで，移住者向け不動産取得税軽減特例措置のデータから移住者の増加を指摘している。しかしはたして，他地域に住宅を確保した人は移住者とみなしてもいいのだろうか。

ここで再度復興庁が富岡町民を対象に実施した 2016 年の住民意向調査のデ

ータを再集計した結果を見てみよう（表 4-3）。全体では戻りたいと考えている世帯は 16.2% に対し，仮設・借り上げ入居者は 22.4%，公営住宅（有償）では 15.6%，持ち家では 12.1% であった。避難先に住宅を購入していたり，復興公営住宅に入居していても，戻りたいと回答している世帯が 1 割強ほどいる。もちろん，持ち家層においては戻らないと決めていると答えている世帯が 7 割弱ほどいるが，それでも避難先に住宅を購入したからといって，そのすべてが必ずしも帰還をあきらめたわけではないことを確認しておきたい。

もちろん，避難の長期化の中で帰還を断念する人も増えてくるだろう。それでもここで強調しておきたいのは，避難先に住宅を購入したことが必ずしも移住を意味するわけではない。ここで重要なのは，原発避難者にとっての将来における選択肢をいかにして社会的・制度的に担保するのかが問われている。生活再建において何らかの選択を行ったことがその後の選択を狭めることのないような賠償・支援のあり方が求められている。

誰が原発被災地の復興に関わるか

この点でもう 1 つ重要なのは，誰が原発被災地の復興に関わるのか，という点である（松薗 2016: 34）。原発被災地の復興に関わるのはその土地・空間にいる者だけかというと，そうではないだろう。多くの人が被災地に隣接したいわき市や南相馬市で住宅を再建したり避難をしているのは，そのうちの一定程度が被災地内の事業所に通勤するためである。避難先に生活拠点を置きながら仕事などで避難元に関わることを，金井利之は「通い復興」と呼んでいる（山下・金井 2015: 59）。今井は避難者の 9 割が今でも住民票を移していないことを調査から明らかにしているし（今井 2017），西田らが調査した復興公営住宅入居者も 6 割強が住民票を移さないと回答していた（西田・高木・松本 2017a）。そのことは避難元とのつながりを保ちたいと考えているからであり，楢葉町調査において，どのような住宅再建をしていようが避難元とつながっていたいと多くの町民が感じていたこととつながってくる。

このように，帰還していようが避難していようが，震災前に暮らしていた地域に関わりたいと多くの被災者が求めている。その際に重要なのは，原発被災者の置かれている状況にかかわらず，避難前に暮らしていた地域の復興に関わることをどのように制度的に担保するか，という点である。政府の 2015 年の「提言」には，帰還する人や新たに移住してくる人，外から応援する人など多様な主体に言及しているが，他地域で住宅再建した人など他地域で避難を継続している人が避難元にどう関わるのか，その制度的枠組みについての既述はない。「復興の現住地主義」の陥穽を克服しなければ，被災自治体の「転生」（金井 2017）によって戻れる人も戻れなくなってしまう可能性がある。

このことは，誰が原発避難者であるのかという定義の問題とも関わる。実際，注 13 でも確認したように，福島県が発表する避難者の中には，住宅再建を果たした人は含まれない。第一原発周辺 4 町（富岡，大熊，双葉，浪江）だけを見ても，2017 年 3 月末時点で，県内避難者数 3 万 7247 人のうち，福島県発表の避難者数に含まれているのは 1 万 9971 人だけである。残りの 2 万 7276 人は，避難者であるのに避難者ではないと扱われている[27]。さらにここには，諸事情で避難先に住民票を移さざるをえなかった人も含まれる。第一原発周辺 4 町以外の自治体も含めると，不可視化された原発避難者はもう少し多くなるだろう。

ここにおいて，避難者であることを制度上において保証し，長期にわたって避難を継続する人（長期待避）が避難元に関わっていけるような仕組みづくりがますます求められているといえよう。その 1 つが今井（2014）でも指摘されている二重住民票であるが，それ以外にもさまざまな取組みが求められている。本章では触れることのできなかった健康問題への対応を含めて，誰が原発被災者であるのかが見えづらくなってきていることが被災者をますます追い詰めている。

逆にこの点でもう 1 つ重要なのは，原発避難者は，避難元に戻れば避難は終了するかもしれないが，被災者であることは終わらないということである。避難元での各種の生活困難，事業者における見通しの悪さ，「自然への恵み」への接近など震災前に享受していた生きがいの喪失，継続する分断の中での自らの立場を主張することへの抑圧（藤川 2015: 52-54）など，帰還してからも原発被災者として向き合わねばならないことは多く存在する。戻れば原発事故は終わりとはならないし，この点において帰還した人と将来において戻りたいと考える人が課題を共有し，解決に向けて取り組めるか，そのための制度設計が避難指示区域の再生における今後の大きな課題であろう。

謝　辞

調査データを貸与してくださった富岡町役場に記して感謝申し上げる。

注

1) このタイミングでの仮設住宅提供打ち切りに関しては，広野町や川内村など，旧緊急時避難準備区域からの避難者への住宅補助の打ち切りも含まれる。
2) もちろん，災害因を受け止める社会的な文脈についても当然検討しなければならないが（田中 2013: 278），ここでは検討しない。
3) 政府が加害者であるかどうかについて，現在も全国各地で実施されている裁判で係争中である。
4) あとからも述べるように，理念として賠償と生活再建は切り離して議論すべきである。ただし実際には各種賠償が原発被災者の生活再建に使われていることは間違いない。
5) これについては本巻山本論文（第3章）を参照のこと。
6) 田並（2013）は域外避難という言葉で，居住している市町村から同じ県内または県外の市町村への避難を域外避難と呼び，その中でも避難者が全国に散らばっている状況を指す言葉として広域避難という言葉を用いている。
7) もちろん，政府による避難指示という線引きの内か外かで賠償額が大きく異なり，それが被災者間の分断をもたらしていることを確認しておきたい（たとえば，山下ほか 2012）。
8) ここでは本章で使用するデータについて確認しておきたい。一次データとして，いわき明星大学現代社会学科が2012年2月に楢葉町の町民を対象とした質問紙調査のデータを用いている。詳細については高木（2013），高木・石丸（2014）を参照。二次データとして，福島県庁における各種データ，富岡町，大熊町，双葉町，浪江町役場の避難先データを用いている。復興庁が2012年から毎年避難自治体を対象に実施している意向調査の調査結果を用いている。それとは別に，富岡町を対象とした2016年調査の元データを役場からお借りして二次分析を実施している。
9) ただし，借り上げ住宅の変更に関しては都道府県によって基準にかなりの違いがあることが日野（2016）によって指摘されている。
10) 福島県「復興公営住宅（原子力災害による避難者のための住宅）地区ごとの行程表と進捗状況（2017年2月末の状況）」。
11) 福島県は計画中の211戸に関して建設保留する方針を示した（『福島民報』2016年6月21日）。そのうち広野町に建設予定の28戸については建設する方針を決めた。それ以外の183戸については建設中止が検討されているという（『福島民報』2017年1月16日）。
12) たとえば，津波で自宅を失った人が避難元の公営住宅に入居するようなパターンも避難指示解除後においてはありうるだろう。ここでは避難指示解除前における住宅再建の選択を見ていくため，考察の対象外とする。
13) この数値の算出方法について示しておきたい。この数値は，各町村の福島県内への避難者に占める仮設住宅・借り上げ住宅入居者の比率を示したものである。分母である各町村の福島県内への避難者については，各町村のホームページから2017年3月末時点の県内避難者数を使用した。楢葉町に関しては2015年9月に避難指示が解除しているため，楢葉町居住者に関しては帰町者とみなして県内避難者数から除いている。分子である仮設・借り上げ住宅入居者数については，福島県土木部が発行している「応急仮設住宅・借上げ住宅・公営住宅の進捗状況（東日本大震災）」（2017年3

月末時点）のデータを参考にし，各町村の仮設住宅，借り上げ住宅，借り上げ住宅（特例），公営住宅入居者数を算出した。その結果として算出された数値は，県内避難者の中で住宅再建が完了していない人の割合を示していることになる。

14）　また，復興庁の意向調査では現在の居住形態に関する設問として「応急仮設住宅」「借り上げ住宅」「公営住宅（有償）」「民間賃貸（有償）」「給与住宅（社宅など）」「親戚・知人宅」「持ち家（ご本人またはご家族所有）」「その他」の選択肢がある。もちろん，ここでいう「持ち家」がすべて避難にともなって自宅を購入したとは限らない。たとえば，避難元には単身赴任で来ていて震災前から他所に持ち家を持っているようなパターンなどがあげられるだろう。とはいえそのようなケースは例外的と思われるため，以下では，避難にともなっての他所での住宅購入というパターンとしてデータを分析してみる。また各年度の調査回答者は同じではないため，厳密にいえば年度間での比較を行うことはできない。そのためここでは，おおまかな傾向性を確認するためにデータを使っていることをご理解いただきたい。加えて，2016 年の大熊町に関しては，この年度は調査が実施されていないため，データは存在しない。

15）　復興庁ホームページ　http://www.reconstruction.go.jp/topics/main-cat1/sub-cat1-4/ikoucyousa/（アクセス日：2017 年 4 月 6 日）。

16）　このデータは，復興庁と福島県，富岡町が連名で 2016 年 8 月に実施した住民意向調査によるものである。調査は世帯主に対して郵送にて配布され，郵送にて回収されている（世帯分離している場合には，各世帯に調査票を配布）。7040 世帯に配布し，3257 世帯から回答があった。回収率は 46.3% であった。

17）　もちろん，これはあくまでも富岡町のデータであり，他の地域では異なる傾向を示すかもしれない。その点については別途検証が必要である。

18）　数値の計算は以下の資料を参考にした。震災前に関しては福島県が作成している「県内各市町村住民基本台帳人口・世帯数（平成 23 年 3 月 31 日現在）」を参考にした。震災後に関しては，富岡町については「県内外の避難先別人数」の 2013 年 4 月 1 日現在，2017 年 4 月 1 日現在の資料を参考とし，大熊町に関しては「平成 25 年 4 月 1 日現在の避難状況」「平成 29 年 4 月 1 日現在の避難状況」を参考にした。

19）　楢葉町の調査に関しては 2013 年から 2016 年までの各年において世帯分離の状況を公表している。世帯分離している割合は 2014 年が 52.1%，2015 年が 48.4%，2016 年が 49.5% となっており，調査対象者が同一ではないため純粋な比較ができないが，時間の変化とともに世帯分離が解消しているどころか拡大しているようにも見える。もちろん，震災由来ではない世帯分離もあるため，そのように断定するのは別途検証が必要である。

20）　この調査は，2015 年 10 月に実施されたものである。調査の概要については高木ほか（2017）を参照。

21）　調査結果についていうと，つながりを保っていたいという回答は富岡町（2014 年）52.5%，富岡町（2015 年）50.5%，富岡町（2016 年）51.6%，大熊町（2014 年）58.6%，大熊町（2015 年）60.8%，双葉町（2014 年）58.5%，双葉町（2015 年）59.6%，双葉町（2016 年）56.3% である（調査結果は復興庁意向調査から）。対象者が異なるため厳密な比較はできないものの，時間の経過による変化は見られない。

22）　『福島民報』2017 年 4 月 8 日。

23）この節では，避難指示区域内の「復興」ではなく，「再生」という言葉を用いている。それは，長期避難の中で多くの原発被災者が求めていることは生活環境であること，それは政府が進めているイノベーション・コースト構想などの復興施策とは水準が異なること，などの理由からである。

24）この調査は福島県商工会連合会が2016年9月に避難区域内の12商工会に所属する2293事業者を対象に実施されたものである。回収率は46.3%。調査の概要について詳しくは福島県商工会連合会のホームページ（http://www.f.do-fukushima.or.jp/researchact/post-63.html）を参照のこと。

25）図表においては，10ケース以下の業種については作図を割愛しているが，これらのケースは全体の数値においては含まれている。

26）もちろん，津波被災地域の復興過程においても大きな問題点がある。実質的に集団合意の過程が存在しなかったという指摘もある（山下 2013）。

27）数値の算出方法については，注13を参照のこと。

参考文献

藤川賢，2015，「被害の社会的拡大とコミュニティ再建をめぐる課題――地域分断への不安と発言の抑制」除本理史・渡辺淑彦編著『原発災害はなぜ不均等な復興をもたらすのか――福島事故から「人間の復興」，地域再生へ』ミネルヴァ書房。

藤川賢，2017，「福島原発事故における避難指示解除と地域再建への課題――解決過程の被害拡大と環境正義に関連して」藤川賢・渡辺伸一・堀畑まなみ『公害・環境問題の放置構造と解決過程』東信堂。

藤原遥・除本理史・片岡直樹，2016，「福島原発事故の被害地域における住民の帰還と『ふるさとの変質，変容』被害――川内村における伝統芸能継承の困難を事例として」『環境と公害』46(2)：60-66。

福島県商工会連合会，2017，「避難区域内の経営実態に関する商工事業者アンケート調査（結果発表）」(2017年4月1日取得，http://www.f.do-fukushima.or.jp/researchact/post-63.html)。

舩橋晴俊，2014，「『生活環境の破壊』としての原発震災と地域再生のための『第三の道』」『環境と公害』43(3)：62-67。

日野行介，2016，『原発棄民――フクシマ5年後の真実』毎日新聞出版。

今井照，2014，『自治体再建――原発避難と「移動する村」』筑摩書房。

今井照，2017，「原発災害避難者の実態調査（6次）」『自治総研』462号：1-34。

伊藤亜都子，2015，「仮設住宅・復興公営住宅と地域コミュニティ」『都市問題』106(1)：27-32。

金井利之，2017，「核害被災市町村の『転生』――住民帰還政策の帰結」『世界』893: 66-76。

金子祥之，2015，「原子力災害による山野の汚染と帰村後もつづく地元の被害――マイナー・サブシステンスの視点から」『環境社会学研究』21: 106-121。

加藤眞義，2013，「不透明な未来への不確実な対応の持続と増幅――『東日本大震災』後の福島の事例」田中重好ほか編『東日本大震災と社会学』ミネルヴァ書房。

川副早央里，2013，「原発避難者の受け入れをめぐる状況――いわき市の事例から」『環境と公害』42(4): 37-41。
今野裕昭，1999，「まちづくり成熟地区における生活再建への道——神戸市真野の場合」岩崎信彦ほか編『阪神・淡路大震災の社会学 3 復興・防災まちづくりの社会学』昭和堂。
黒木雅子，1999，「被災生活と家族の分割——須磨仮設住宅における孤立化」岩崎信彦ほか編『阪神・淡路大震災の社会学 2 避難生活の社会学』昭和堂。
牧野友紀，2016，「福島第一原子力発電所事故と生活秩序の再構築」『社会学年報』45: 5-17。
松薗祐子，2016，「原発避難者の生活再編と地域再生の課題」『日本都市社会学会年報』34: 25-39。
西田奈保子，2015，「仮設住宅と災害公営住宅」小原隆治・稲継裕昭編『大震災に学ぶ社会科学 2 震災後の自治体ガバナンス』東洋経済新報社。
西田奈保子・高木竜輔・松本暢子，2017a，『復興公営住宅入居者の生活実態に関する調査調査報告書（概要版）』（2017 年 9 月 5 日取得，http://www2.iwakimu.ac.jp/~imusocio/fukkoukouei2017/2017fukushima_fukkoukouei_Researchpaper.pdf）。
西田奈保子・高木竜輔・松本暢子，2017b，「災害公営住宅における原発避難者の生活実態に関する分析」『行政社会論集』30(2)（印刷中）。
額田勲，1999＝2013，『孤独死——被災地で考える人間の復興』岩波書店。
大矢根淳，2007，「生活再建と復興」大矢根淳ほか編『災害社会学入門』弘文堂。
尾崎寛直ほか，2015，「避難地域の医療・福祉にみる復興の課題——原発避難者の健康リスクと医療体制の問題から考える」除本理史・渡辺淑彦編著『原発災害はなぜ不均等な復興をもたらすのか——福島事故から「人間の復興」，地域再生へ』ミネルヴァ書房。
櫻井常矢・伊藤亜都子，2013，「震災復興をめぐるコミュニティ形成とその課題」『地域政策研究』（高崎経済大学地域政策学会）51(3): 41-65。
塩崎賢明，2009，『住宅復興とコミュニティ』日本経済評論社。
塩崎賢明，2014，『復興〈災害〉——阪神・淡路大震災と東日本大震災』岩波書店。
立木茂雄，2015，「生活再建のために大切なものとは何か？——阪神・淡路大震災と東日本大震災の生活復興調査結果の比較をもとに考える」『都市政策』161: 86-103。
高木竜輔，2013，「長期避難における原発避難者の生活構造——原発事故から 1 年後の楢葉町民への調査から」『環境と公害』42(4): 25-30。
高木竜輔，2015，「復興政策と地域社会——広野町の商工業からみる課題」除本理史・渡辺淑彦編著『原発災害はなぜ不均等な復興をもたらすのか——福島事故から「人間の復興」，地域再生へ』ミネルヴァ書房。
高木竜輔・石丸純一，2014，「原発避難に伴う楢葉町民の避難生活(1)——1 年後の生活再建の実相」『いわき明星大学人文学部研究紀要』27: 22-39。
高木竜輔・川副早央里，2016，「福島第一原発事故による長期避難の実態と原発被災者受け入れをめぐる課題」『難民研究ジャーナル』6: 23-41。
高木竜輔・菊池真弓・菅野昌史，2017，「福島第一原発事故における避難指示解除後の原発事故被災者の意識と行動」『いわき明星大学研究紀要 人文学・社会科学・情報学篇』2: 10-27。

田村圭子・立木茂雄・林春男, 2000,「阪神・淡路大震災被災者の生活再建課題とその基本構造の外的妥当性に関する研究」『地域安全学会論文集』2: 25-32。
田中重好, 2013,「『想定外』の社会学」田中重好ほか編著『東日本大震災と社会学――大災害を生み出した社会』ミネルヴァ書房。
田並尚恵, 2013,「災害が家族にもたらす影響――広域避難を中心に」『家族研究年報』38: 15-28。
丹波史紀・増市徹, 2013,「広域避難――避難側・受け入れ側双方の視点から」平山洋介・斎藤浩編『住まいを再生する――東北復興の政策・制度論』岩波書店。
津久井進・斎藤浩, 2013,「おわりに――『居住の自由』に立ちもどる」平山洋介・斎藤浩編『住まいを再生する――東北復興の政策・制度論』岩波書店。
山地久美子, 2014,「災害／復興における家族と支援――その制度設計と課題」『家族社会学研究』26(1): 27-44。
山本薫子・高木竜輔・佐藤彰彦・山下祐介, 2015,『原発避難者の声を聞く――復興政策の何が問題か』岩波書店。
山下祐介, 2013,『東北発の震災論――周辺から広域システムを考える』筑摩書房。
山下祐介, 2014,「広域システム災害――阪神から東北，そして首都・東京へ」荻野昌弘・蘭信三編著『3・11 以前の社会学――阪神・淡路大震災から東日本大震災へ』生活書院。
山下祐介ほか, 2012,「原発避難をめぐる諸相と社会的分断――広域避難者調査に基づく分析」『人間と環境』38(2): 10-21。
山下祐介・市村高志・佐藤彰彦, 2013,『人間なき復興――原発避難と国民の「不理解」をめぐって』明石書店。
山下祐介・金井利之, 2015,『地方創生の正体――なぜ地域政策は失敗するのか』筑摩書房。
除本理史, 2013a,『原発賠償を問う――曖昧な責任，翻弄される避難者』岩波書店。
除本理史, 2013b,「原発賠償と生活再建」平山洋介・斎藤浩編『住まいを再生する――東北復興の政策・制度論』岩波書店。
除本理史, 2015,「原発賠償の問題点と分断の拡大――復興の不均等性をめぐる一考察」『サステイナビリティ研究』5: 19-36。
除本理史, 2016a,「原発事故による『ふるさとの喪失』――『社会的出費』概念による被害評価の試み」植田和弘編『大震災に学ぶ社会科学 5 被害・費用の包括的把握』東洋経済新報社。
除本理史, 2016b,『公害から福島を考える――地域の再生をめざして』岩波書店。
除本理史・渡辺淑彦編著, 2015,『原発災害はなぜ不均等な復興をもたらすのか――福島事故から「人間の復興」，地域再生へ』ミネルヴァ書房。
吉田千亜, 2016,『ルポ 母子避難――消されゆく原発事故被害者』岩波書店。
吉田耕平, 2012,「原発避難と家族――移動・再会・離散の背景と経験」山下祐介・開沼博編著『「原発避難」論――避難の実像からセカンドタウン，故郷再生まで』明石書店。
吉川忠寛, 2007,「復旧・復興の諸類型」浦野正樹・大矢根淳・吉川忠寛編『復興コミュニティ論入門』弘文堂。

第5章

避難自治体の再建

今井　照

1　原発災害による自治体避難

本章の目的

本章では東京電力福島第一原子力発電所の過酷事故の発生にともない，まず関係自治体がどのように行動したのかについて，とくに国との関係において簡単に整理する。そのうえで事故後，現在まで，政治・行政的共同体としての自治体がどのような課題を引き受けているのか，予算や行政体制の観点から検証する。さらに，市民自治を基本とした自治体（関係の自治体）をどのように再建すべきなのかを検討する。

情報の断絶

2011年3月11日19時3分，原子力災害対策特別措置法（以下，原災特措法）15条2項に基づいて，当時の菅直人首相は原子力緊急事態宣言を発した。同3項によれば，このとき総理大臣は，「直ちに」関係する市町村長や都道府県知事に対し，住民に向けた避難や屋内退避の勧告や指示をするように指示することとされている。しかしこの時点では原子力緊急事態宣言が「公示」されただけで具体的な避難指示はなく，福島県知事と福島第一原発周辺の4町（大熊町，双葉町，浪江町，富岡町）に対しては，「現在のところ，発電所の排気筒モニタ及び敷地周辺のモニタリングポストの指示値に異常はなく，放射性物質による外部への影響は確認されていない」「現時点では，直ちに特別な行動を起こす必要はない」という文言の指示書が出ているのみである（図5-1）。この指示書の文面では，福島第一原発周辺4町の役場や地域の人たちに，原子力緊急事態宣言が何を意味するものなのか，おそらくまったく伝わらなかっただろう。

図5-1　総理大臣から関係自治体への最初の指示書

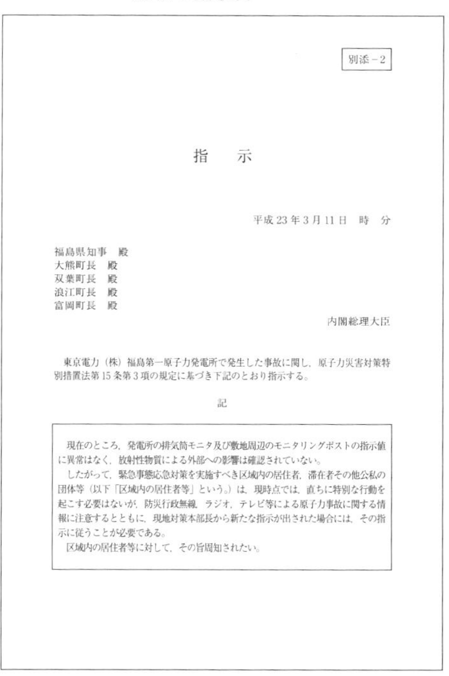

別添－2

指　示

平成23年3月11日　時　分

福島県知事　殿
大熊町長　殿
双葉町長　殿
浪江町長　殿
富岡町長　殿

内閣総理大臣

東京電力（株）福島第一原子力発電所で発生した事故に関し，原子力災害対策特別措置法第15条第3項の規定に基づき下記のとおり指示する。

記

現在のところ，発電所の排気筒モニタ及び敷地周辺のモニタリングポストの指示値に異常はなく，放射性物質による外部への影響は確認されていない。

したがって，緊急事態応急対策を実施すべき区域内の居住者，滞在者その他公私の団体等（以下「区域内の居住者等」という。）は，現時点では，直ちに特別な行動を起こす必要はないが，防災行政無線，ラジオ，テレビ等による原子力事故に関する情報に注意するとともに，現地対策本部長から新たな指示が出された場合には，その指示に従うことが必要である。

区域内の居住者等に対して，その旨周知されたい。

（出所）第1回原子力災害対策本部会議配布資料（原子力災害対策本部のホームページ）。

しかし最大の問題はそもそもこの指示書が原発周辺4町に届いていた形跡がないところにある。このとき，巨大地震によって多くの地域で電源が失われ，電話やファックスはつながりにくい状態が続いていた。役場には非常用電源があり，かろうじて誰かがテレビを見ることはできたが，その画面から原子力緊急事態宣言が当該の地域にどのような影響をもたらすかということを理解するのはむずかしかった。

この頃福島第一原発周辺4町の役場における最大の課題は沿岸部の津波被災地に住んでいた人たちの避難誘導や避難所設営であり，また津波被災地における救援活動だった。消防団など，動ける人たちはすべてそこに投入されていた。原子力緊急事態宣言が出た11日の夜は翌日の救援活動の計画や準備にあてられていた頃である。たとえテレビを見ることができたとしても，遠く東京の地で「直ちに特別な行動を起こす必要はない」と語られているだけであれば，地震や津波の対策に全精力が傾注されるのは当然のことといえる。

ましてこれらの4町以外の原発周辺自治体は国からの連絡対象外であった。市民たちは自動車のエンジンをかけてカーラジオを聞いたり，携帯電話に付いているワンセグなどから情報を得ていたが，役場以上に何が起きているかは把握できなかった。ただ，知人や親族が原発関連事業で働いている人たちから，何かとんでもないことが起きているといったクチコミ情報はかなりの広範囲で流れていたらしい。その後しばらくして，原発立地自治体には東京電力から社員が派遣され，原発状況の一部の情報は福島第二原発経由でもたらされるようになる（佐々木 2013a・b; 2014）。しかし，相変わらず，国や県といった行政機関とは情報が断絶したままだった。

総理大臣から最初の避難指示内容が示されたのは，地震から6時間37分後，原子力緊急事態宣言から2時間20分後の21時23分で，それは福島第一原発から半径3 km圏内の住民に対する避難指示と半径10 km圏内の住民に対する屋内退避指示だった。しかし，翌年，さかのぼって整備された原子力災害対策本部会議の議事概要にはこのことが決定された経緯や議論は一切出てこないし，このときの知事や市町村長への指示書も対策本部のホームページには掲載されていない。事実として枝野幸男官房長官（当時）が記者発表したということ以外に，現時点ではこの間の経緯について確認のしようがない。まして，この避難指示もまた，関係する町村役場に伝えられてはいない。その後の各種調査で確実に明らかになっているのは，12日5時44分に発せられた福島第一原発から半径10 km圏の避難指示について，細野豪志首相補佐官（当時）から大熊町長に電話があったという1件だけであり，それ以外の数回にわたる避難指示については，どの町村にも伝わったという確認がとれていない。

そもそも住民に対する避難指示の権限は市町村長にある。原災特措法が準用している災害対策基本法では，住民への避難勧告や避難指示の権限が市町村長にあると明示されている（例外的事態の場合，知事にも認められる）。したがって，正確には，総理大臣は市町村長に対して「住民に指示するように」指示するという入れ子構造になっている。

行政機関が住民に対して避難指示をするということは，同時に，避難路，避難手段，避難場所，救援物資等の確保をする責務が生じる。とりわけ自動車をもたない高齢者など，単独では避難しがたい人たちに対して，直接的な支援が必要になる。官房長官がテレビで発表しただけではこうした住民の避難支援について実効性があがらないから，市町村長に避難指示の権限があるのは当然のことである。

だが，水害や地震であれば，被害状況の情報は現場にあり，五感によって判断をすることもできるが，原発災害の場合は少なくとも計器類を通さないと被害が目に見えないという性格をもっている。これらの数値情報は電力会社を通じて東京にある災害対策本部に上がるか，あるいはモニタリングを運用している文部科学省に上がることになる。事前の想定では，大熊町に置かれたオフサイトセンターに情報が集約されることになっていたが，オフサイトセンターそのものが原発災害に耐えられる施設設備ではなく，早々に撤退することとなった。

つまり災害現場には災害情報がない。さらに東京に上がった情報も災害現場に還元されることはなかった。以上のように，原発事故被災地の市町村は情報断絶の環境に置かれていた。にもかかわらず，双葉郡では例外なくすべての町村で，役場を中心とした住民避難行動がとられた。もちろんすべてにおいて完璧だったわけではないが，基礎的自治体として住民の生命と安全を確保する最低限で最大の使命をこれらの町村は果たしたと評価されてよい。

市町村長による避難指示

国や県との情報が断絶している中で，原発災害に直面した市町村長はそれぞれに入手した情報から独自に判断をして住民への避難指示を行っている。総体的にいえば，国の避難指示よりもいち早くかつ広域に避難指示が行われた。双葉郡 8 町村の町村長による全域避難指示を出した日時を国の避難指示と比較すると表 5-1 のとおりであり，いずれも町村が国よりも早く，しかも広域に避難指示を出していることがわかる。国の避難指示は原発からの半径に基づいて出されているが，一例を除いて市町村からの避難指示はすべて地域単位で行われている。地域単位の指示でなければ，住民は自分がその対象であるかどうかわからないからである。

では国よりも早く，かつ広域に出された町村による避難指示は過剰な反応だったのか。むしろまったく逆である。それは，原発事故から 43 日後の 2011 年 4 月 22 日に，その後の放射能汚染状況の分析が進み，避難指示区域の再編と警戒区域の指定が行われた際，国による避難指示によればそれまで一部地域だけの避難指示であった楢葉町，浪江町，葛尾村も全域が警戒区域に繰り込まれ，

表 5-1　双葉郡 8 町村の避難指示・警戒区域指定（全域避難のみ）

	国からの全域避難指示	町村独自の全域避難指示
広野町	未発出（一部地域のみ）	3 月 13 日 11 時
楢葉町	未発出（一部地域のみ）	3 月 12 日 8 時
富岡町	3 月 12 日 18 時 25 分	3 月 12 日 6 時 50 分
川内村	未発出（一部地域のみ）	3 月 16 日 7 時
大熊町	3 月 12 日 18 時 25 分	3 月 12 日 6 時 21 分
双葉町	3 月 12 日 18 時 25 分	3 月 12 日 7 時 30 分
浪江町	4 月 22 日 0 時	3 月 15 日 9 時
葛尾村	4 月 22 日 0 時	3 月 14 日 21 時 15 分

（注）　このほか，田村市（旧都路村），南相馬市（旧小高町），川俣町（山木屋地区），飯舘村（全域）に避難指示や警戒区域指定が出された。
（出所）　各調査報告書，報道，聞き取りなどから筆者作成。

居住や立ち入りが制限されたことからも明らかである。もし国の避難指示のままであったら避けられなかった被ばくを，少なくとも 1 カ月以上は減らすことができたといえる。

一方，これらの地域よりも原発から遠く離れている飯舘村や川俣町の一部は，4 月 22 日になって突然「計画的避難区域」に指定され，避難を余儀なくされることになり，それまでの国の指示や県の指導に従って避難を回避していたことが裏目に出てしまう。当時の環境を考えると町村の当事者だけを責めることはできないが，このことによって，住民間や行政との間に亀裂や信頼感の喪失を招くことにもなった。

各町村は単に避難指示を出しただけではなかった。単独では避難できない高齢者などに対し，場合によっては戸別に調査をして避難を誘導した。町や村としてバスを用意し，ピストン輸送などで避難指示区域からの脱出を図った。楢葉町では 7700 人の町民のうち 5366 人が，町の誘導によって，楢葉町が用意したいわき市の学校体育館などに移った（その他の人たちのほとんどは親戚や知人を頼って別の場所に避難したと思われる）。この間のそれぞれの自治体の行動については別稿で整理したが（今井 2014b），全体的にはこれだけの緊急時に際して，市町村が住民の生命と安全をぎりぎりのところで守る行動をしたと評価して差し支えないだろう。これこそが基礎的自治体の使命にほかならない。逆にいえば，これだけのことができないような自治体は，自治体としての存在意義が問われることになるだろう。

たとえば，2006 年 1 月 1 日，原町市，小高町，鹿島町が合併してできた南相馬市の場合，国による避難指示はほぼ旧小高町の区域と一致しており，市役所のある旧原町市の区域は屋内退避が指示されていた。旧小高町の住民に対しては防災無線等で避難指示が伝えられており，多くの住民はその放送によって避難行動を起こしている。しかし，避難場所として指定されたのは旧原町市にある学校で，約1万4000人の人口を擁する旧小高町の人たちの避難場所としてはきわめて小さく，しかもすでに旧原町市の地震や津波の避難者で埋まっていた。したがって避難指示直後の旧小高町住民はそれぞれ自力でどこかに避難しなければならなかった。双葉郡の各町村とは異なり，旧小高町の住民は，個々ばらばらに全国に散っていったのである。

こうなってしまった最大の要因は，旧小高町が合併によって自分たちの地域の政府と役場を失ってしまったことにある。もちろん旧小高町には支所（名称は小高区役所）があり，それなりに地域活動が行われていた。しかし，合併後の支所機能では住民を誘導するような意思決定もできず，人材や資材など救援に必要な資材や資源も残っていなかった。旧原町市にある南相馬市役所本体も，沿岸部の津波被災地の支援に追われており，合併前の旧小高町地域に目を配る余力はなかった。また南相馬市役所は合併前旧3市町のバランスを重視して，特定の地域に特定の配慮をすることを避ける傾向も見られた。

役場の避難行動

役場が避難指示区域にある場合，役場も避難する必要に迫られる。双葉郡8町村はいずれもそのような環境に置かれた（その後，飯舘村もそのようになる）。当然のことながら，役場そのものが避難することは事前に想定されていなかったので，どこに避難するのかはもちろん，どの方向に避難するかですら，皆目見当がつかなかった。極端な例になると住民や役場職員がバスに乗ってから携帯電話や衛星電話などで避難場所を探して交渉している。

県庁に避難場所の斡旋を依頼しても，県庁は国から避難指示が出ていない以上，避難せずにそのまま待避せよという立場だった。もちろん国もこの時点では何もしなかった（国は原発立地自治体に対して，国からの避難指示にあわせて避難用のバスを手配したが，そのバスが到着したときにはすでにほとんどの避難行動が終わっていた）。このようにして，役場を中心にバスや自家用車等が連なって数百人から数千人の規模で住民の避難が短時間のうちに行われた（ただし県立病院の入院患者の広域避難が遅れた。これは所管が県だったために，日常的な町村との関係が形

表 5-2　役所の避難（移転）経緯

	移 転 先
広野町役場	→3/15 小野町（体育館）→4/15 いわき市（工場社屋）→2012/3/1 帰還
楢葉町役場	→3/12 いわき市（中央台）→3/25 会津美里町（本郷庁舎）→12/20 会津美里町（会社社屋跡）→2012/1/17 いわき市（いわき明星大学）→2015/7/17 帰還
富岡町役場	→3/12 川内村→3/16 郡山市（ビッグパレット）→12/20 郡山市（大槻町）→2017/3/6 帰還
川内村役場	→3/16 郡山市（ビッグパレット）→2012/4/1 帰還
大熊町役場	→3/12 田村市（体育館）→4/3 会津若松市（第 2 庁舎）
双葉町役場	→3/12 川俣町→3/19 さいたま市（スーパーアリーナ）→3/31 加須市（旧高校）→2013/6/17 いわき市（東田町）
浪江町役場	→3/12 津島支所→3/15 二本松市（東和支所）→5/23 二本松市（共生センター）→2012/10/1 二本松市（平石高田）→2017/4/1 帰還
葛尾村役場	→3/14 福島市（あづま総合体育館）→3/15 会津坂下町（川西公民館）→4/21 会津坂下町（法務局庁舎跡）→7/1 三春町（三春の里）→2013/4/30 三春町（貝山）→2016/4/1 帰還
飯舘村役場	→6/22 福島市（飯野支所）→2016/4/1 帰還

（出所）　筆者作成。

成されておらず，避難誘導から漏れたことや，県庁そのものが避難誘導に乗り出さなかったという要因があると見られる）。事故直後から現在までの役場そのものの避難（移転）経緯は表 5-2 のとおりである。

たとえば，郡山市にあるコンベンション施設であるビッグパレットには，富岡町と川内村の住民が約 2000 人，役場機能とともに避難した。体育館のように広い展示場やホール，会議室はもちろん，廊下や階段などにも隅から隅まで住民が寝泊まりしていた。ここは県の施設だが，一部，地震で損壊した箇所があり，当初，県庁は避難者の受け入れを拒否したという。しかし，町長と村長の判断で半ば強引に避難者を乗せたバスを乗り付けて，ここに避難所を設営した。人数の多さや食料など，環境的にはもっとも劣悪な避難所であった（「ビッグパレットふくしま避難所記」刊行委員会編 2011；北村 2011）。

ただし合併した旧小高町と異なるのは，そのコアには役場があったことである。避難生活が始まってしばらくすると，ビッグパレットの敷地内にプレハブが建てられ，富岡町と川内村の役場機能が置かれた。川内村の遠藤雄幸村長は毎日 1 回ビッグパレットの中を歩き回って，村民たちに声をかけ続けたという。朝日新聞社との共同調査によればこのようなことが村民たちを励ましていた

(今井 2011a)。

2　原発災害後の自治体行政と職員

被災者との緊張関係

事故直後の緊急期はもちろん，その後の原発災害対応は自治体行政やその職員にとって経験したことのないことばかりであった。まずは避難所に押し寄せた住民たちに1日3食の食料を調達しなければならなかった。南相馬市には津波や地震による避難者を中心に多数の市民が避難所にいた。役所そのものは避難する必要のない区域にあり，電気もきていたが，原発災害によって屋内退避指示区域に指定されていたので，市外からの物流は途絶え，市内の飲食店等も閉じられていた。

そこで役所では，地下にある食堂の厨房に，職員が家から持ち込んだ炊飯器を並べ，職員自らが炊き出しを始める。だが，何台かの炊飯器を動かそうとするとブレーカーが落ちてしまったので，炊飯器を庁舎中にばらまいて炊かなくてはならなかった。当時，市内の避難所には8000人の市民がいたが，職員と炊飯器をフル回転させておにぎりをつくり続けても1食当たり3000個が精一杯のところだった。

県庁に食料配給を依頼すると，「屋内退避指示の南相馬市には入れないので，30 km先の川俣町まで取りに来てほしい」といわれる。3月19日頃から自衛隊が少しずつ運んでくれるようになったが，この間，職員も1日におにぎり1個ということがあった。震災から10日間ほどは避難所への食料調達だけで心身ともに目一杯だったという(庄子 2012)。

避難自治体（以下，本章では原発災害によって全域が避難指示区域となった町村，具体的には双葉郡8町村と飯舘村を「避難自治体」という）ではその職員もまた避難者だったが，住民との緊張関係は極限に達していた。避難先に設置された仮役場では全国に散らばった住民たちの安否確認をする一方で，一日中，住民からの問い合わせ，依頼，意見，罵声などを電話や窓口で聞くことになる。4月に入ると，2次避難所と名づけられた旅館やホテルに住民を移す作業に追われ，並行して仮設住宅建設計画が始まった。しかし，みなし仮設と呼ばれる借り上げ住宅を含め，少ないところでも葛尾村の1500人余り，多いところでは浪江町の2万人余りの避難者の避難先確保が必要だった。

そもそも自分の自治体ではない地域に仮設住宅を建設しなければならず，しかも，基本的には公有地でなければならなかった仮設住宅建設用地（後に民有地にも緩和）が数カ所から数十カ所は必要だった。たとえば浪江町では仮設住宅を30カ所に約2000戸を建設している。その範囲は，北は桑折町から南は本宮市までの約40 km，東は相馬市から西は福島市までの約45 kmとなっており，このエリアに散り散りに建設しなければ間に合わなかった。おそらく日本の災害史上，このようなことはかつてなかったと思われる。阪神・淡路大震災の経験から，旧集落単位での避難先確保が理想であることは十分に意識されていたが，そもそも仮設住宅が広範囲に拡散しているうえ，高齢者や子育て世代など優先度に応じ，仮設住宅が完成するたびに入居させていったために，事実上，そういう配慮をすることは不可能だった。

福島大学大学院地域政策科学研究科に在籍していた氏家拡譽は私たちの聞き取りに応じて，自らの住職としての経験から被災者の心情を次のように分析する。震災直後の「情報不足による不安」「食料不足による飢え」「燃料不足による寒さ」に加え，津波の被災者は行方不明者に対して「どこに行ったのか（どこか別の避難所にいるはず）」→「無事でいてほしい（どこかの病院にいるはず）」→「見つかってほしい（身体の一部だけでも）」→「生きた証がほしい（1枚の写真でもかまわない）」と，日ごとに気持ちが揺らいでいく。

逆に被災者自身については，震災から3日後までは「修羅場を経験して助かった喜び・安堵」→震災から1カ月後は「家族との別離，助かってしまった悲しみ」→震災から2カ月後は「どうして助からなければならなかったのか，生きることへの罪悪感」→震災から3カ月後は死を認める経験を経て「前向きにならなければならない，自分との葛藤」→震災から4カ月後は「将来への不安とともに何もかも投げ出したくなる喪失感・絶望感」へと移っていったという。

このような心情の変化は日々窓口や地域で市民と接触する自治体職員にも共通していた。数カ月を過ぎたところで，突然，あの混乱期の風景がフラッシュバックし，「こんなことを言っていた市民に対して何もできなった，今頃どこで何をしているだろうか」と自分を追い詰めてしまうことがあるという。

福島県内では避難自治体を除いても，郡山市役所，須賀川市役所，国見町役場，川俣町役場の庁舎が地震によって損壊し，使用が不可能となった。このうち郡山市役所は改修と耐震補強をしたうえで2013年4月に執務が再開されたが，その他の庁舎は建て直しを余儀なくされている。福島県庁の上層階も地震

図 5-2　双葉郡 8 町村の歳出決算額の推移

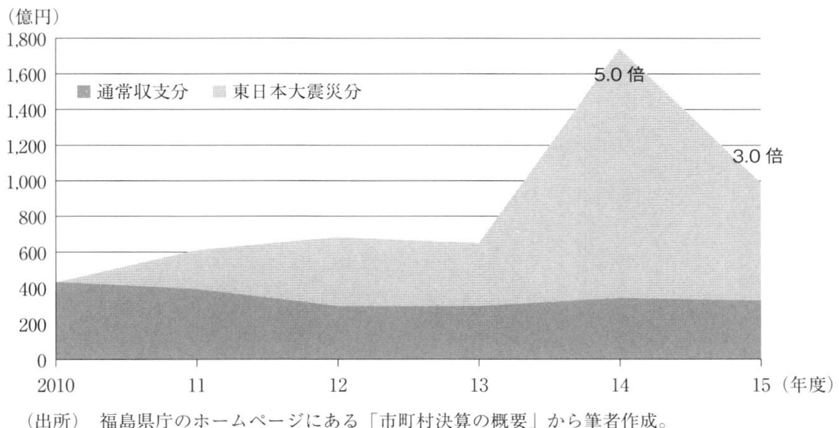

(出所)　福島県庁のホームページにある「市町村決算の概要」から筆者作成。

によって損壊し，県庁舎内に災害対策本部を設置することができなくなり，隣接する自治会館に設置せざるをえなかった。このことで，あらかじめ訓練等によって準備されていた市町村からの連絡等ができなくなったことも，初動期の混乱を招いた要因の１つである。

業務量と質の拡大

たとえ避難自治体であっても，震災対応に追われるばかりではなく，並行して通常業務が重なってくる。たとえば避難者が病院に行けば国民健康保険業務が発生し，要介護者には介護保険業務が発生する。賠償や損害保険等の請求のために住民票も大量に請求されるようになる。これらの通常業務も平時と比べれば量的，質的に増加していく。たとえば，避難行動によって介護度が高まることが多くなるので介護認定業務が増え，介護サービスを全国の地域から提供してもらうための手続きも煩雑化する。

図 5-2 は双葉郡 8 町村の歳出決算額の推移を，通常収支分と東日本大震災分に分けて見たものである。決算規模が 2 倍から 5 倍になっており，どの自治体も飛躍的に業務量が増大していると推測される。

東日本大震災の復興予算全体の策定過程を整理すると，まず 2011 年 7 月 29 日，復興庁の前身組織である東日本大震災復興対策本部の第 4 回会議において「東日本大震災からの復興の基本方針」が決定された。そこには，「平成 27 年

表 5-3　東日本大震災復興関連予算の推移

（単位：億円）

2011 年度	1 次補正	40,153
	2 次補正	19,988
	3 次補正	92,438
2012 年度	当初	37,754
	補正	13,072
2013 年度	当初	43,840
	補正	9,184
2014 年度	当初	36,464
	補正	4,736
2015 年度	当初	39,087
参　考	合　計	336,716

（注）2011 年度は一般会計で措置され，2012 年度以降は特別会計に整理された。単純合計では 34 兆円弱になるが，実際には年度間での重複等があり合計で 27.5 兆円といわれる。

（出所）参議院予算委員会調査室（2015: 21）から筆者作成。

度末までの 5 年間の『集中復興期間』に実施すると見込まれる施策・事業（平成 23 年度第 1 次補正予算等及び第 2 次補正予算を含む）の事業規模については，国・地方（公費分）合わせて，少なくとも 19 兆円程度と見込まれていた。また，10 年間の復旧・復興対策の規模（国・地方の公費分）については，少なくとも 23 兆円程度と見込まれる」と書かれている。見積もりの精度や金額の多寡を棚に上げれば，復興に向けた財政規模を示すこと自体は大切で重要なことである。だが，5 年間で 19 兆円という見積もりに対して，実際に措置された予算は表 5-3 のようになっている。

ここで重要なのは，2012 年度当初予算の段階で，すでに 19 兆円が計上され，災害対策本部が当初 5 年間に想定していた 19 兆円をわずか 1 年余りで超えていることである（この後，除染土などを一時的に貯めおく中間貯蔵施設など一部の原発災害対応が東電ではなく国の事業に振り替えられ，さらに全般的に「予算が足りない」という「声」に応えて，2015 年度当初予算段階では重複分を除いて 27.5 兆円に膨らんでいる）。被災地自治体は当初想定の復興予算枠を超えてしまった 2012 年度当初までに予算を獲得できない事業は将来的にも予算がつかないという認識に傾く。そこで，住民合意もそこそこにハード中心の復興事業に参入しなければならなくなった。むしろ国土交通省や経済産業省などが，被災地自治体をこのような過剰な公共事業に誘導したといっていいかもしれない。

これらの集中復興期間における事業規模の見積もりには，原発災害からの復興に必要な経費は含まれていない。それらの費用は基本的には「原子力損害の賠償に関する法律」（原賠法）などに基づき，東京電力などの電力事業者が負担するという枠組みにしたからである（齊藤 2015: 15）。

しかし避難自治体にも地震や津波の災害があり，先の見通しがない中で，被

表 5-4　復興関係経費に占める原発被災者生活再建経費

（単位：億円）

	2011 年度	2012 年度	2013 年度	2014 年度	2015 年度	計
復興関係経費支出額	89,513	63,131	48,566	37,921	37,098	276,669
内，原子力災害復興関係	7,371	2,519	5,531	8,045	7,867	31,333
内，災害救助費（福島関連推計）	2,110	541	220	176	128	3,284
復興関係経費に占める福島関連災害救助費の割合	2.4%	0.9%	0.5%	0.5%	0.3%	1.2%

（注）福島関連の災害救助費は，避難所設置，仮設住宅（みなし仮設を含む）設置等経費のうち，福島県分を県別仮設住宅戸数割合から推計した。
（出所）財務省「決算の説明」（各年度）に基づき筆者作成。

災地自治体間での予算獲得競争に加わらなければならなかった。本来，時間をかけて超長期的に原発災害からの生活再建と地域復興に取り組まなければならないはずなのに，津波被災地と同じように（負けないように）「復興」の「絵」を描いて予算獲得競争に参入していった。原発災害後，ほぼ1年以内に作成された各地の最初の復興ビジョンは，野菜工場など，どの自治体にも国（とくに経済産業省）が用意したメニューが並ぶという結果になり，日々の避難生活支援と生活再建を求める住民の実感とはかけ離れたものになった。

その後 2012 年 3 月に福島復興再生特別措置法が施行され，しだいに原発被災地にも「復興の加速化」の名のもとに，急ぎすぎかつ過大なインフラ投資がもたらされることになる。その象徴が 2014 年 6 月，経済財政諮問会議のいわゆる「骨太の方針 2014」に盛り込まれた「イノベーション・コースト構想」である。これは経済産業省に置かれた福島・国際産業都市構想研究会がまとめたものであり，災害復興を名目とした経済対策に他ならない。原発誘致と同じ外部注入による依存体質構造が再現されているのである。

この構想に時期を合わせるように，各町村に大規模な施設建設が割り振られ，また復興拠点づくりの名のもとに各地でこれまでその地では目にしたことがないような都市整備が進められることになった。その結果，避難自治体ではインフラ整備の予算消化に汲々とする一方，被災者の生活再建には微々たる割合の歳出しか割り当てられていない（表 5-4）。こうして仮にインフラが再建されても，ほとんどの避難者が元の地域に戻らないという「復興」が進行している。

増大する業務量に対して，被災地自治体の職員数が増えるわけではない。む

図 5-3　震災前を基準とした退職者の割合（2015 年度末時点）

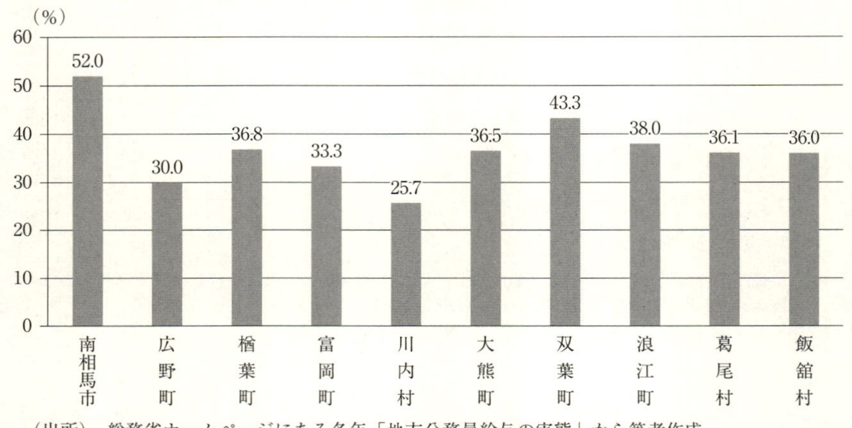

（出所）　総務省ホームページにある各年「地方公務員給与の実態」から筆者作成。

しろ職員自身も被災者であることや，過酷な業務の積み重ねによって，退職者数が平時と比較すると格段に増加している。図 5-3 は避難自治体と一部に避難指示区域を含んでいた南相馬市において，震災前の職員数を基準とした退職者の割合を見たものである（2015 年度末時点）。ほとんどの自治体ですでに 3 割から 4 割の職員が退職していることになる。言い換えれば，現在の職員のうち 3 割から 4 割は震災後に採用された職員で，たとえば，現在でも全域避難が続く大熊町や双葉町では，職員のうち 4 割前後が元の地域での勤務経験がないことを示している。

退職する職員の多くは一般に経験年数の長い職務に精通した職員であることを考えると，通常より速いスピードで職員の新陳代謝が起こり，職務の継承という側面から行政能力が低下するということが危惧される。しかも，震災対応によって量質ともに長期間の繁忙を抱えている状態では，職場での新人教育に割く時間も失われている。「以前の職場を知らない上に，仕事の中身も見えない。職場内でのコミュニケーションも取りにくいとなると，組織として成り立つのかどうか」という危惧も訴えられている（高橋ほか 2014: 58)。

自治体職員の真情

自治体職員の労働組合である自治労福島県本部が 2016 年 3 月から 5 月にか

図 5-4　受診している職員の病気別割合（重複回答あり）

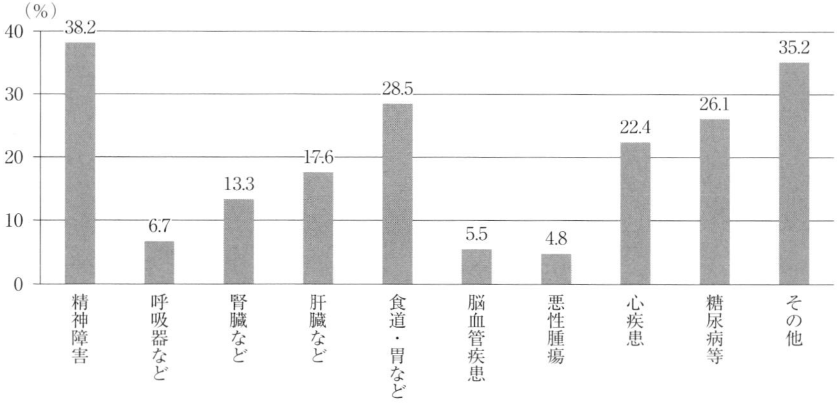

（出所）　自治労福島県本部調査から筆者作成。

けて避難自治体と一部に避難指示区域を含んでいた南相馬市の職員を対象に行った調査に基づき，自治体職員がどのような状態に置かれているのかを見ておく。調査対象は，南相馬市，飯舘村，富岡町，楢葉町，広野町，浪江町，大熊町，双葉町，葛尾村，川内村の組合員 1461 人で，回答数は 752 人（回答率 51.5 %）であり，調査方法は組織を通じて調査票を配布し，厳封された個票を各市町村の組合が取りまとめ，県本部に返送したものである。

勤務時間外労働の増加や年次休暇の消化率の低下は容易に予想されるところだが，調査結果においてもそのことが明らかになっている（今井・自治体政策研究会 2016）。また原発事故以降，健康診断等で新たに要注意・要精検と指摘された職員は全体の 47% を占め，とくに避難自治体では 61% を示しているところもある。受診している職員の割合を病気別に見ると図 5-4 のとおりになる。メンタルや生活習慣病が多い。

この調査は 2017 年 3 月から 4 月にかけて実施された帰還困難区域を除く避難指示解除前に行われたものだが，今後の避難指示解除に向けて職員やその家族がどのような真情にあるかも示している。「今後の居住意向」を聞いた結果が図 5-5 のとおりである。最後まで避難指示が続いている原発立地 4 町と飯舘村に限ると，家族まとまって避難前の自治体に戻るという職員は 11.3% であり，これに家族は避難先において自分のみ戻る（単身赴任）の 11.3% を加えても，2

図 5-5　これからの居住意向

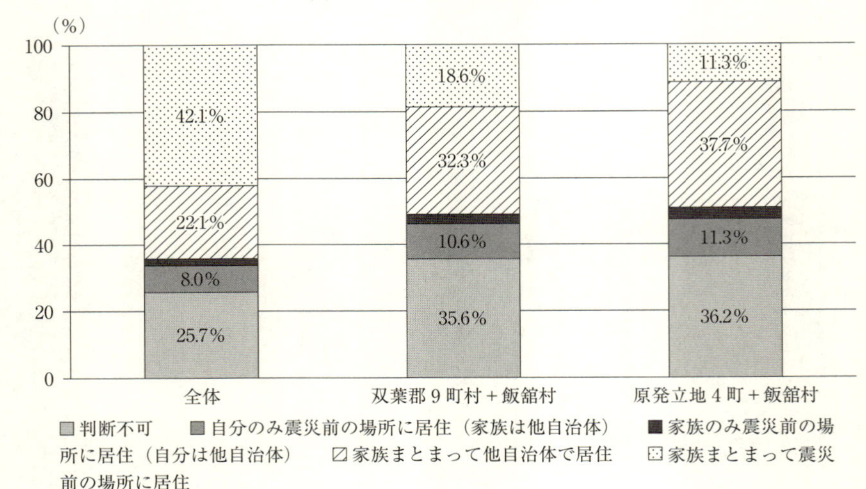

（出所）　図 5-4 と同じ。

割程度の職員しか戻ると考えていない。被災地の自治体職員は原発被災地で暮らすリスクをこのように判断しているのだが，現実には避難指示解除が進行している。どんなに戻る住民が少なくても，避難指示を解除した以上，役場は戻らなければならない。本心は戻りたくないと考えていても，自治体職員は戻らざるをえず，新たなストレスを抱えることになる。

応援職員体制の構築と課題

震災業務が肥大化した市町村行政組織にはさまざまな形で職員の増員策がとられている。その手法は，宮城県庁の伊藤哲也によれば表 5-5 のように，まず派遣と採用に分かれ，さらに 11 通りに分類できる（伊藤 2015）。ただし，このほかに実態としては多数の臨時職員（アルバイト）が雇用されている。これを含めると 12 通りとなる。

このうち，もっとも早く，かつ有効に機能したのは派遣のうちの「独自調整」と分類されているもので，これは震災時までに重ねてきた交流実績を前提に，市町村間で応援職員を派遣するやり方である。たとえば友好都市や災害協定締結自治体との間では，即座に応援職員が派遣されている事例が目立つ。この場合のメリットは，それまでの実績によって，職員間の人的交流が進み，信

表 5-5　宮城県における震災対応職員充足状況

大分類	小分類	充足人数	概　要
派　遣	総務省	315	全国自治体の現職派遣。全国市長会・町村会を通じ被災自治体が要望を提示
	復興庁	72	民間経験者等を復興庁が採用（非常勤職員）して市町村に常駐
	独自調整	349	全国自治体との独自調整。友好都市関係，個別依頼など。任期付職員 104 人を含む
	県　庁	51	県庁の現職職員を派遣
	県庁任期付職員	169	県庁が任期付職員を採用（代行採用）して派遣。別に県配属 211 人を採用
	県内市町村職員	30	県内市町村が職員を派遣
採　用	正規職員	(22)	市町村による正規職員の採用
	任期付職員	258	市町村による任期付職員の採用
	再任用職員	(12)	市町村による職員の再任用
	市町村 OB	38	全国市町村等職員 OB と被災地市町村のマッチングを行うスキーム（市町村の採用形式は任期付職員）。2013 年 5 月採用から総務省で制度化
	民　間	27	民間企業等職員の身分を保有して採用（在籍出向）。2013 年 3 月，総務省から技術的助言通知

（注）　充足人数は 2015 年 1 月現在の数字で，（　）内の数字は 2014 年 3 月までの実績。
（出所）　伊藤（2015: 26）を一部改変。

頼関係が醸成されていることや，相互にある程度の土地勘があって災害支援の行動がしやすいことなどがあげられる。派遣職員のモチベーションもきわめて高い。また市民間の交流が盛んなところでは，ボランティアの派遣や支援物資の拠出，避難者の受け入れなどにもつながっている。デメリットとしては，それまで有効な交流実績のない市町村にはこの種の支援が来ない場合があり，被災地に対する網羅的な支援にはなりにくいことである。つまり平時の自治体の政治・行政の質が問われるということになる。

これに対して派遣のもう 1 つの柱は小分類に「総務省」と名づけられているもので，全国市長会や全国町村会を通じて，被災地自治体が必要な職員とその数を要望し，総務省や都道府県庁を通じて，全国の市町村から派遣職員を募るものである。この特徴としては被災自治体から満遍なく需要数が出されることで，網羅的な支援が可能になる。その一方で，職員を派遣する側の自治体にと

表 5-6　応援職員の状況（南相馬市・2011 年 10 月 3 日時点）

（人）

	1 週間	2 週間	3 週間	1 カ月	6 カ月以下	1 年以下	無期限	不　明	合　計
経済産業省							2	1	3
農林水産省				2					2
青森県庁		1							1
福島県庁	4						4		8
岡山県庁		2							2
名寄市		2							2
杉並区		3	1	2		1			7
所沢市			1						1
糸魚川市		2							2
小千谷市					1	1			2
南砺市					1				1
知多市					2				2
東京電力							7		7
合　計	4	10	2	4	4	2	13	1	40

（出所）　南相馬市資料より筆者作成。

ってみれば，総務省や県庁から要請されて派遣するということになり，必ずしも自発的に職員を派遣するわけではないという側面がある。

そもそもこのような災害関連の職務やそのための派遣は個々の職員の了解なしには成り立たず，無理強いはできないが，一方では組織として一定数の職員を派遣しなければならないので，役所内の調整が難しくなる。結果的に需要数を満たす職員が供給できなかったり，派遣期間を細切れにして対応するなどの方策がとられたりすることになる。初動対応時には，数日間や 1 週間ごとの交替ということも少なくなかった。

表 5-6 は 2011 年 10 月 3 日時点の南相馬市における応援職員派遣受け入れ状況である。杉並区などの友好都市をはじめ，全国から応援が来ていることがわかる。派遣元と派遣期間別の集計結果を見ると，40 人のうち，長期間の派遣は 13 人であるが，そのうち東京電力が約半数を占めている。多くは 2 週間前後となっていて，とくに地元の福島県庁の半数が 1 週間交代であることがわかる。

1 人の職員の派遣期間を短くして，次々に職員が入れ替わるということは，派遣元の組織にとっては職員の負担感を低減させるものの，派遣先の組織にとっては業務スキルの蓄積がないので必ずしも歓迎されることではない。この場合に依頼できることはどうしても単純作業が中心になってしまい，派遣職員のモチベーションも高まらないという悪循環に陥る。

今回の震災対応ではじめて多用されたのは「任期付職員制度」であり，これを利用した「代行採用」という手法である。自治体における任期付職員制度は2002年に創設された。その後の改正を経て，現在は3種類の制度がある。第1は専門的知識や経験を有する人を一時的に採用する場合，第2は一時的な業務について採用する場合，第3は一時的な業務について1日あたりの勤務時間を短くして採用する場合である。いずれも正規職員の任用や処遇を基本としている。

ただし，雇用側にとってはアルバイトのほうが使い勝手がよかったので，現実にはこの制度はこれまでほとんど活用されてこなかった。市町村によっては，任期付職員制度の条例化さえしてこなかったところもあった。それが震災時の職員確保で一気に広がった。

さらに今回の震災ではじめて登場したのが，この任期付職員制度を活用した代行採用という手法である。これは自治体間の全国的な連携を表すものとして高く評価されてよい。代行採用とは被災地と離れた地域の自治体などが，震災対応のために任期付職員を採用し，その職員を被災地自治体に派遣するというものである。最初に行ったのは東京都庁で，2012年9月から1年間，土木職と建築職を被災地自治体に派遣している。同じような取組みは，千葉県庁，兵庫県庁，岡山市役所などで行われている。メリットとしては全国広域で人材発掘が行われることや被災地自治体の職員採用や人事管理などの業務の負担軽減などがあげられる。デメリットとしては，基本的には採用元自治体の処遇が基準となるため，被災地で同じ仕事をしていても給料や手当が異なる場合もあることである。ただし，これらの任期付職員制度や代行採用も，震災から時間を置くにつれて，一種の熱気が冷め，募集定員が集まりにくくなった。

原発事故にともなう災害のように，7年を経過してもなお自治体の政治・行政に課題が山積している場合には，応援職員だけで肥大化する役所の業務を今後も維持することは不可能に近い。住民との信頼関係や世紀を超えるような長期的対応のことを考えれば，正規職員を増員して対応するべきである。国は被災地自治体の現況と将来を見据えて，地方交付税算定基準などを見直し，今後，20年から30年のスパンで被災地自治体職員の人件費加算をしていくべきではないか。

3 「関係の自治体」再建へ

避難自治体の3つの使命

原発災害にとって最大の課題は避難者の生活再建である。しかし超長期・広域・大量の原発避難の特質に対して，これまでの災害救助法制では対応できていない。危惧されてきたように，順次避難指示が解除されるにつれて，超長期避難者から支援や賠償がはぎとられていくという政策的災害が発生している。

そのうえで，生活再建や今後の地域再建にとって重要なアクターとなりうるのが市町村という政治・行政的共同体である。広域避難者を含めた住民の生活再建をリードし，かつての地域を再建していくことは，基礎的自治体に課せられた使命といっても過言ではない。もちろん，単独でできることは限られているが，県や国，あるいは東京電力等の関係者に対し，住民の意思を代表して取り組めるのは，政治・行政的共同体としての基礎的自治体以外にはない。

現在，これまで避難自治体は域外に仮設の役場を設置し，そこで全国に避難している住民とのネットワークを組んできた。また全域避難とはなっていない市町村でも，自主避難者を含め全国に避難している人たちを結ぶ使命をもっている。このような自治体のあり方は，内山節によって「バーチャルな町」と名づけられている。

> 「こうして，日本史上はじめてバーチャルな町が発生したのである。居住地からの避難を強いられた人たちがいる，という点では実態のある『町』である。だが，保育園も小学校も中学校もない。病院もなければ商店もない。つまり生活する空間のない，その意味でバーチャルな町。避難場所や仮設住宅をつくっても，その土地は別の市町村にある」
>
> 「インターネット上に成立するバーチャルなコミュニティと同じようなものが，現実の行政的世界に発生してしまったのである。だが，もしかすると，私たちの世界には似たようなものが数多く存在するのかもしれない」（内山 2011）。

しかし，原発災害によって出現した「バーチャルな町」が土地という領域をもっていないというわけではない。住民の生活再建とともに，この領域を今後どのように管理していくのか，そのためにどのようなビジョンをもつべきかについても，避難自治体の大きな課題となってきた。整理すれば，避難自治体のこれからには3つの使命がある。第1は避難者や被災者の生活再建，第2に地域社会の再建，第3に避難指示区域の地域管理とインフラの再建である。

ただし，避難自治体が置かれている環境はあまりに多様で，これを一律に考えることはできない。しばしば避難自治体をひとまとめにして合併や広域連携を求める声があるが，まったく現実的ではないし，そうすることによって，福島県沿岸部全体の土地利用を国や東京電力などに委ね，「原子力村」を文字どおり再建させ，結果的に国土の一部を遺棄することにつながる。むしろ，1つの自治体の中でも多様な環境があることを考えれば，自治体内を分割してでもていねいに対応する必要性すらある。地域環境の多様性を担保するために，これらの3つの使命でいちばん肝要なことは時間軸の設定である。この1カ月，この半年，といった単位から，この50年，この100年といったスケールが必要になる。

しかし実際に起きていることはそのようになっていない。「帰還のためには雇用が必要」→「雇用のためには産業が必要」という発想から，無為な誘致合戦が繰り広げられ，前述のように町村ごとに大規模施設の建設計画が割りふられている。「帰還のためには除染が必要」→「除染のためには放射性廃棄物の貯蔵が必要」という論理から，管理型最終処分場や中間貯蔵施設がその後の見通しもないまま大規模に建設されつつある。こうして津波被災地と同じように，「町」は再建されても「人」は住まないという地域が福島県沿岸部にも生み出されようとしている。こうした国や東京電力の設計図のもとに，それをビジネスとする人たちが，地域を草刈り場のようにして参入している。これは原発災害特有の超長期避難をフォローする政策・制度が用意されていないのに加えて，超長期での自治体再建を担保する政策・制度がないためでもある。

空間管理型復興の提案

避難自治体の機能を十分に回復し，3つの使命を果たすことができるようにするにはどのようにしたらよいか。これまで述べてきたように，事業規模の飛躍的拡大とそれに見合わない行政体制，さらに長期的な見通しに欠けた予算措置がもたらす空間中心の復興対応などについて，現実的かつ具体的な改善策が緊急に求められている。これらのことは政策ベースで次々と解決していかなくてはならない。

こうした現状をふまえたうえで，複数の長期シナリオを前提としつつ，空間管理型復興（通い復興）が提案されている（金井・今井 2016)。この提案は，富岡町の第2次復興計画策定を目的に，2014年8月9日から10日にかけて実施された町民によるワークショップで出された意見が基になっている。このワークショップのまとめが「意見集」として整理され，この「意見集」からさらに町民の意見や考え方を類型化する作業を通じて，5つの異なる長期シナリオが導き出されている。

第1は現状のまま推移するとして生じる結果である①没入シナリオ（焦燥の物語）である。つまり，国・県・事業者などの外界から与えられた状況に没入し，主体的な長期計画の構築を思考停止して，ただ外界から与えられた状況にせかされて焦燥するというストーリーとなる。このシナリオは既成事実を追認することと同じだが，あたかも長期計画であるように仮構することもできないわけではない。現に各地の被災地自治体で策定されているのが①かもしれない。

これに対して町民や自治体が主体的に取り組む場合，町民の「意見集」からは，②被害者シナリオ（追及の物語)，③反省シナリオ（悔恨の物語)，④凍結シナリオ（待機の物語)，⑤再建シナリオ（もう一つの物語)，の4つの長期シナリオが紡ぎだされる。1つひとつを詳述することは割愛するが，②から④の長期シナリオは相互に矛盾対立するものではなく，重点の置き方による相違と考えられ，そのバランスを含めて町民たちがまとめあげたものが⑤になる。⑤はシャドープランとも呼ばれる。「意見集」としてまとめられた当初の会合以降，翌年3月まで町民参加の検討委員会が続けられ，その結果として出来上がったのが⑤である。ただし，⑤はそのまま町の復興計画とはならず，復興計画の資料として添付されるにとどまった。そのためにシャドープランと呼ばれている。

②から④の長期シナリオの中で特徴的なのは④凍結シナリオである。外界からの圧力に翻弄されるのを避けるために，一定の凍結期間をおいて事態の鎮静化を図り，将来に向けての構想を構築するということになる。これは何もしないということではない。むしろ現状のまま進行する①没入シナリオで無計画・無節操・無配慮に進められる「復興」によって帰るべき地域が帰れなくなる事態を防ぐために，何もさせないという作為によって「権力」との衝突が予測される。すなわち膨大なエネルギーを必要とするかもしれないのである。

以上のような分析から提起されているのが空間管理型復興（通い復興）であ

り，実は現実にも適合している。なぜなら避難指示が解除された地域における住民の帰還率はいずこも低水準であり，実際に多くの住民が選択している行動が「通い復興」だからである。ところが政治・行政によって選択されているのは①没入シナリオであり，このことで被災者や避難者と政治・行政との間に摩擦と亀裂が生じている。

現代に出現した「移動する村」

以上のような当面の政策的対応に加え，住民の要件など，自治体としてのあり方が，既存の制度を超えた新しい価値観を必要としている。

旧来の通説では，自治体の３要素として，領域，住民，自治権（法人格）があげられてきた。これは国家の３要素，すなわち国土，国民，主権をそのまま流用したものにすぎない。しかし，自治体の３要素として国家の３要素を横滑りさせる論理には，国と自治体という２種類の政治・行政的共同体を同心円状の世界に閉じ込め，これらをあわせて「国家」とする価値観が機能しているのではないか（松沢 2013）。こういう価値観こそ，明治維新政府が自治体を国の行政機構の一部に繰り込むために編み出したものである。避難自治体の３つの使命に対して，このような明治以降の集権的自治体観がゆくえを阻んでいる。超長期にわたる自治体再建を推進するためには，このような自治体観を乗り越えた新しい価値観が必要になる。それを「関係の自治体」と名づけておきたい。

自治体の出発点が「村」と「町」にあることは論を待たない。日本の近世において村は区画の概念ではなく，人間の集合体の概念だった。分割された国土の特定部分を村と呼んだのではなく，村という人間の集合体が生活を営んでいた土地を村の区画とした。だから，どの村にも属さない国土は無数にあった。これに対して土地の区画という地理的概念は「国」や「郡」と呼ばれている。これらのことは江戸時代の古地図を見れば明らかである。

村は藩に納める年貢の単位であるから，村民にとって村とは自分たちを規制する存在でもあり，同時に自分たちを守る存在でもあった（村請制）。たとえば，何らかの事情で年貢を調達できない村民がいれば，村は融資や免除をして村全体の年貢を確保した。そこに自治も生まれる。水害や干ばつがあって同じ場所で耕作ができなくなれば，村は村民ごと移動した。しかし移動前の村と移動後の村は同じ村であり，年貢を納める藩も変わらなかった。だから遠隔地に移動した村は藩の飛び地を形成した。江戸時代末期には藩の飛び地が一般化している（荒木田 2007）。

だが明治維新による近代化は自治体の姿を大きく変えた。明治期における地方制度の確立には紆余曲折があったが，最終的には国土を分割した国の行政機関という性格を付与した。帝国議会における市制町村制の提案理由文書である「市制町村制理由」の冒頭には，現在の法制用語では使われなくなった「自治体」という言葉を用いて，「その区域内は自ら独立してこれを統治するもの」であるとしつつ，しかし「国の一部分にして国の統括の下においてその義務を尽くす」ものだと書かれている（原文は旧字旧カナ）。これこそが明治維新政府によって新たに付与された市町村の性格にほかならない。

つまり国と自治体とがリンクするようになり，制度上や意識上の同心円状化を意図したのである（その下には「家族」があり，その上には「天皇」を置き，総体として「国家」を形成する）。結果的に，国土は漏れなくいずれか１つの自治体に帰属することになり，国家統治の装置として自治体が繰り込まれた。また課税や納税は個人が単位となった。そこで国家が個人を把握するために，戸籍が必要になる。戸籍管理を自治体に担わせ，個人に戸籍を登録させることによって，その出身地と身分を家単位で管理しようとしたのである。もちろん近代化は一方的に進行したわけではない。もともとの「村」や「町」はもとより，都市化された地域社会においても人間が集合的に生活する以上，新しい共同性が生まれる。近代化はこうした軋轢を含みながらも進展していったのである。

原発災害を受けて，多くの住民を引き連れながら避難行動をとった避難自治体の姿に，私は近世の移動する村を感じた。最大で２万人規模の移動する村が現代に出現したのである。自治体の原像が現代においても生き残り，自治体が人間の集合体であることを再認識させる出来事だった。一時的とはいえ，近代の自治体観念の基本をなす「区域」に立地しない自治体が存立し，全国に広域避難している「住民」とつながりながら，警戒区域の地域管理と「住民」の避難生活支援に取り組んできた。ここに「関係の自治体」ともいうべき自治体の原像が垣間見られ，近代社会においても自治体の本義の可能性がありうることを示しているのではないか。

ただし，現代における移動する村は生産共同体ではないし，ごく一部の例外を除いて，現在ではいずれの自治体にも属していない空白の土地も存在しない。したがって，特定の土地に集団として移動することは不可能だった。これが近世の移動する村との大きな違いである。むしろ現代の移動する村には純化した

表 5-7　双葉郡沿岸部町村の就業者数（2010 年 10 月 1 日現在）

（単位：%）

	第 1 次産業	第 2 次産業	第 3 次産業
広野町	4.4	33.8	61.8
楢葉町	6.8	33.7	59.2
富岡町	5.3	29.9	64.5
大熊町	6.9	30.6	62.4
双葉町	7.9	27.3	64.9
浪江町	8.9	32.2	56.7
福島県	7.6	29.2	60.0
福島県町村	13.1	33.1	52.2

（出所）　福島県『平成 25 年版福島県勢要覧』をもとに，筆者作成。

「関係の自治体」という可能性さえ感じさせることになった。

ただし，しばしば誤解を招いているのは，「ふるさとの喪失」「コミュニティの崩壊」という言説であり，これが農業や林業など，大地と直接的に交流する生業と結びついて，あたかも前近代的な「感情」の問題に還元されるところにある。逆に「自分は転勤族なので地域へのこのような帰属意識とは無縁」という人たちも少なくない。

確かに原発災害避難自治体においても，部分的にはそういう要素がないわけではないし，とくに農林業の場合には報道に取り上げられやすいということもあるが，人口的に積み上げれば双葉郡沿岸部は第 3 次産業就業者比率が福島県内でも高く，サービス業などの自営や給与生活者のほうが多くて，人口流動性も比較的高い。これはまさに原発立地による地域の経済構造であって，むしろれっきとした都市型社会の特徴を備えた地域がほとんどなのである（表 5-7）。このような環境にあっても，避難指示区域からの避難世帯のうち，全員の住民票を避難先に移した世帯は 6.2% にすぎない（福島県庁による「平成 27 年度福島県避難者意向調査」2016 年 3 月）。つまり，帰還を断念し移住を選択した人たちを含めて，今は帰れないけれどいつかは帰りたいとほとんどの人たちが考えているのである。これは農本主義的な「土地へのこだわり」だけでは説明がつかない。

私たちは「ふるさと」とか「コミュニティ」という言葉しかもたないのでこのような使い方をしてしまうが，原発災害避難においては，一般に受容される言葉の概念とはずれていることに気づかされる。都市型社会では，私たちは無数のネットワークの中で生活している。このことは多くの人たちが了解しうる事実だろう。それらが寸断されたのが今回の原発災害による広域・長期避難だった。

無数のネットワークが交錯しているのは，たまたま「私が住んでいた」地域であって，だからこそ「帰れないけれどいつかは帰りたい」という意識につながる。たとえばサービス業として自営業を営んでいたとすれば，地域を離れ，しかもそこに住んでいた人たちが全国に散らばれば，顧客や仕入れのネットワークは崩壊し，生業が成り立たなくなる。単に，別の場所で再開すればいいだろう，ということにはならない。これらのネットワークはまさにその人がそれまでの生涯をかけて形成してきたものだからである。

現実に「関係の自治体」が前近代的な村だから成立するというわけではないことを原発災害避難という事実が証明している。ただし，それが単に遺制として存在しているのか，あるいは現代の自治体制度において今後も可能なのかは，こうした事実だけではわからない。実際のところ，その後の避難自治体は相当な苦労を重ねている。現時点で少なくともいえることは，原発立地地域のように都市的な自治体でも，ほとんどの住民が住民票を移さないで，避難元の地域に残したまま避難生活を続けているということである。

二重の住民登録

避難自治体が置かれている環境は，明治期以降，自治体を国家と同心円状に押し込めてきた現行法制度とは合致しないところに追い込まれている。依って立つべき領域と住民について齟齬が生じているのである。一方で，現在は居住できる環境にないと思われる領域をもちながら，現実に大多数の住民が領域外で活動せざるをえない。

齟齬が生じている要因を突き詰めていくと，結局自治体にとって住民とは何かというところにいきつく。なぜなら住民のいないところに自治体は存立しないからである。近世の村が人間の集合体を指していたように，現代の自治体も住民という人間がすべての出発点になる。ところが，現行法制度が予定している住民と避難自治体が擁する住民との間には現実に齟齬が生じている。新しい自治体観をもってこの溝を埋めないと，避難自治体の３つの使命が果たせなくなる。避難自治体の再建には住民概念の転換が必要になるのである。

現行法制度で住民は「市町村の区域内に住所を有する者は，当該市町村及びこれを包括する都道府県の住民とする」と定義される（地方自治法 10 条 1 項)。

住所を有する者であるか否かという住民の居住関係の公証（住民票の発行）は市町村長が整備する住民基本台帳によって行われる（住民基本台帳法1条）。そのために「住民は，常に，住民としての地位の変更に関する届出を正確に行なうように努めなければならず」と定められており（同法3条3項），そこで「正当な理由がなく」，転入，転出等の届出をしないと，5万円以下の過料という罰則まである（同法52条2項）。一方，市町村長は届出によらずに職権で住民基本台帳の記載や消除もできる（同法8条）。つまり仮に届出が出ていなくても，ここに住所はないと市町村長が判断すれば住民基本台帳から消除され，あるいは逆にここに住所があると市町村長が判断すれば基本台帳に登載される。

ところがこれらの一連の法令には住民概念の基盤となっている住所の定義が見当たらない。住所の定義は民法にある。民法22条には「各人の生活の本拠をその者の住所とする」とあり，23条には「住所が知れない場合には，居所を住所とみなす」とある。また24条には「ある行為について仮住所を選定したときは，その行為に関しては，その仮住所を住所とみなす」ともある。「生活の本拠」「居所」「選定する仮住所」が住所の定義になっている。このように民法上の住所はかなり流動的であることがわかる。人間が動く存在である以上，現実の社会ではある程度流動的に捉えないと法が適用できないということは十分に想像される。

そこで住民基本台帳法4条には，あえて「住民の住所に関する法令の規定は，地方自治法（昭和22年法律第67号）第10条第1項に規定する住民の住所と異なる意義の住所を定めるものと解釈してはならない」と注記がされている。すなわち市町村長が公証する住民基本台帳上の住所は地方自治法の住所に限るとして，民法などの住所の定義を排除しているのである。すると疑問は最初に戻って，地方自治法上の住所とは何かということになる。住民基本台帳法が参照する地方自治法には住所の定義がないのである。

結局のところ，定義はループをして，住民基本台帳に登載されている住所がその人の住所であり，その結果としてその人は住民として定義されるということになる。途中経過を省略すれば，住民基本台帳に記録されている人が住民であるということである。ほとんどの場合，市民としての権利や義務は住民基本台帳に登載されることとリンクしている。子どもが小学校に通う，選挙で投票する，税金を払うなどの権利や義務は，正確にいうとそれぞれに別の台帳に基づくが，その台帳の元データは住民基本台帳にある。

前述のように，避難指示区域から避難している住民の約9割は住民基本台帳を元の自治体に残したままになっている。実際に住んでいるところに住民基本台帳はない。住民基本台帳を移していなくても，避難先での生活はすでに長期間，続けられている。毎日の生活ごみは避難先自治体に出すし，子どもの学校や仕事などを通しても避難先地域との関係が深くなる。このまま避難という運用だけでは，避難先での市民としての権利や義務の制度的保障がつくりだせない。

それでは住民基本台帳を避難先に移せばよいのか。しかしそうすると，避難元の自治体が存在しなくなる。住民のいない自治体は想定できないからである。もし自治体が存在しなければ，現在は居住できないが，いずれ帰還しようと考えている避難指示区域の地域管理主体がなくなってしまう。どのような地域であれば帰れるのかといったことを検討する主体としての住民と，それに基づく政治・行政的共同体としての自治体が存在しなくなる。結果としてその地域の住民という存在は遺棄され，国土の一部としての地域も遺棄される。

こうした事態を回避するためには，避難元でも避難先でも住民であることが保証される制度が求められる。これを「二重の住民登録」と呼んでいる。このことによって，はじめて避難自治体は再建可能になる。二重の住民登録については，2014年9月に公表された日本学術会議の2つの提言においても取り上げられ，国に対して制度の提言が行われている（日本学術会議社会学委員会　東日本大震災の被害構造と日本社会の再建の道を探る分科会「東日本大震災からの復興政策の改善についての提言」，日本学術会議東日本大震災復興支援委員会 福島復興支援分科会「東京電力福島第一原子力発電所事故による長期避難者の暮らしと住まいの再建に関する提言」）。

二重の住民登録の内容についてはすでに各所で多く語られているところであり（今井 2014b；佐藤 2014；山下 2014など），ここでは繰り返しを避けるが，理念的には都市型社会における多重市民権（シティズンシップの多重性）に通底している。都市型社会における私たちの生活が無数のネットワークの交錯のうえに成り立っているとすれば，個々の市民の権利と義務を担保するのも国民国家に一元化されるのではなく，垂直的，水平的に補完されなければならないという考え方である（ヒーター 2012）。

二重の住民登録については，避難元と避難先の双方の自治体が国に対して実現を要望し，平野達男復興相（当時）は「帰還までどのような環境で暮らしていただくかが大きな課題。受け入れ先の考え方をふまえ，対策を練る必要がある」と検討を約束している（『朝日新聞』2012年9月23日）。しかしその後，「東京電力福島第一原発事故で避難中の住民が元の自治体と避難先の自治体の双方に住民登録する『二重の住民票』について，総務省は23日，『憲法上難しい』とする見解を福島県に伝えた。住民の転出を避けたい元の自治体と，行政サービスなどを提供する側の受け入れ自治体の両方から要望が出ていた」（『朝日新聞』2012年10月24日）と報道されている。総務省は憲法まで持ち出して拒否する姿勢を見せたのである。一方，福島県出身の吉野正芳衆議院議員は「いわき市民と避難中の双葉郡の住民の間に，心のぎすぎすした状態が生じている。避難者がいわきで二重の住民票を持ち，選挙も含めた市民権が得られる制度を党内に働きかけたい」（『朝日新聞』2012年12月20日）と意欲を見せていた。

その後，総務省もさすがに憲法違反という主張は引っ込めたが，「今のところそのような声は地元の自治体からは聞いておりません」（「第30次地方制度調査会第32回専門小委員会議事録」2013年4月30日）とか，「二重の住民票の仕組みがなくても，行政サービスについては，原発避難者特例法，こういったものによって，避難先において行政サービスは事務処理の特例が作られております」（参議院総務委員会2013年3月25日。衆議院総務委員会2014年4月22日にも同主旨の発言があった）という理由で拒否している。福島からそのような意見が出ていないとか，別の対応で十分というものである。しかし震災時の総務相であった片山善博慶應大学教授（当時）や，元の自治省事務次官であり地方自治法解釈の第一人者である松本英昭はその可能性を認めている（2013年3月7日付の『読売新聞』と2014年11月15日の第14回日本自治学会における報告）。

2015年に入ってからも地方創生政策とも絡みながら自民党の国会議員から二重の住民登録に対する要求が出ている（2015年3月2日の第31次地方制度調査会第2回総会における土屋正忠議員の発言など）。また憲法や行政法の研究者からも「住所を2カ所認定することも，選挙権の問題を除けば実務的にも考えられるかもしれませんし，私は理論的には，少数派であることは自認しますが，二重に住所を認めて2つの地方選挙権を持ったとしても違憲にはならないのではないか」（2015年4月22日の第31次地方制度調査会第16回専門小委員会における太田匡彦東京大学教授の発言），「実は，私も太田委員と同じで，地方公共団体に関する限りは2つの選挙権を持つというのは，憲法は禁じていないかもしれないと思っている」（同日の同委員会における長谷部恭男早稲田大学教授の発言）という意見が出始めている。

二重の住民登録に対する国の「解釈」は，「住所は1人に1つ」というフィクションに裏づけられている。しかしマイナンバー制の導入で，こうしたフィクションはついに崩壊する時が訪れた。住所が動いても個人を公証できる可能性を開いたのである。そもそも前述のように，住所に関する法制度にはどこにも「住所は1人に1つ」ということが明記されているわけではない。現代社会においては，就学，就職，医療など日常生活において，1人に複数の「生活の本拠」が存在する。2015年12月11日に，政府の諮問機関である日本版CCRC構想有識者会議が出した「『生涯活躍のまち』構想（最終報告）」においても，「二地域居住」が推奨されている。そういう意味では，避難自治体やその避難者たちの生活様式のほうが時代の流れを表現しているのであり，それに対して，みなし仮設の転居を認めないといった固定的，非人道的な対応しかできないのが現在の国政なのである。

しかし現実問題として避難自治体のこれからの行く先は非常に厳しい。これまで述べてきたように既存の法制度ではまったく対処できていないからである。卑近な例でいえば，地方交付税の基本財政需要額の算定は5年ごとの国勢調査が基本となる。国勢調査は居住実態に基づくものであり，2015年10月に実施された国勢調査では人口ゼロの自治体がいくつか出現することになった（2016年度以降は被災地自治体への例外措置として，2010年度国勢調査を基本に住民基本台帳上の変化を加味して算出している）。前述のように，災害後はどの自治体も災害前の何割増し，あるいは自治体によっては数倍規模の予算を執行している。大幅に増えた業務に対応するため，応援職員はもとより，任期付職員やアルバイト等で凌いでいる状態である。こうして自治体行政は，いつかは帰る住民がそこで暮らすために避難元の地域管理を進める一方で，それまでの間，避難先にいる住民を支える仕事をしている。しかし，もし人口ゼロになればその存立根拠を失うことになる。つまり災害によって地域から疎外された被災者たちが，さらに復興過程においても疎外されるのである。

現在の法制度が「関係の自治体」を認識できないのは仕方ないとしても，現実に起きている問題について認識できていないのであればそれは未必の故意である。現状のまま推移すれば，避難指示の解除が進むにつれ，少なくない人たちが「自主避難者」化させられ，賠償や支援の打ち切りによって，生活再建どころか，「仮設」の住まいすら失い，生活困窮に陥っていく。少なくとも特例法を制定することで「住民」を再定義し，現在の避難自治体の存立根拠を確認して，自然災害とは異なる長期・広域・大量避難に対応する過渡的な制度保障をしなくてはならない。その他の地方自治関係者にとっても，人口減少社会における市民生活維持を見据えた今後の自治体の方向性が「関係の自治体」にあるのであれば，この特例を認め，さらに普遍化できるような工夫を編み出す必要がある。

普遍化への具体的な事例として，滋賀県愛荘町では2017年3月，町外から通勤・通学する人にも投票権を認める常設型住民投票条例が制定されている。愛荘町が発行している「愛荘町住民投票条例（骨子）基本的な考え方」によれば，「町内に勤務・通学している方もまちづくりに参加していただいているという考え方から，規則で定める一定条件」を満たせば投票できるようにしたとしている。

私たちは境界を形成することによって成立した権力と社会に存在しているが，すでに私たちの日常生活の中では確固とした境界は揺らぎ始めており，その結果として境界を前提とした市民の権利や義務もフィクション化しようとしている。自治体選挙の投票率の低下や国保等の未納者の増加はその兆候を示す氷山の一角だろう。

国家は境界線を引くことによって成立するものであるが，自治体は人間の生活がある領域に成立するものである。国と自治体が同心円状にあり，その半径を広げたり狭めたりすることで集権や分権が進むのでは決してない。国と自治体は異次元で成立するものであって，自治体が積み重なれば国を動かすというものでもない。同心円状から多元的重層的な世界への転換に適合した多重市民権の制度的保障と，その一翼を担う自治体再建に向けて，自治体観念を転換する時期がきている。

参考文献

荒木田岳，2007，「明治初年における地域支配の変容――旧藩の『飛び地』整理と『領域的な統治』の導入」『ヘスティアとクリオ』5：19-30。

「ビッグパレットふくしま避難所記」刊行委員会編，2011，『生きている 生きてゆく――ビッグパレットふくしま避難所記』アム・プロモーション。

ヒーター，デレック，2012，田中俊郎・関根政美訳『市民権とは何か』岩波書店。

今井照，2011a，「原発災害避難者の実態調査（1次）」『自治総研』393。

今井照，2011b，「原発災害避難者の実態調査（2次）」『自治総研』398。

今井照，2012，「原発災害避難者の実態調査（3次）」『自治総研』402。

今井照，2014a，「原発災害避難者の実態調査（4 次）」『自治総研』424。
今井照，2014b，『自治体再建――原発避難と「移動する村」』筑摩書房。
今井照，2016，「原発災害避難者の実態調査（5 次）」『自治総研』450。
今井照，2017a，『地方自治講義』筑摩書房。
今井照，2017b，「原発災害避難者の実態調査（6 次）」『自治総研』462。
今井照・自治体政策研究会，2016，『福島インサイドストーリー――役場職員が見た原発避難と震災復興』公人の友社。
伊藤哲也，2015，「自治体職員の不足と取組の現状」『地方自治職員研修』672：26-28。
金井利之・今井照編著，2016，『原発被災地の復興シナリオ・プランニング』公人の友社。
北村俊郎，2011，『原発推進者の無念――避難所生活で考え直したこと』平凡社。
松沢裕作，2013，『町村合併から生まれた日本近代――明治の経験』講談社。
大熊町企画調整課編，2017，『大熊町震災記録誌』福島県大熊町。
齊藤誠，2015，『震災復興の政治経済学――津波被災と原発危機の分離と交錯』日本評論社。
参議院予算委員会調査室，2015，「平成 27 年度予算の概要」『経済のプリズム』137：9-22。
佐々木康文，2013a，「福島原発事故における浪江町・双葉町・楢葉町の避難と情報」『行政社会論集』25(3)：1-40。
佐々木康文，2013b，「福島原発事故における大熊町および富岡町の避難と情報――情報は何故生かされなかったのか」『行政社会論集』25(4)：1-39。
佐々木康文，2014，「福島原発事故における広野町・南相馬市・田村市の避難と情報――想定外の地域に影響が及ぶ原子力災害と情報伝達の課題」『行政社会論集』27(1)：3-51。
佐藤克廣，2014，「『住民』をめぐる断章――『二重の住民登録』論に寄せて」『北海道自治研究』544。
庄子まゆみ，2012，「自治体の現場から東日本大震災を考える――南相馬市の復旧復興」『日本大学経済学部産業経営研究所所報』70：9-24。
高橋栄二・高橋祐一・松下貴雄・今井照，2014，「見えない明日を生きる――全村避難から三年，飯舘村の今」『月刊自治研』654：52-61。
富岡町企画課編，2015，『富岡町「東日本大震災・原子力災害」の記憶と記録』福島県富岡町。
内山節，2011，『文明の災禍』新潮社。
山下祐介，2014，『地方消滅の罠――「増田レポート」と人口減少社会の正体』筑摩書房。
山下祐介・金井利之，2015，『地方創生の正体――なぜ地域政策は失敗するのか』筑摩書房。

第3部

原子力政策は転換できるのか

第6章

災後の原子力ローカル・ガバナンス

東海村を事例に

原口 弥生

1 歴史的原子力事故と地域社会

2011年3月11日の東日本大震災にともなう福島第一原子力発電所の事故（以下，福島原発事故）が，ドイツのメルケル首相に影響を及ぼし，ドイツが脱原発に大きく舵を切ったことは広く知られている。福島第一原発事故は，国際原子力事象評価尺度（INES）のレベル7と評価されており，遠く離れたドイツの原子力政策に影響を及ぼしても不思議ではないともいえるかもしれない。とはいえ，日本国内では日本政府は原発輸出に前向きな姿勢を崩しておらず，2015年8月11日に川内原発で再稼働に至った。ドイツのメルケル首相の政治的イニシアティブは非常に際立っているし，最近では台湾の脱原発を定めた電気事業法改正の動きも目新しいニュースであった。

原子力を含む深刻な技術災害・環境問題が，政治的に重要な影響をもつことは，これまでも多くあった。たとえば1979年のスリーマイル島原発事故後，アメリカ国内では30年近く新規の原子力発電所の発注はなく，原子力離れを決定的にしたといわれる。しかし，スリーマイル島原発が立地する，ペンシルベニア州ミドルタウンの原発サイトでは，事故を起こしたTMI-2では廃炉作業が続いているものの，無傷であったTMI-1はいまだに稼働を続けている。事故から6年後の1985年，当初はTMI-1の再稼働に反対だった州知事は，あっけなく翻意し再稼働を認めた。その後，20年の稼働延長も認められている[1)]。

ここで指摘したいのは，スリーマイル島原発事故はアメリカ国内の原子力エネルギーにまつわる世論や政治経済に影響を及ぼした一方で，事故が発生し，物理的，心理的，経済的にもっとも影響を受けた地域においては，結局，原発の再稼働がなされ，地域の原子力ガバナンスは大きく変化しなかった点である。

他方，福島原発事故後，福島県知事，県議会，浜通りの原発立地市町村などは，福島第二原発を含めて福島県内の原子力施設の全廃炉を東京電力にすでに要請済みである。東京電力が立場を明確にしないため，福島県側は繰り返し廃炉を求める声明を出している。

では，他の原発立地地域は，福島原発事故をどのように受け止め，原子力ローカル・ガバナンスにどのような影響を及ぼしているのか。本章では，茨城県東海村を事例として分析する。東海村も，東日本大震災では地震，沿岸部での津波被害が起きており，さらに福島原発事故による放射能放出の影響も少なからず受けている。そもそも東海第二原発もいくつかの幸運が重なり，大事故を免れた状況であった。このような地域で，福島原発事故が原子力施設を抱える立地自治体の原子力ローカル・ガバナンスにどのような影響をもたらしているのか，分析を進める。

2　低認知被災地としての茨城・東海村

東日本大震災の被災地として，東北3県が取り上げられることが多い。岩手，宮城，福島という東北3県は，誰が見ても津波，放射能汚染における激甚被災地である。しかし，災害の正式名称が「東日本」大震災というように，たとえば津波による被災地域は広く青森から千葉まで及んだし，放射能汚染の影響はさらに広い。環境社会学者の寺田良一氏が示唆したように激甚被災の裏で取り残される「低認知被災地」は各地にある（原口 2013）。茨城県も，地震・津波・放射能汚染という三重災に見舞われた地域である。

茨城県の沿岸部に位置する東海村は，震度6弱の揺れを観測した。津波によって浸水被害，地震により村内では4名が死亡[2)]，盛り土の地滑りなどが発生した。村内に2つある中学校のうち東海中学校は，本校舎や体育館が被災し，中学生たちは近くの公民館やプレハブ校舎での授業を経て，ようやく2015年に入り新校舎に移ることができた。2011年4月に入学した中学生は，2014年3月，プレハブ校舎のまま卒業を迎えた。

地震・津波に加え，福島県に隣接する茨城県は，放射能汚染の影響を強く受けた地域である。まずは，2011年3月の飲料・食料品の流通規制という形で目の前に現れた。茨城県の調査により，東海村でも3月19日公表のデータとしてホウレンソウ（放射性ヨウ素9840 Bq/kg，放射性セシウム233 Bq/kg），そしてネギ（放射性ヨウ素686 Bq/kg，放射性セシウム5 Bq/kg）という数字が公表された。震災から6年以上経過した今から考えると桁違いのこれらの数値は，東海村の上空を放射性プルームが通過していったことの証であった。

さらに，3月23日には水道水から放射性ヨウ素188.7 Bq/kgが検出され，乳児用の飲用水の摂取制限が始まった。その後も，水道水の汚染は24日（123.6 Bq/kg），25日（96.8 Bq/kg），26日（89.12 Bq/kg）と汚染は続いたが，東海村は基準の100 bq/kgより低いとして，3月26日には解除した。微量ではあるが，水道水の汚染は5月末まで続いていた（東海村 2012）。

この福島原発事故由来の放射能汚染に対して，東海村はいち早く，放射線測定機の村内住民向けの貸し出し，農産品の放射性物質の測定，そして子どもの甲状腺検査の実施などを行っていった。この動きは，近隣の市町村にも広がっていった。

茨城県も地震・津波，そして福島原発事故由来の放射能汚染の影響を受け，今でもその影響は残る。しかし，より最悪の状況も考えられた。東海第二原発が何らかの異常事態となり，放射能汚染事故を起こす可能性がないわけではなかったからである。次節では，日本原子力発電（以後，日本原電）の東海第二原子力発電所（以後，東海第二原発）の津波対策の経緯について見ていくこととする。

3 「組織的無責任」を回避させた広域的な地震津波対応

東海第二原発の3.11直後の状況

東日本大震災時，東海村では震度6弱の地震が確認され，3月11日14時46分の本震により東海第二原発は「タービン振動大」により，原子炉が停止した。

原子炉建屋地下2階に設置されている地震加速度観測記録の最大値は，東西方向225ガルであった。それから原子炉の冷温停止に至るのは，3月15日0時49分のことである。津波は，痕跡高では5.7〜6.2 mが確認されている。

原子炉が自動停止したのち，原子炉の冷温停止に時間がかかった最大の理由は，地震によって，東海第二原発とつながっていた電線鉄塔が倒壊し，停電となったためである。原子炉は停止しても，原子炉内の水温は高いままであり，冷やし続ける必要があった。非常用電源も設置されており，停電となったあとは非常用電源が動き始めたが，30分後の津波の影響により，北側の海水ポンプ室に海水が浸水し，非常用ディーゼル発電機を冷却するための海水ポンプ1台が自動停止した。そのため，非常用ディーゼル発電機1台も手動で停止し，本来は3台で冷却するところ，2台の非常用ディーゼル発電機で冷却を継続した。ただし冷やすと蒸気が発生するため，手動での主蒸気逃がし弁などの開閉が約170回行われた。3月13日に予備の外部電源が復旧し，15日に冷温停止に至った[3)]。

浸水した海水ポンプ室は，津波対策として周りを囲む止水壁の嵩上げ工事が実施されており，標高高6.11 mの側壁の工事が完了したばかりであった。とはいえ，工事が完了したのは震災の2日前の3月9日であり，海側の側壁にケーブルを通すために残されていた壁の穴がまだ塞がれていなかった。このケーブルピットを通って海水が海水ポンプ室に流入してしまった。

結果的に，3日半の作業によりようやく冷温停止に至ったとはいえ，海水ポンプ室では津波は5.4 mに達しており，以前は4.9 mであった防潮壁を事前に1.2 m嵩上げしておいたことが，東海第二原発の周辺で暮らす住民の健康と生活・財産を守るうえで，決定的に重要であった。

むろん，あと70 cm津波が高かったら，あるいは工事が数日遅れていたら，東海第二原発もそして周辺住民の生活がどのようになっていたかは，わからない。

当時，東海村村長であった村上達也氏は，3. 11の直後は，東海第二原発が地震によって「自動停止したことを知り」それほど緊迫した感想はもっていなかった。ところが後日，「あと70 cm，津波が高かったら，東海第二原発も，福島第一原発と同じ運命をたどっていた」ということを後に知り愕然とする[4)]。この事実は，東海村の村民の命，生活を預かる首長としては，簡単に「ああ，そうでしたか」と受け入れることができるものではなかった。実際，2日前の

3月9日に発生した前震と見られるマグニチュード7.3の地震が，かりに本震並であったならば，嵩上げ工事は未完だったのであり，茨城も福島と同じ運命をたどることになったかもしれない。確かに間一髪で，東海第二原発は大事故を免れた。

日本国内の原発の中で30 km圏内の昼間人口は全国でもっとも多く98万人となっている。また，首都圏にもっとも近い原発でもあり，都心から約120 kmの距離に位置している。地元住民からは，深刻な事故に至る直前でもあったという点では恐怖心，それでも瀬戸際で爆発を免れたという点では安堵，と複雑な心境がうかがえる。

独自の津波再評価から防潮壁の嵩上げへ

福島原発事故の裏で，同じく津波被害を受けた東海第二原発の状況はあまり知られていない。宮城県の女川原発は，建設時に津波への対応がとられ海抜15 mの地点に原発が建設されたが，東海第二原発の津波予想高は，もともと4.86 mであった。

実は，日本原電は2009年から，津波対策として防潮壁の嵩上げ工事を行っていた。福島第一・第二原発においては，「不要」とされてきた工事である。

では，日本原電の東海第二原発においては，どのような経過で津波対策がとられたのか。2011年3月に至るまでの数年間，茨城では，福島とは異なる動きがあった。2002年7月には，政府の地震調査研究推進本部は，福島第一原発の沖合を含む日本海溝沿いでマグニチュード8クラスの津波地震が発生することを予測していた（30年以内に20%程度の確率）。

しかし，2003年10月から検討を重ねていた中央防災会議の「日本海溝・千島海溝周辺海溝型地震に関する専門調査会」は，国として防災対策を進める対象から，福島沖から房総沖を震源とする主要な2つの地震をはずすことを決定する。具体的には，「福島県沖・茨城県沖のプレート間地震」と「延宝房総沖地震」である[5)]。その理由は，「大きな地震が発生しているが繰り返しが確認されていない」というものであった（中央防災会議 2006: 13-14）。

同じ時期に制定された「日本海溝・千島海溝周辺海溝型地震に係る地震防災対策の推進に関する特別措置法（日本海溝特措法）」（2004年制定・2005年施行）では，積極的に地震津波などの防災対策を進めていく必要がある地域を「推進地域」として指定することになっている。この「指定地域」からも，茨城県と千葉県は対象外とされた（2006年2月答申・公示）。このようにして茨城県での津波地震発生は考慮されないことになり，国レベルの検討は望めないこととなった。

中央防災会議にて，茨城沖の津波地震発生の検討はしない方針が明確になる一方で，2004年末にスマトラ島沖地震津波の発生もあり，茨城県土木部河川課は県独自に「茨城沿岸津波浸水想定検討委員会」（委員長：三村信男・茨城大学教授・現学長）を設置する。10市町村にまたがる沿岸部の津波評価の結果，茨城県で最初の津波浸水想定区域図が公開されたのは，2007年10月16日である。想定されたのは，1677年の房総沖を震源にもち，茨城県内で史上最大の被害を出したとされる「延宝房総沖地震津波」と，1896年の「明治三陸地震」による津波だった。ともにマグニチュード8クラスの地震とされた。

茨城県沿岸の被害記録は少なく，現ひたちなか市と大洗町の記録程度だった。延宝房総沖地震の際の沿岸部の被害状況を記した古文書が探しだされ，また観測記録から当時の津波が再現されていきデータ解析された結果，茨城県沿岸における「津波浸水想定区域図」の完成に至った。たとえば，『新収 日本地震史料第二巻』の『水戸紀年』に那珂湊（現ひたちなか市）の別館（湊御殿）の前まで津波が及んだという記録があり，当時の地形や標高からこの地点まで浸水があったということから，津波の浸水高は4.5～5.5 mと推定された。このような史料の浸水記録に合致するように延宝房総沖地震津波の震源モデルが設定され，津波の高さが推測されていった（竹内ほか 2007）。

この2007年の茨城県の津波想定で，東海村沿岸の津波は最高5.72 mという数値が出た。当時の東海第二原発沖で想定されていたのは，すでに書いたように安全審査時の想定津波高4.86 mだった。茨城県の津波想定を受け，日本原電は独自に東海第二原発の津波評価を実施し，2009年に防潮壁の高さの見直しを行っている。

一般的に，電力会社は2002年に土木学会が策定した「原子力発電所の津波評価技術」を評価基準としているとされている。しかし，茨城県が独自に行った評価に対して，日本原電は即座に退けることをせず，独自の評価をし，防潮壁の嵩増し工事に至った。

茨城県が2014年に発行した『東日本大震災の記録（原子力災害編）』で，茨城県生活環境部参事兼危機管理室長（当時）山田広次氏は，以下のように振り返っている。

「今回，土木部が最新のデータ（延宝房総沖津波地震）により津波ハザードマップを作成したこと，原子力安全対策課が津波ハザードマップの数値に気付き，日本原子力発電（株）に対し海水取水ポンプ側壁の嵩上げを要請したこと，原電が県の要請を受入れ自主保安の観点から嵩上げ工事を実施に移したこと，この3つの動きが重なったことにより，全電源喪失という危機が回避出来たものと考える」（茨城県生活環境部防災・危機管理局原子力安全対策課 2014: 418）。

山田氏によると，今回の想定津波の再評価は，国が津波に関する安全審査指針を改定していない中，茨城県独自のものであり強制力もなく，原子力安全協定に基づいて要請できる内容でもなかった。そのため，茨城県からは口頭で日本原電に対し，茨城県土木部による想定津波評価を加味した対策の実施要請がなされた。津波の再評価に関しては，茨城県から日本原電へのルートに加えて，東海村からのルートでも情報が入っていた。

「茨城沿岸津波浸水想定検討委員会」の委員長を務めた三村信男氏は，委員長を引き受けるにあたり茨城県に2つの条件を出した。1つは，地震モデルや津波工学の適切な専門家が入ること。中央防災会議が千葉や茨城を予測対象からはずした理由の1つは，千葉，茨城沖の地震の震源が複雑で決められないことにあった。歴史的に考えうる最大の津波を想定するために，地震の震源を設定し，どこで，どちら向きに，どの程度の大きさでプレートが破壊されるかという津波の予測計算を，最新の知識で設定できる第一人者が必要だった。

第2点目は，検討委員会への広い範囲のオブザーバーの出席である。成果を広く伝えるために，検討委員会での議論を県土木部河川課だけではなく，県の関係部局や防災担当部局，さらには市町村の防災担当者にも傍聴してもらい，浸水想定を算定した経緯を知ってもらうことにした[6]。茨城県沿岸には原子力施設だけではなく，観光地や漁港，石油化学コンビナートをはじめ多くの施設が立地している。津波評価は，沿岸市町村がリスク意識をもって活用しなければ意味はない。これにより，2005年12月から2007年1月にかけて行われた4回の会議は，委員6人の「茨城沿岸津波浸水想定検討委員会」を最大50名の傍聴者（市町村担当者を含む）が囲む形となった[7]。

このように茨城県では，国の中央防災会議から「検討の必要はない」と切り捨てられた地域の津波の再評価を県独自に行い，さらに日本原電がそれに応えたことで，工事の完了時期，そして津波高に対する防潮壁の余裕度という点から見ても，紙一重で最悪の事態を免れたといってよいだろう。

他方，福島第一・第二原発を擁する東京電力がなぜ，津波対策を行わなかったのかという点については，すでに国会事故調などで検討がなされているが，平岡義和（2013: 15）は，水俣病事件と福島原発事故を対比しつつ，「組織的無責任の普遍性」を指摘する。重要なのは，水俣病と福島原発事故のいずれの事例にも，組織内には公害や事故のリスクがあると考えた職員が存在したにもかかわらず，組織としての経営的な判断には反映されなかった。個人というより，組織の不作為が重なって重大な帰結を招いたという指摘である（平岡 2013）。

津波対策を行った日本原電であるが，「茨城沿岸津波浸水想定検討委員会」による津波評価結果について企業内でどのような検討がなされ，独自の再評価の実施を経て，防潮壁の嵩上げ工事に至ったかという決定過程は不明である。

日本原電が津波対策を行った理由として，津波評価が東海第二原発をターゲットとしたものではなかった点が重要である。広く茨城沿岸地域の津波高の再評価が最新知見により行われ，その対象地域の中に東海第二原発があった，のである。2007 年 10 月に茨城県沿岸地域の浸水想定区域が公表されると，茨城県は沿岸の各市町村に津波ハザードマップの作成を促すこととなった。沿岸の市町村で津波対応がなされる状況において，日本原電がそれを根拠なく無視あるいは却下するということは，「茨城沿岸津波浸水想定検討委員会」や沿岸市町村に対しても説明責任が生じる。

同じデータが，日本原電だけの津波対策として提示された場合に，今回と同じ対応がとられたかどうかはわからない。「組織的無責任」は，茨城の沿岸地域そしてその住民を津波から守るという広域的な動きの中で回避された。茨城県が独自に津波評価を行おうと発想したこと，「茨城沿岸津波浸水想定検討委員会」が歴史的な最大津波を選び津波予測をしたこと，茨城県が日本原電に対策を要請したこと，日本原電がその要請に応え対応したこと，これらによって東海第二原発が最悪の状況になることは避けられた。

嵩上げ工事を行うためには予算が必要であり，他電力会社から財政支援を受ける原電が財政基盤において，他電力会社よりも優位にあったか等についても検証の必要はあると思われるが，今後の課題としたい。

さらに付け加えるならば，次節で述べるような地域社会における原子力リスク認識の存在もあげることができる。

4 「原子力」から「原子科学」への展開

リスク・コミュニケーション

「金づちで頭を殴られたような衝撃でした。それは，ショックでしたね。」[8)]

中越沖地震により柏崎刈羽原発に影響が出たことについて，東海村の職員（経済環境部原子力対策課・当時）と，会話をしていた中で発せられた言葉である。2007（平成19）年7月16日に新潟県中越沖地震が発生し，柏崎市では震度6強が確認された。マグニチュード6.8の地震の震源地に近かった柏崎刈羽原発では，想定されていた揺れ（想定加速度）を超えた地震動が確認された。定格出力で運転されていた3号機，4号機，7号機は自動停止したが，変圧器付近で火災が発生し，放射性廃棄物が入ったドラム缶の横転，などが発生した。

国際原子力機関（IAEA）による事故評価では，ゼロから7までの8ランクのうち，もっとも低いゼロであり「安全に影響を与えない事象」とされた。しかし，想定されていた揺れを超える地震動を経験した原子力発電所としては，国内外で初の事例であり，2004年の中越地震後に準備していた緊急時対応が予定どおりには実施できず，変圧器の火災の発生への対応など，複合災害の対応の難しさを露わにした災害であった。

上記の東海村職員が発した，これまで想像したことがなかったという大規模地震への不安の吐露は，とても印象的であった。平岡の「組織的無責任」という問題意識（平岡 2013）は，まさにこのような職員の率直な不安や疑問をいかに組織的対応として展開していくかにある。

2007年の中越沖地震が示した複合災害の危険性に限らず，それ以前にも東海村ではJCO臨界事故（1999年）や動力炉・核燃料開発事業団（以下，旧動燃。98年以降，核燃料サイクル開発機構）のアスファルト固化施設の事故（1997年）などが発生している。東海村ではJCO臨界事故後，「東海村原子力安全対策懇談会」が設置されていた。これはJCO臨界事故の経験を経て，住民目線で村内の原子力施設をチェックすることの必要性を感じた当時村長であった村上達也氏のイニシアティブによるものである。

「東海村原子力安全対策懇談会」は15人程度のメンバーであるが，いわゆる学識経験者と女性を含む地域住民が半々程度で構成されている。学識経験者には大学教員や研究者のほかに，村内在住の元エンジニアという住民も複数含まれる。年度始めには，村内で操業する原子力関係の企業・研究機関が「東海村原子力安全対策懇談会」メンバーを前に，年度事業計画の報告，あるいは操業期間の延長など重要な事業内容の変更の際にもその趣旨と変更内容の説明を行う。何らかの事故が発生すれば，メンバーが施設内の視察を行い，事業者側に質問や提言を行うということを繰り返してきた。

「住民目線のチェック」といえども，専門的な知識をもつ住民からの指摘はむしろピア・レビューに近い場合が多く，日本原電の職員が作成した説明資料の誤りを元エンジニアの委員が指摘する場面もあった。元エンジニアという点で，企業の論理・言い分を理解しやすいという点もあった。3.11 以前には，それほど批判的な議論が続いたという印象はない。有力な原子力関係の専門家が議論に入ると，議論が誘導される傾向がなかったわけでもない。

それでも，学識経験者として入る村内在住の元エンジニアそして地区代表の住民を前に，原子力関係機関が説明をする機会を設けるということは，その機会がない場合に比べて，企業や研究機関にとって住民の目線を意識することにつながることは間違いないだろう。

東海村では，JCO 事故後，2005 年に設立された特定非営利活動法人 HSE リスク・シーキューブも活動しており，発電所，研究所，燃料加工会社など原子力施設を市民が視察したり，事業者に問題点の指摘や要望を伝えるとともに，村内の原子力施設に関する広報誌の発行が続けられている。

JCO 臨界事故を契機として，住民目線で原子力に関わる必要がある，専門家のみに任せていてはいけないという村上村長（当時）の姿勢は，地域内での住民目線のリスク・コミュニケーションの実施につながっている。

他の原発立地地域では，新潟県の柏崎刈羽原発の「柏崎刈羽原子力発電所の透明性を確保する地域の会」が類似の活動を行っている。この「地域の会」委員には各団体の原発推進派・反対派も含み，広く地域の産業団体などから推薦を受けた委員がメンバーに入っていること，研究者・大学教員などのいわゆる「有識者」は入っていない点で異なっている。地域住民の素朴な視点から監視活動を行っており，すべての議事録がホームページで公開されている点では，「地域の会」の活動はよりオープンである。

「原子力エネルギー」から「原子科学」への展開

東海村村長であった村上達也氏は，震災後，原発立地自治体の現職の首長としては異例となる「脱原発」を明確に主張し，注目を集めた。1997年に村長に就任した村上氏は，1999年のJCO臨界事故以降，周囲から「慎重派」とみなされていた。とくに推進派が期待していた東海原発3号機の新規増設については慎重姿勢を示していたため，村長選の際，推進派は村上氏の対抗馬として3号機増設を支持する候補者を2005年，2009年と立てた。

村上氏は政治スローガンとして，3期目の冒頭あいさつの中で，村政運営の3つの基本方針を示した。2005年10月号の『広報 とうかい』を読むと，震災後に原発立地自治体の現役首長として「脱原発」の旗振り役となってからの主張と矛盾するところはない。すでに第2期目から大まかな方向性は示されていた中での，3期目の冒頭あいさつでは，「国や県に頼っていればよしとする時代は終わり，今や地方分権の時代，各々の自治能力が問われています。自治能力の源泉は個々の住民の力，その総和であり，このパワーを引き出すのが『住民参加』『住民参画』であります」と国や県への依存脱却と自治強化を訴えた。第3に，原子力との関係については，日本原子力研究開発機構が設置する大強度陽子加速器（J-PARC）の稼働への期待を示し「世界的な学術研究都市としての総合的な“原子力のまち”を目指していくことが可能となりました。それを実現していくには単に『原子力』機関に依存するのではなく，村と村民側からの主体的な働きかけが必要です」（『広報 とうかい』2005年10月号）と述べている。

ローカル・ガバナンスという点では，国策とされる原子力は，地域の自立性を奪うことを問題視していた。国や県，そして原子力機関に依存しない，3号機増設に依存する開発志向のまちづくりを否定した村上氏を，東海村民は2005年選挙で561票，2009年選挙では768票という僅差で村長に選んだ[9)]。

東日本大震災を経て，東海村では2012年12月に「TOKAI原子力サイエンスタウン構想」が策定された。村上氏が，これからの東海村の新たな方向性を示すものとして震災前から10年近く練ってきた構想である。「TOKAI原子力サイエンスタウン構想」の中で中核的位置を占めるJ-PARCは，中性子線を用いて原子レベルの物質研究を行うことができる。「原子力」という言葉を残しつつ，「発電」というエネルギー分野ではなく，「科学」に重きを置くこの構想には，当然ながら，脱原発派の中でもさまざまな意見が示された。とはいえ，1997年から2013年の間の現役中に「反・脱原発」という言葉は用いずに，実際には新規原発の増設には動かず，「研究」としての原子力にシフトしてきたことの意味は大きい。

村上氏は，2013年の東海村長選挙では，5選目に立候補せず，引退することを表明した。村上氏を継いで村長に就任した山田修氏は，2017年春の段階でも「住民の意思を尊重」との姿勢を維持しており，再稼働に向けての具体的な姿勢は見せていない。

原発立地地域としての東海村の特殊要因

⑴ 研究者の集積

東海村は，いうまでもなく日本の原子力発祥の地である。日本原電の東海第二原発は，国内初の大型原子力発電所であり，沸騰水型原発で110万kWの電気出力をもつ。1973年に着工し，78年に営業運転を開始しており，2018年には稼働40年を迎える。日本原電は原子力専門の電力会社であり，発電した電気は東京電力と東北電力に売電されているが，2011年3月の震災以降，原発は動いていない。

東海村が他の原発立地地域と異なるのは，この地域には原発以外に研究所や燃料工場が集積しており，原子力関連施設は20近くにのぼる。原発関係者が多いだけではなく，その中に，原子力研究者が存在することは，少なからず原子力ローカル・ガバナンスに影響をもちうると考えられる。

現在の日本原子力研究開発機構は，2005年10月に日本原子力研究所（以下，原研）と核燃料サイクル機構が統合されて生まれた。統合され10年が経過するが，今も労働組合は別組織となっており，科学研究に軸足を置く原研と，応用部門である核燃料サイクル機構という2つの組織文化は今も色濃く残っている。

旧原研の労働組合である原研労組の流れをくむ中央執行委員会は，旧原研時代から原子力の安全性について問題提起を続けてきた[10)]。労働組合の広報紙である「あゆみ速報」(63-24，2012年4月18日掲載）では，日本原子力研究開発機構労働組合中央執行委員会名にて「たとえ数千年に一度の天災であっても，広範な放射能汚染で国を危機に陥れるようなものは運転すべきではない。拙速な原発運転再開に反対する」という声明が出された[11)]。このような声明は，それ以前の原研労組の活動として，とくに異例というほどのことではない。研究者として，原子力に対して言うべきことを言うということが以前から続けられてきた。

ここで強調したいのは，住民や市民の視点から，地域の中で原子力に対して疑問や批判的意見をもつ一般市民に加えて，労働組合活動に象徴されるように，村内には研究者・専門家として原子力発電や原子力研究の推進のあり方に疑問を投げかける層が，多数派ではないとしても多少は存在するという点である。原子力関係の研究者であるので，原子力の研究・利用そのものを否定するという立場をとることはないが，研究者として倫理的側面を含めて批判的に原子力の問題に向き合ってきた専門家層が村内に存在することの意義は大きい。

とはいえ，1968年には，日本初の発電用の動力試験炉（JPDR）をめぐり，旧原研が組合員を職場から排除したロックアウト事件が発生したり，同じ68年には旧動燃の再処理工場設置をめぐり反対署名をした職員や家族に圧力がかけられたこともあった。最近では，安全問題等を訴えた労働者を差別してきたとして，2015年7月に職員4人が原子力研究開発機構を訴えており，現在も係争中である。原告となった4人は，1970年代に旧動燃に入った職員である。とくに1980年代以降，職場での言論の自由が以前よりも厳しく監視・統制されるようになったことは間違いない（清水 2017）。しかし，一枚岩と表現される「原子力ムラ」において，安全問題を提起する主体が組織内部に存在するという点は，多くのほかの原子力立地点とは異なる状況にある。

現役の労働者が何らかのアクションを起こすことは容易ではないが，3.11後，旧原研や原子力研究開発機構，あるいは原子力と関わりの深い日立製作所を退職したOBの中には，茨城の放射能汚染に取り組む女性グループと一緒に，放射能測定活動を行ったり，サイエンス・カフェなどの市民活動に参加したりと，その専門性を活かした活動を展開している人も少なからずいる。原子力に関わってきたからこそ，福島原発事故に大いに衝撃を受け，社会的な活動に専門家としての使命感を傾ける人々がいることも，東海村周辺の特徴である。

(2)「村」ではない東海村

日本の原子力産業や原子力研究を下支えしてきた東海村は，今や30 km圏内の周辺人口が国内のどの原発よりも多く，村の人口も周辺市町村に比べても増加傾向にあるという特殊な原発立地自治体である。東海村の人口が約3万8000人，5 km圏内の人口で約6万人，20 km圏内にまで広げると水戸市や日立市も含むことになり，75万人程度となる。事故時に避難準備区域となる30 km圏内，いわゆるUPZ圏内の人口は約98万人に上る[12)]。

「地方消滅」が叫ばれる中，東海村は茨城県内でも人口増加率において第2位を誇る自治体である。近隣の県庁所在地である水戸市などよりも人口増傾向は強い。村上村政の中で福祉分野の充実が図られてきており，子育て世代にとっても「東海村は住みやすいまち」として人気である。

全国の原発立地自治体が，いわゆる過疎地にあり，原子力産業そして農・漁業以外には主たる産業がないという中，東海村が置かれた経済状況は恵まれており，原発依存の必要性がないとはいえないが，他の原発立地自治体に比べると選択肢をもつ地域である。

このように原発立地地域として東海村は特徴的であり，典型的な「原子力のムラ」とは異なる顔をもっている。しかし，原子力発祥の村として，日本のエネルギー政策のバックボーンを支えているというのは長い間村民の誇りであり，また村の税収や村民の雇用といった点でも原子力との関係は深いという点では，他の原発立地地域とも共通する。

では，東海村における原子力ガバナンスは，3.11 以後変化したのか，現状はどのような状況にあるのかについて考えていきたい。

5　地域における原子力ガバナンスの変容

脱原発の浸潤とガバナンスの多重化

隣県の福島第一原発の事故を受けて，2012 年 4 月に『朝日新聞』が実施した茨城県内の首長 45 人（市町村長 44 人と茨城県知事）への，東海第二原発の再稼働について聞いたアンケートでは，「反対」と明確に意思表示した首長は 17 人に上り，再稼働「反対」が約 4 割を占めた。逆に再稼働「賛成」は 2 名のみで，もっとも多かったのは判断留保であった（24 名）。東海村村長の村上達也氏は，すでに「脱原発」の旗を掲げており，「東海第二原発だけではなく，国全体の原発の保有への反対」を訴えた。しかし，再稼働「反対」とした市町村の多くは，東海第二原発から遠く離れた県西や県南の地域の首長であった[13)]。

また，『茨城新聞』が行った 2012 年 7 月の集計では，東海第二原発の廃炉を求める意見書を茨城県内の 4 割近い 16 市町村議会が可決したことが判明した[14)]。12 年 6 月の定例議会において，県内 44 市町村のうち，39 市町村議会に東海第二原発に関する請願・陳情が提出された結果である。廃炉・再稼働反対の意見書を可決する市町村議会はこれ以降も増え，14 年 9 月時点で廃炉を可決が 21 自治体，再稼働反対を可決したのが 4 自治体と，合計 25 市町村（県内全市町村の 56.8%）まで増えている。

廃炉・再稼働反対を求める請願・陳情を「不採択」とした市町村には，東海村，日立市，那珂市など，東海第二原発の立地自治体や 30 km 圏内の市町村が多い。もっとも注目を集めた東海村議会では，2012 年 4 月に請願が提出されてから 1 年近く継続審議が続き，13 年 5 月 14 日に東海村議会原子力問題調査特別委員会にて推進派，反対派それぞれから提出されていた 4 件の請願すべての不採択を決定した[15)]。

市町村だけではなく，業界団体や協同組合からも東海第二原発の再稼働をめぐる声明が出されている。茨城は 2008 年以降，農業産出額で全国 2 位を維持している農業県である。農業団体である JA グループ茨城は，2012 年 10 月 25 日，茨城県大会で再稼働反対を決議した。全国の JA グループでも，同年 10 月 11 日に脱原発を決議していたが，県レベルで脱原発社会の実現のために再生可能エネルギーの取組みなどを明記した。

茨城県内で最大の生協である「いばらきコープ生活協同組合」は会員 33 万人を擁するが，2013 年 6 月 12 日に「東海第二原発の再稼動に反対する特別決議」がいばらきコープ第 26 回通常総代会にて採択された。県内 16 の協同組合からなる茨城生協連の会長理事も務める佐藤洋一氏は，17 年 1 月の茨城生協連の新春交流会にて，参列していた県知事，市町村長，国会議員，県議を前に「当たり前の日常が突然目の前から消える。原発の事故は他の事故とは比べようがない異次元の被害をもたらし続ける。再稼働はあり得ない」と主催者挨拶を締めくくった。

生産者と消費者の間に立つ生協は，それぞれの言い分や立場がわかるがゆえに震災直後から放射能問題に苦しめられてきた。県内の生協では，生活クラブ茨城はより積極的に署名活動，講演会などの活動を進めているし，常総生協は東海第二原発訴訟の事務局を担っている。

2013 年度までに，茨城県内の半数の市町村，一部の業界団体や多数の組合員を抱える生協が「脱原発」の決議を行ったことは，東海第二原発をめぐり，震災前のように茨城県と東海村が政治的な当事者性を独占できる状況にないことを示している。以下では，東海村を中心とする周辺自治体や地元企業，住民の動きに着目し，原子力ローカル・ガバナンスの変容を明らかにする。

当事者性の拡大——近隣市町村の「自己決定権」を求める主張

東海第二原発をめぐる原子力ローカル・ガバナンスにおいて，もっとも顕著な変化は，東海村周辺の市町村から「原子力安全協定の見直し」が，日本原電に対して強く求められている点である。3.11 前は立地自治体の茨城県と東海村，そして隣接 4 市（日立市，ひたちなか市，那珂市，常陸太田市）が日本原電と原子力安全協定を締結していた。

2012 年 7 月 4 日，9 市町村からなる「県央地域首長懇話会」（座長・高橋靖水戸市長）が安全協定の見直しを日本原電に申し入れた。この「県央地域首長懇話会」は，震災前の 2008 年から地方財政状況の悪化や人口減少時代の到来などに備えるため設置されていた首長会である。この既存の首長会の組織を利用する形で，東海第二原発の再稼働や広域避難の問題が議論された。

同じく 2012 年 7 月 17 日に東海村と，周辺の水戸，日立，常陸太田，ひたちなか，那珂など 5 市で新たに組織された「原子力所在地域懇談会」（座長・村上達也東海村長）が，日本原電に協定見直しを申し入れた。この「原子力所在地域懇談会」は，村上村長（当時）が近隣の市長に呼びかけて結成された首長会である。新増設等に対する事前了解など，東海村と同等の権限を周辺 5 市にも与えるよう，日本原電に要求している。

福島原発事故においては，実際に半径 20 km 圏が避難指示区域として指定され，立地市町村の境界は関係なく，広範に汚染され，人々も避難を余儀なくされた。また国の原子力災害対策指針が見直され，原子力事故に備えた防護措置を準備する範囲も拡大された。

2014 年 12 月には，東海第二原発から半径 30 km 圏内の緊急時防護措置準備区域（UPZ）に位置する 15 市町村によって，新たに「東海第二発電所安全対策首長会議」（座長・高橋靖水戸市長）が設立された。この新組織は，既存の「県央地域首長懇話会」と「原子力所在地域懇談会」の 11 市町村に加え，UPZ 内に位置する常陸大宮市，高萩市，鉾田市，大子町の 4 市町が加わる形で構成されている。

2014 年 12 月 25 日付けの「東海第二発電所安全対策首長会議」から日本原電への申し入れでは，「東海第二発電所から原則 20 km の範囲の市町村については，原子力施設所在エリアとして，所在自治体と同等の権限へと引き上げを図ること」などが要求された。これらの情報は，市や村のホームページでも公表されている[16)]。15 市町村の首長が名を連ねる「東海第二発電所安全対策首長会議」であるが，茨城県内 44 市町村の約 3 分の 1 の市町村が，面積でいうと県の北部半分が，東海第二原発をめぐり意見を述べる権限を求めている状況にある。震災前は，茨城県と東海村のみに限定されていた東海第二原発をめぐる当事者としての権限に，周辺自治体が異議申し立てを行い，その権限の拡大を求めている。

他でも原子力安全協定を見直す動きはある。浜岡原発をめぐっては，約 30 km 圏内の 7 市町村が新たに中部電力と静岡県と安全協定を締結した。この協定で「原発内への立ち入り調査権」などは認められたが，再稼働をめぐる事前了解の規定は含まれていない[17]。安全協定上の「所在市町村」は御前崎市のみのまま，「隣接市町村」が従来の 3 市から 10 市に拡大された。

その点，東海第二原発をめぐっては，20 km 圏内の 5 市と東海村が足並みをそろえて，「所在地市町村」としての権限を求めている点が特徴である。福島原発事故後，立地自治体には情報が流れたのに対し，周辺の町はテレビなどのマスメディアの情報を通じて，行政判断をするしかなかった状況を考えると，当然の要求であろう。東海第二原発をめぐるローカル・ガバナンスという点では，以前の東海村と茨城県と日本原電という三者を中心とする利害関係の中で行われていた意思決定構造の変化を意味する。原電三法の枠外にある周辺市町村は，原発の再稼働によるメリットは無いに等しく，最悪の事態を想定すると，住民が多い地域での避難や，コミュニティの喪失，健康被害などリスクのみ負担する地域である。

日本原電は，東海村以外に安全協定上の権限を拡大することを認めていない。2017 年 3 月末に，日本原電は，安全協定とは別の「協定」を締結する案を示したが，首長側から理解は得られていない[18]。今後の日本原電との交渉で，東海村以外の自治体に事前了解などの権限が認められるのか，認められたとして再稼働を各首長が了解するのか拒否するのか，などはわからない。

ただし，この市町村の当事者性拡大は，将来的に運動側の政治的機会構造に大きな影響をもたらす可能性がある。政治的機会構造とは，人々が集合行為を行う際にもつ成功や失敗への期待に影響を及ぼす誘引を提供する政治的環境の諸次元と定義され（Tarrow 1994），運動の成功や失敗に影響する政治的諸要因を指す。かりに，周辺市町村に東海村と同等の権限が認められた場合，そこに住む住民も当然ながら当事者性をより強く主張することが可能となる。これまで村外の住民の発言は，「部外者」として冷ややかに見られることがないわけでもなかった。周辺市町村への権限拡大は，そこに暮らす住民にも正統な当事者として意見表出の権限を認めることであり，この地域の脱原発運動に少なく

図 6-1　原子力安全協定上の権限拡大を求める茨城県内市町村

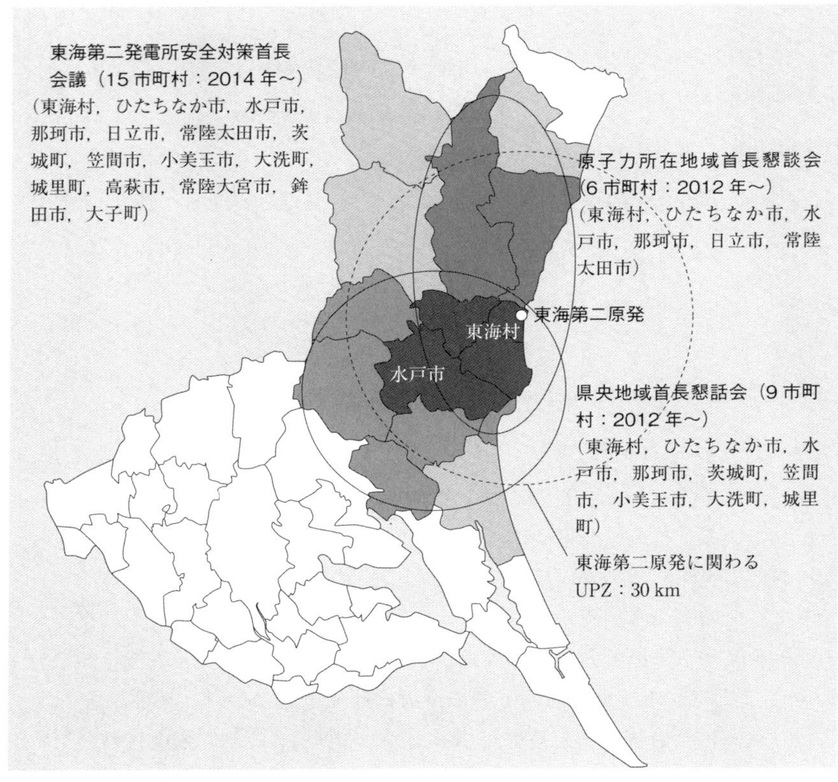

（出所）　筆者作成。

ない影響をもたらす可能性がある。

地域住民や地元企業のリスク認識

これらの首長の動きには，すべての住民の生命・身体・財産を守る首長としての責務に加え，住民の根強い不安も影響していると思われる。

茨城大学が 2010 年から継続的に行っている「原子力と地域社会に関するアンケート結果」[19]からは，震災から 3 年経過した 2014 年，そして 5 年後の 2016 年においても，東海第二原発の再稼働については批判的・慎重な意見が多数派を占めていることがわかる（図 6-2）。この調査は，原発立地・周辺自治

図 6-2　東海第二原発についての意見

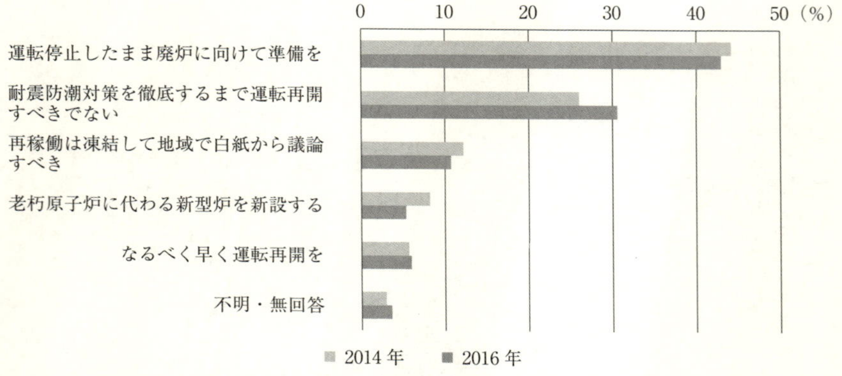

（出所）　茨城大学「地域社会と原子力」調査チーム（2014; 2016）。

体住民の原子力に対する世論の変化を把握するために 2010 年度から継続的に行われている。福島原発事故後は原子力リスク認識は高いまま推移しており，人々の心の奥深くに不安が刻まれていることが示唆される。

また，村の商工会議所が行った地元企業を対象としたアンケート結果でも，一部の企業からは原子力への忌避感が示されている。東海村と東海村商工会が 2014 年に実施した，東海村商工会や東海村観光協会の会員（749 社）を対象とした「東海村経済状況調査結果」（東海村 2015）[20]によると，東海村の経済状況は全国や茨城県平均と比較しても業況は悪く，とくに卸・小売業，飲食業・宿泊業の経営状況は厳しく，零細企業ほどきわめて厳しい状況にある。このような中，東海第二原発の再稼働については，保守整備などに携わる企業からは稼働に期待の声が寄せられる一方で，「震災によって原発がある限り将来が不透明であるとわかった，村の活性化のために再稼働が必要かは疑問である，原子力以外の他のエネルギーを開発すべき」等の意見もあった（東海村 2015: 65）。

震災後の原子力をめぐる規制強化は，地域経済にも影響を及ぼしている。原子力施設関連の仕事は，以前は放射線管理区域のため単価が高く設定されていたが，現在はその単価が下がっている。逆に，放射線管理区域の場合，以前以上の数多くの規制がかかる中での作業となり，企業にとっては負担となっている。以前は元請けは現場の監督者は 1 人でよかったのが，現在は現場に 2 名の監督を常駐させなければならない，など負担感が増している。原子力関係以外でも仕事がある業種・企業からは，原子力関係の仕事を忌避する傾向も出ている（東海村 2015: 68-69）。

東海第二原発の停止期間は6年以上に及び，すでに地元企業の中には，新しい業態に挑戦している企業もある。

3.11後の「脱原発ニューウェーブ」

チェルノブイリ原発事故後に全国的に盛り上がりを見せた反原発の動きは，「脱原発ニューウェーブ」として注目され，とくに「不安」に基づく「母親」というアイデンティティをめぐる闘争として，新しい社会運動の文脈から分析された。既存の組織に依存しない女性の政治参画は，従来の反・脱原発運動にも大きな影響をもたらした（長谷川 1991）。

東日本大震災後，東海村では初となる女性グループ「リリウムの会」が結成された。「リリウムの会」は，震災前は，原子力についてなんら活動の経験もない女性3人で始まった。先に述べた東海村への東海第二原発の廃炉を求める請願は，「リリウムの会」が提起したものであった。1年以上に及ぶ村議会の特別委員会を傍聴し，いわゆる推進派とされる村議にも声をかけ，理解を求め続けた。2013年に村議会特別委員会で請願が棄却されると，体調を崩すほど落胆するメンバーもいたが，この棄却のあとも活動を継続している。

震災前から，脱原発を掲げて当選した相沢一正村議の活動は，貴重な村内での動きであった。しかし，原子力関係者が多い村内での活動に参加するハードルはとくに高く，村内に住民グループが結成されたという点は大きかった。村内のグループであるため，村議会への請願や意見書提出が可能となるなど，村内の政治の活性化につながっている。

「リリウムの会」の活動姿勢として目を引くのは，グループとしては明確に脱原発を掲げ，政治活動も展開しつつ，対話を重視する姿勢を大事にしている。狭い村内であるので，村議会はもちろん，さまざまな住民・市民グループ，業界団体において，原子力を推進する主体は容易に把握できる。「リリウムの会」のメンバーは，同じ主張を掲げる脱原発の市民グループはもちろん，いわゆる推進派が集まる集会にも顔を出し，人間関係をつくろうと努力してきた。「相手も人だから，まずは話さないと理解しあえない」と，推進派のグループにも参加している。

東海村をめぐる脱原発運動においては，長らく推進派と反対派が線引きされ，それぞれの領域で活動してきたといえるだろう。脱原発を掲げながらも，相手の懐に飛び込んでいく様子は，勇敢でもあり，しなやかでもある。東海村で見られたこの「対話重視」の動きは，震災後の東海村の脱原発運動の特徴の1つとして指摘できる。先に述べたJCO臨界事故後を受けて活動している，NPO法人HSEリスク・シーキューブにも推進派と脱原発派が参加し活動している。

この「対話重視」を可能とした背景には，「避難計画」という共通のテーマの存在もあった。再稼働の推進や反対を問わず，避難計画策定は共通の懸案事項である。推進派にとっては，「避難計画」が策定されないと，再稼働への道は閉ざされたままであるし，反対派にとっても住民の健康を守るうえで避難計画は重大であった。女性メンバーは，保守派の村議に話しかける中で「避難計画は大事だよね」という言葉を早い段階で獲得している。東海第二原発の再稼働をめぐっては，村が二分される懸念はあるが，避難計画策定については推進・反対派の関係なく，同じテーブルで議論できるテーマであった。

東海第二原発をめぐる議論にとどまらず，福島原発事故を経験したものとして，どのような地域社会をつくっていくことが必要かを議論し，活動するグループもひたちなか市に生まれている。東海村に隣接するひたちなか市には，原子力関係の事業所はないが，日立製作所の基幹工場が立地する。ひたちなか市長の本間源基氏は，市内のシンポジウムで東海第二原発の再稼働に否定的なコメントを述べるなど，批判的な姿勢を示しているが，原子力関連産業に従事する労働者も少なくなく，市民の間でも原子力について話題にすることのタブー感は強く残っている。

そのような中，子育て中の女性グループが中心の「みつばちの会」が，2013年9月に結成された。のちにメンバーとなる女性（30代）は，大学で学生向けに講演した際，

「震災前から東海第二原発のことは知っていました。近くを通っても何を思うこともなく，感じることもなく，ほんと風景の一部。何も気にとめることもなく，通り過ぎていました。風景だから，何の問題意識ももっていませんでした。福島原発事故が起きて，放射能汚染が自分の家族，子どもにも影響するという今になって，こんなに近くにも原子力発電所がある，ということにとても衝撃を受けました。」

と語った[21)]。

「みつばちの会」のメンバーには，これまで脱原発に取り組むグループで活動した人もいる。脱原発に限った運動では，運動の広がりに限界があるということも「みつばちの会」の結成理由の1つであった。「みつばちの会」のメンバーは，政治のあり方そのものを問題視し，女性が政治参加してこなかった状況から変えたいという思いで結成された。2014年11月9日に実施されたひたちなか市長選の前には，「みつばちの会」主催の「公開討論会」が実現した。青年会議所とは別に開催し，学生や女性が参加しやすい日程を選び，テーマも防災，環境，子育て，福祉，東海第二原発という生活に密着したテーマを中心とした討論会となった。女性グループが企画した「公開討論会」として関心を集め，当日の参加者も多く集まったことからより注目された。

社会運動論では，運動のスピンオフ効果として，運動・思想が過激化していくことが指摘されることもある。しかし，「みつばちの会」の動きは，原子力問題を争点化して活動を先鋭化するという動きとは逆に，むしろテーマの軟化（softening）と参加者の広がりが見られることが指摘できる。身近に原子力関係者も多く，あえて原子力問題をテーマからはずし，子どもや女性という視点から，地域政治に参画しようとする「みつばちの会」の活動は，別の見方をすれば，地域社会の中で政治に声が届かなかった若年層や女性の声を届けるということであり，地域政治の変革という点ではより根本的な変革をめざしている活動ともいえる。

「風景」として見ていたのは，身近に存在する原子力発電所だけではなく，その存立とともにある男性中心の政治でもあった。震災をきっかけに結成された「みつばちの会」は，地域政治のあり方そのものを変えようと活動している。

震災後，脱原発の女性グループが村内ではじめて結成され，単発的とはいえ，村内推進派と反対派の住民や関係者同士が対話を重ねる機会があり，周辺の市町村でも原子力の再稼働に危機意識をもつ市民グループによる活動が展開されている。しかし，アンケート調査結果から示される東海第二原発への依然として高いリスク意識に対し，推進派が多数を占める村議会，広がらない市民活動には大きな乖離があるのが現実である。

ポスト3.11「脱原発ニューウェーブ」という視点で分析すると，震災直後は東海村や周辺における講演会・集会などの参加者は多かったが，6年が経過した時点で社会的活動を継続しているメンバーは決して多いとはいえない。しかし，チェルノブイリ原発事故後のニューウェーブが，原子力問題のみに特化し，一点突破型の活動であったのに対し，東海村とその周辺では粘り強く周囲との関係性を生み出しながら，一部には廃炉を見越しながら，地域に根ざす形で活動を継続している点が特徴的である。その意味では，「ニューウェーブ」という新しい波が出現しているというよりは，地表に見えない形で，じわじわと地域政治に浸透しつつ内部から変化を生み出そうというスタイルであり，脱原発の認識が広がっているからこそ可能な活動スタイルでもある。

着々と進む再稼働への準備と動かない山

ある地元企業の社長は，震災前の政治経済を象徴する言葉として「原電党」という言葉の存在を教えてくれた。支持政党は関係なく，日本原電を応援する人々が結集する先が「原電党」であった。自民党や民主党（現・民進党）という政党を超え，日本原電を中心として，地元の関連企業が結集して支持基盤を形成していたことがうかがえる。

茨城県の場合，自民党は梶山家からの選出が続いており，強い地盤をもつ民主党の大畠章宏は，日立製作所の労組出身の議員である。原子力政策において大きな差はなく，反原発・脱原発を強く打ち出す共産党・社民等などの一部の左派政党以外は，「原電党」のメンバーであった。この体制は，茨城県内で1990年代末に相次いだ，97年の旧動燃のアスファルト固化施設の爆発火災事故，そして99年のJCO臨界事故を経ても変わることはなかった。

東日本大震災・福島原発事故を経て，現在も東海第二原発は停止したままである。しかし，2018年11月には営業運転開始から40年が経過し，稼働20年延長申請の期限が2017年11月に迫っている。14年5月20日，日本原電は，原子力規制委員会に安全審査を申請し，原子力規制委員会での審議が継続されている。15 mの津波を想定し，18 mの防潮堤を建設し，フィルター付きベントの設置，水密扉の設置などを総額780億円をかけ実施する計画である。

2017年中盤に県知事選挙が予定されており，この1年が大きな山場となるだろう。

最 後 に

関礼子（2013）が指摘するように，公害にせよ原発事故にせよ，もっとも影響を受ける人々は利害関係にもっとも深く組み入れられた人々であり，声を上げることができない人々でもある。声を上げることができないままだと，政府レベルで事故を教訓として規制強化が図られることはあっても，地元のローカル・ガバナンスに大きな変化は見られないことになる。

本章では，東海村を事例として，3.11前後の原子力産業をめぐる動きを見てきた。東海村では福島原発事故以前に，JCO臨界事故などを経験していること，さらに福島原発事故による放射能汚染の影響を受けていることから，福島原発事故を「他人事」として見る遠方の立地自治体とは一線を画す。さらに，東海第二原発でさえも，いくつかの幸運が重なることによって大事故を免れたという事実は，福島の状況は「明日は我が身」として受け止められているといえよう。

「明日は我が身」という感覚は，東海村に限った話ではない。東海第二原発をめぐるローカル・ガバナンスにおいて，非常に重要なのは近隣自治体の「当事者性の拡大」である。電源三法などの利益を受けておらず，事故が起きれば甚大な影響を受ける可能性がある近隣自治体が，東海第二原発の再稼働をめぐる議論に参加したことは，ローカル・ガバナンスの構造を広げ，結果として再稼働へのハードルを大きく上げる結果となっている。

また「避難」をめぐる議論も同様である。東海第二原発の場合，周辺人口が多いことから，原発避難はひときわ実践的計画を策定するのが困難と見られている。机上での計画策定は可能であったとしても，現実の避難計画には懐疑的な見方も強い（茨城大学「地域社会と原子力」調査チーム 2014）。しかし，周辺人口が多いことを理由とする避難の困難性は，東海村の都市的要因に起因するため，逆に過疎化傾向が強い他の原発立地自治体における避難は，人口だけを見ると東海村に比べると困難ではないことになる。原子力立地が人口過密地帯では規制されているように，避難も同じロジックで難しいことになる。そうすると，既存の原発で比較的都市に近く，人口過密地帯の原発は再稼働が認められず，過疎地の原発から稼働するということになれば，過疎地に原子力リスクを押しつけてきたこれまでのロジックと変わらない。原子力リスクをめぐる社会的公平性，すなわち環境正義をめぐるイッシューにも敏感になるべきである。

女性グループの中で生まれている地域政治そのものへの変革志向や，推進派とも信頼関係をつくる中で意見交換を行おうとする姿勢は今までにはなかった動きである。これも，3.11以前は地域社会の中で孤立するしかなかった反・脱原発の動きが，今もなお，実際の活動に参加する人数は非常に限られているとしても，水面下での支持が大きく広がっているからこそ可能となる動きなのだろう。

震災から6年が経過した中で，東海村も日本原電も決定的な動きをこれまで示してはいない。当然，再稼働を望む人々も多い中で，国内の原子力業界のパイオニア的存在であった東海村で，福島原発事故後どのように原子力エネルギーと向き合うのかという最終判断は大いに注目を集めるだろう。その際には，原子力ローカル・ガバナンスの内実というものが問われることになる。

謝　辞

本研究にご協力いただいた皆さま，発言の掲載をお認めいただいた皆さまに感謝申し上げます。なお，本研究は，下記の助成金の交付を受けて行った研究成果の一部です。記して感謝いたします。

・基盤研究（A）「東日本大震災と日本社会の再建――地震，津波，原発震災の被害とその克服の道」（研究代表：加藤眞義，2012～2015年度，研究課題番号 24243057）

・基盤研究（B）「東海村臨界事故を踏まえた福島原発事故後の環境対策とまちづくりに関する総合的研究」（研究代表：熊沢紀之，2013～2016年度，研究課題番号 25281067）

・基盤研究（C）「災害後の原子力ローカルガバナンスと地域再生に関する国際比較研究」（研究代表：原口弥生，2016～2018年度，研究課題番号 16K12367）。

注

1）　Exelon社は，2017年5月29日，TMI-1の早期閉鎖の方針を打ち出した。Exelon社ホームページ http://www.exeloncorp.com/newsroom/exelon-to-retire-three-mile-island-generating-station-in-2019（2017年8月10日取得）

2）　亡くなった4名は，村内の東京電力常陸那珂火力発電所での揺れによる転落事故が原因で，広島出身の労働者であった。

3）「東海第二原発，綱渡りの3日半　停止作業の詳細明らかに」『朝日新聞』2011年5月15日。

4）　東海村と茨城大学との共催による公開講座「原子力施設と地域社会」の中での発言（2013年2月10日，東海村）。

5）　他に昭和三陸地震，北海道東方沖地震などの地震も対象からはずされた。

6）　茨城大学学長・三村信男氏へのインタビュー（2014年9月16日，水戸市）。

7）　茨城県茨城沿岸津波浸水想定検討委員会ホームページ　http://www.pref.ibaraki.jp/doboku/kasen/coast/042000.html（2017年4月20日取得）

8）　東海村経済環境部原子力対策課（当時）の職員との会話より（2007年11月14日）。

9）　2001年は無投票で再選。2005年村長選（投票率77.0％）では村上達也9860票，高野秀機（元日本原子力研究所）9299票，尾形孝1888票。2009年村長選（投票率67.1％）では，村上達也1万0049票，坪井章次（元県職員）9281票。

10）「原子力ムラから『NO』原発再稼働 原研労組の考え」『東京新聞』2012年5月17日。

11) 『あゆみ速報 原研労組中執ニュース』2012年4月18日 http://orange.zero.jp/genkenrouso.wing/ayumi6324.pdf（2017年8月5日取得）

12) UPZ（Urgent Protective action Planning Zone）は緊急時防護措置を準備する区域を指す。施設から5km圏内で予防的防護措置の対象となるPAZ（Precautionary Action Zone）とともに，国際原子力機関（IAEA）が定めた概念である。

13) 「東海第二原発 45首長アンケート 再稼働『反対』4割 『判断留保』も半数」『朝日新聞』2012年4月7日。

14) 「議会の東海第2意見書 16市町村『廃炉』求める大半が30キロ圏外」『茨城新聞』2012年7月10日。

15) 東海村議会に提出された請願は，廃炉や再稼働中止を求める請願が3件，推進派からは再稼働を前提に原子力の安全性向上を求める請願が提出されていた。

16) 水戸市市民協働部防災・危機管理課ホームページ http://www.city.mito.lg.jp/000271/000273/000284/000335/p014521.html（2017年4月20日取得）
東海村ホームページ https://www.vill.tokai.ibaraki.jp/viewer/info.html?id=3369（2017年4月20日取得）

17) 「浜岡原発31キロ圏安全協定 中電と7市町が締結」『静岡新聞』2016年7月9日。

18) 「東海第2原発 6市村へ新安全協定案 原電」『茨城新聞』2017年3月25日。

19) 茨城大学「地域社会と原子力」調査チーム（2014，2016）。2014年調査は，有効回収票1095通，有効回収率27.4%。2016年調査は，有効回収票963通，回収率24.1%。

20) 東海村まちづくり推進課ホームページ https://www.vill.tokai.ibaraki.jp/manage/contents/upload/54f66389d7629.pdf（2017年4月20日取得）

21) 2012年6月18日，茨城大学での講義にて。

参考文献

中央防災会議 日本海溝・千島海溝周辺海溝型地震に関する専門調査会，2006，『日本海溝・千島海溝周辺海溝型地震に関する専門調査会報告』。

原子力総合年表編集委員会，2014，『原子力総合年表――福島原発震災に至る道』すいれん舎。

原口弥生，2013，「低認知被災地における市民活動の現在と課題――茨城県の放射能汚染をめぐる問題構築」『平和研究』40: 9-30。

長谷川公一，1991，「反原子力運動における女性の位置――ポスト・チェルノブイリの『新しい社会運動』」『レヴァイアサン』8: 41-58。

平岡義和，2013，「組織的無責任としての原発事故――水俣病事件との対比を通じて」『環境社会学研究』19: 4-19。

茨城大学「地域社会と原子力」調査チーム（研究代表 渋谷敦司），2014，『地域社会と原子力に関するアンケート調査 Ⅴ 結果の概要』。

茨城大学「地域社会と原子力」調査チーム（研究代表 渋谷敦司），2016，『地域社会と原子力に関するアンケート調査 Ⅶ 結果の概要』（2016年10月）。

茨城県生活環境部防災・危機管理局原子力安全対策課，2014，『東日本大震災の記録――原子力災害編』。

村上達也・神保哲生，2013，『東海村・村長の「脱原発」論』集英社。

関礼子，2013，「強制された避難と『生活（life）の復興』」『環境社会学研究』19: 45-60。
渋谷敦司，2017，「震災後の原子力世論の変化と地域社会――原子力話法としての世論調査を超えて」『茨城大学人文学部紀要 社会科学論集』63: 15-44。
清水堅一，2017，『福島原発事故と日本の原子力開発に係る考察――国，原子力事業者，原子力専門家を中心に』茨城大学大学院人文社会科学研究科 平成28年度修士論文。
竹内仁・藤良太郎・三村信男・今村文彦・佐竹健治・都司嘉宣・宝地兼次・松浦健郎，2007，「延宝房総沖地震津波の千葉県沿岸～福島県沿岸での痕跡高調査」『歴史地震』22: 53-59。
Tarrow, Sidney, 1994, *Power in Movement: Social Movements, Collective Action and Politics*, Cambridge University Press.
東海村，2012，『東日本大震災体験記 2011. 3. 11 の記録』。
東海村，2015，「東海村経済状況調査結果」。

第7章

エネルギー政策を転換するために

ドイツの脱原発と日本への示唆

青木 聡子

1 はじめに——本章のねらい

東日本大震災にともなう福島第一原発事故は，諸外国，とりわけヨーロッパ諸国のエネルギー政策に少なからぬ影響を及ぼした。スイスでは連邦政府によって2034年までの脱原発の方針が定められ（2011年5月），イタリアでは国民投票によって原発建設法の廃止が決定された（2011年6月）。ベルギーでは2003年の時点で決定していた2025年までの脱原発について，その方針を堅持し2015年から順次原子炉を停止していくことが新たに発足した連立政権内で合意された（2011年10月）。これらの動きの中でも，本章で取り上げるドイツでは，とりわけ速やかかつ劇的にエネルギー政策の転換が実行された。

福島第一原発事故を受け，連邦首相メルケルは，わずか3カ月あまり前に自身が先頭に立って決定した原発の稼働期間延長を撤回し（2011年3月），それまでの「原発延命」から一転して脱原発へと大きく舵を切った。2011年6月には，2022年末までに脱原発を達成することを盛り込んだ第12次改正原子力法が連邦議会で可決され（7月8日に連邦参議院で承認），ドイツ社会は脱原発の道を歩むこととなった。あわせて連邦政府は，再生可能エネルギーの供給拡大のための取組みを強化し，北海での洋上風力発電と国内を縦横断する高圧送電線網の整備とを中心にしてエネルギー転換（Energiewende）を推進している。

ではドイツ社会はなぜ，かくも速やかにエネルギー政策の転換をなしえたのだろうか。最悪の原発事故を経験したにもかかわらず川内原発の運転が再開され（2015年8月），他の原発でも再稼働の申請が続く日本との違いはどこにあったのだろうか。ドイツの環境史とりわけ原子力史研究の第一人者であるヨアヒム・ラートカウは，ドイツが脱原発を達成しえた要因として，①核保有国ではなかったこと，②日本のように「原子力ムラ」支配が強力ではなかったこと，③長きにわたって展開されてきた原子力施設反対運動の存在，の3点を強調している[1]。これらのうち，3点目の反対運動については，学生運動世代の（体制内に参入していくという）現実主義路線の功績を指摘しながらも，「ドイツでなぜ反原発運動が粘り強く続いたのかの決定的な理由はまだはっきりしていない」としている[2]。

本章の目的は，この「まだはっきりしていない」理由を明らかにすること，すなわち“ドイツ社会はなぜ，かくも速やかにエネルギー政策の転換をなしえたのか”という問いに，反対運動という切り口から応答することである。というのも，ドイツのエネルギー政策の転換にとっては“2011年”がすべてではなく，そこに連なる前史と，さらには前史をもたらした40年以上にわたる原子力施設反対運動の歴史とが——ラートカウも指摘するように——重要な役割を果たしているためである。前史とは，2011年からさかのぼること10余年，2000年に達成された脱原発基本合意とそれをふまえた原子力法改正（2002年）とによって脱原発がすでに方向づけられていたことを指す。次節以降の議論を先取りすれば，本章は2011年に何がどのように起こったのかを示すことではなく，2011年へと連なる前史，中でも2000年の脱原発基本合意に至る過程を検証することに主眼を置いている。

日本とドイツとでは，政府が再稼働に積極的な姿勢を見せる日本と脱原発へと舵を切ったドイツという対照的な現状はもちろんのこと，そこに至る過程において，それぞれの社会が経験してきた社会運動も大きく異なる。同じ敗戦国として戦後の歴史を歩むことになった日本とドイツにおいて，原子力施設をめぐる社会運動が，一時的，局地的には盛り上がりを見せつつもやがて沈静化していった日本と，連邦全土を巻き込み政府に政策転換を迫るうねりへと発展したドイツとの違いはどこにあったのだろうか。こうした問題意識を出発点とし，次節以降では，1970 年代半ばから 80 年代にかけて西ドイツ社会を席巻した原子力施設反対運動に焦点を当て，その展開過程を個別事例に即して検証していく。具体的には，第 2 節でドイツの原子力施設反対運動の概要と特徴とを示したのちに，第 3 節ではヴィール（Wyhl）原発反対運動を，第 4 節ではゴアレーベン（Gorleben）での放射性廃棄物をめぐる一連の抗議運動を取り上げる。それぞれの事例において人々が依拠した“抵抗の論理”を導出し，ドイツの原子力施設反対運動をかくも大規模かつ継続的たらしめてきた原動力を探っていく。それをふまえて，第 5 節では，過去の原子力施設反対運動と現在のエネルギー転換との間に見られる思想的連続性を示し，日本のエネルギー転換への示唆としたい。

2　ドイツにおける原子力施設反対運動の概要と特徴

概要――2000 年脱原発基本合意への道のり

まず，ドイツの原子力施設反対運動を 2 つの局面に着目して概観しておこう。

ドイツにおいて原子力施設反対運動が本格化したのは，それまで主流であった訴訟や陳情といった穏健かつ制度的な手段とあわせて座り込みや集会やデモ行進などの直接行動が用いられるようになった 1970 年代半ばのことである。ここに第 1 の局面を見ることができる。代表的な事例であるヴィール，カルカー（Kalkar），ヴァッカースドルフ（Wackersdorf）では許可が下り建設作業が開始されたものの，地域住民を中心とする反対派の激しい抗議運動が展開され，原子力施設が計画中止に追い込まれている。

これらのほかに着工以前に計画が中止されたものも含め，1970 年代半ば以降，反対運動は連邦各地で複数の計画を阻止してきた。または，阻止に至らないまでも，ブロクドルフ（Brokdorf），グローンデ（Gronde），ゴアレーベンなどでは激しい反対闘争が繰り広げられた。ドイツの社会運動研究者ディーター・ルフトは，さまざまな要因が存在するとの留保をつけながらも，ドイツにおいて累積の原発設備容量が低く抑えられ，アメリカやフランスと比べて原子力への依存度が低いのは，この時期の原子力施設反対運動の成果によるところが大きいと評価する（Rucht 1994: 463-72）。

さらに，1980年代後半に入ると，原子力施設反対運動は第2の局面を迎える。原子力問題の“制度内化”である。1980 年代半ばまでは反原子力を唱える政治的な勢力がほとんど存在せず，反対派は抗議行動を通じて，すなわち議会制民主主義という制度の外側からエネルギー政策の転換を訴えるしかなかった。それが，原子力施設反対運動の追い風を受けて同盟90／緑の党（以下，緑の党）が勢力を拡大し，社会民主党（Sozialdemokratische Partei Deutschlands，以下，SPD）が反原発路線へと転じた（1986年）のにともない，原発問題が政治の舞台で議論される，すなわち議会制民主主義の制度の内側で対応されるようになった。州レベルでは1980年代末からSPDや緑の党が次々と政権に参画し[3]，1998年には連邦レベルでもSPDと緑の党との連立政権が誕生した。その政権下で達成された2000年の脱原発基本合意は，ドイツの原子力施設反対運動が制度にのっとったアプローチによって脱原発という決定的な成果を勝ちとったことを意味していた。

2000年6月，SPDと緑の党からなる連邦政府は，原発を運営する電力各社との間で，国内20基の原子炉すべてを段階的に停止することと2005年7月以降は使用済み核燃料再処理の海外委託を停止することとを盛り込んだ基本合意を実現させた。この合意に基づいて2002年4月に原子力法が改正され，ドイツ社会は脱原発への道を歩み始めた。この脱原発への歩みは，第二次メルケル政権（2009年10月発足）によっていったんは停滞したものの，上述したとおり福島第一原発事故を受けて事態は急展開し，2000年の基本合意で定められたのとほぼ同じペースで原子炉の閉鎖が進むこととなった[4]。

立地の地理的特徴と反対運動

次にドイツにおける原子力施設の立地についてその特徴を確認しておこう。図7-1は，ドイツ国内のおもな原子力施設の立地を示したものである。

これを見ると，州によって多少の偏りはあるものの，総じて旧西ドイツ側では均等に原子力施設が立地していることがわかる。都市部から大きく隔たった海辺の浦々に集中的に原子力施設が立地する日本の場合と対照的である。これは，日本では冷却水を海水から確保するのに対して，北海に面する一部を除いて海岸線がほとんどないドイツでは，河川から冷却水を確保してきたためである。そのため，旧西ドイツの原発は大きな河川沿いに建設が計画される場合が多く，地理的に偏りの少ない立地となってきた。だが，ドイツの原子力施設の立地の特徴は単に河川沿いであるだけではない。

歴史をさかのぼれば，ドイツにかぎらず平地が広がるヨーロッパでは，都市

図7-1　ドイツにおけるおもな原子力施設

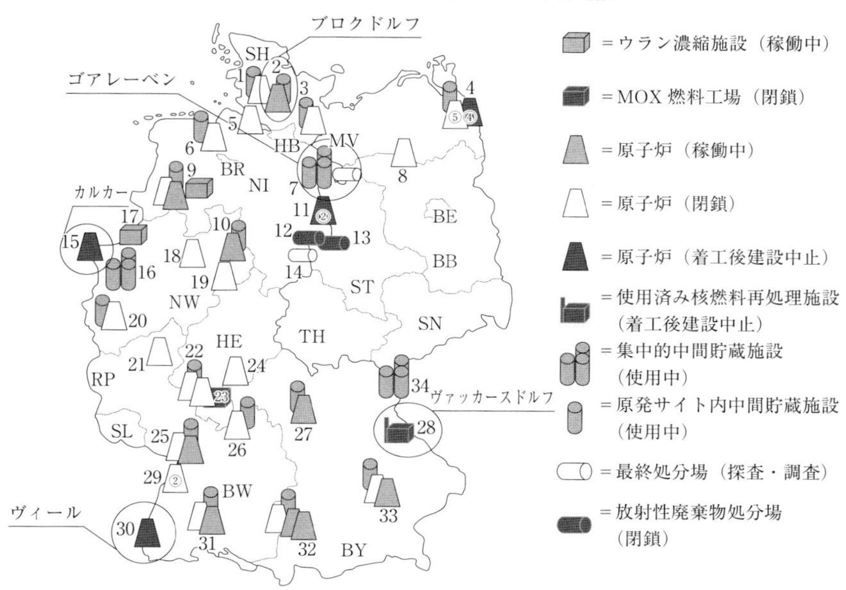

1　ブルンスビュッテル（Brunsbüttel）
2　ブロクドルフ（Brokdorf）
3　クリュメル（Krümmel）
4　グライフスヴァルト／ノルト（Greifswald/Nord）
5　シュターデ（Stade）
6　エーゼンスハム／ウンターヴェーザー（Esenshamm/Unterweser）
7　ゴアレーベン（Gorleben）
8　ラインスベルク（Rheinsberg）
9　リンゲン／エムスラント（Lingen/Emsland）
10　グローンデ（Gronde）
11　シュテンダール（Stendal）
12　アッセ（Asse）
13　モルスレーベン（Morsleben）
14　ザルツギッター（Salzgitter）
15　カルカー（Kalkar）
16　アーハウス（Ahaus）
17　グローナウ（Gronau）
18　ハム＝ウェントロップ（Hamm-Uentrop）
19　ヴュルガッセン（Würgassen）
20　ユーリッヒ（Jülich）
21　ミュルハイム＝ケルリッヒ（Mülheim-Kärlich）
22　ビブリス（Biblis）
23　ハナウ（Hanau）
24　カール（Kahl）
25　フィリップスブルク（Philippsburg）
26　オブリッヒハイム（Obrigheim）
27　グラーフェンラインフェルト（Grafenrheinfeld）
28　ヴァッカースドルフ（Wackersdorf）
29　カールスルーエ（Karlsruhe）
30　ヴィール（Wyhl）
31　ネッカーヴェストハイム（Neckarwestheim）
32　グンドレミンゲン（Gundremmingen）
33　イザール／オーウ（Isar/Ohu）
34　ミッタータイヒ（Mitterteich）

SH：シュレスヴィヒ＝ホルシュタイン州，HB：ハンブルク都市州，BR：ブレーメン都市州，NI：ニーダーザクセン州，NW：ノルトライン＝ヴェストファーレン州，HE：ヘッセン州，RP：ラインラント＝プファルツ州，SL：ザールラント州，BW：バーデン＝ヴュルテンベルク州，BY：バイエルン州，MV：メクレンブルク＝フォアポンメルン州，BE：ベルリン都市州，BB：ブランデンブルク州，ST：ザクセン＝アンハルト州，TH：テューリンゲン州，SN：ザクセン州

（出所）筆者作成。

は交通や物流の要所として大きな河川に沿って形成され，都市の布置が分散的である。ドイツを見ると，日本の場合とは異なり，人口100万人を超える都市はベルリン，ハンブルク，ミュンヘン，ケルンの4つに限られ，これらをのぞく50万人以上の都市も10程度にとどまる。さらに，ドイツでは，日本の基準で中規模または小規模に相当する都市が一般的であるものの，小規模や中規模とはいっても，大学などの高等教育機関を抱え，政治的，経済的，文化的にも大都市への依存度が低い。そうした都市が河川沿いを中心に日本よりも狭い間隔で点在している。このことが意味するのは，ドイツでは原発を立地しようとすれば半径20〜30 km以内には都市が存在することになり，都市近郊を避けた原発立地がほぼ不可能ということである[5)]。

こうして，ドイツでは都市近郊の中で相対的に人口密度が低い地域を選んで原発立地が計画され，実際に建設されてきた。そこで1つの疑問がもたれうる。相対的に人口密度が低い地域とはいえ，なぜ，都市近郊への立地が可能だったのであろうか。原発は都市住民の反対に遭わなかったのだろうか。

一般的に，都市近郊への原発立地は，社会運動研究，とりわけ資源動員論の観点から見れば，反対運動に動員可能な人的資源が豊富であることを意味し，すなわち，反対運動が大規模かつ活発に展開されやすいことを意味する。日本の原発は都市から離れた過疎地域に計画されることがほとんどで，それゆえ動員可能な人的資源に乏しく立地点周辺での大規模な反対運動の継続が困難であり，結果として原発が建設されてきた，という見方が一般的である。

ドイツには，上述したように，動員可能な人的資源が豊富な都市近郊であるにもかかわらず建設されてきた原発が複数存在する。それらの中には，周辺都市住民による反対運動の記録がほとんど存在しないかきわめて限定的なものにとどまった立地点も見られる（フィリップスブルク〔Philippsburg〕，ビブリス〔Biblis〕など）。その一方で，激しい反対運動を展開し拒むことに成功した地域もある。このことが示すのは，動員可能な（人的）資源がどのくらいあるのか／いるのかよりも，いかに動員するかが重要ということである。では，どのような地域の運動が参加者の動員に成功したのだろうか。

上述したように，ヴィールでは原発に，ゴアレーベンとヴァッカースドルフでは使用済み核燃料再処理施設に，カルカーでは高速増殖炉に対して激しい反対運動が展開され建設や操業が中止となった。これらのほかにも，ブロクドルフやグローンデでは，結果として原発が建設され稼働したが，それまでに敷地占拠をともなう反対運動が長期にわたって展開され，当初の想定よりも大幅に長い工期を要し（発注から運転開始まで，それぞれ11年と10年），それに伴って莫大な費用を要することとなった。

このように，ドイツの原子力施設反対運動を概観すると，1970年代半ば以降の立地点周辺の抗議運動の盛り上がりは，すべての立地点に一様に見られたわけではなく，いくつかの立地点に限定されながら，しかしながら爆発的，集中的に起こったことがわかる。具体的には，1970年代半ばから末にかけてヴィールで，70年代末から80年代前半にかけてゴアレーベンとブロクドルフで，80年代半ばから80年代末にかけてヴァッカースドルフとカルカーで，90年代以降は再びゴアレーベンでといった具合に，である。西ドイツ国内では，“原子力施設反対運動の聖地”ともいうべき“中心地”が1つまたは2つ恒常的に存在し，連邦各地から人々が押し寄せていたのである。

しかも，運動の“中心地”がいずれも西ドイツの国境沿いに位置していたことは興味深い。このことは何を意味するのだろうか。一国内の，地理的にも経済的にも政治的にもいわゆる“周縁”に位置づけられる立地点での闘争がいずれも大規模かつ継続的に展開され，ドイツにおける原子力施設反対運動の“中心地”としての役割を果たしえた要因はどこにあったのだろうか。次節以降でこの点を議論するが，それに先立ち本節の最後で，関連する論点をあげておきたい。

ビュルガーイニシアティヴという運動スタイル

前項で指摘した“周縁”立地点の反対運動における特徴とされてきたのは，立地点周辺の住民によって「ビュルガーイニシアティヴ」（Bürgerinitiative，以下，BI）という住民運動団体が形成され，中心的役割を果たしたことである。BIは，直訳すれば「市民／住民のイニシアティヴ［のもとに結成され活動する団体］」であるが，ここで注意すべきは，ビュルガー（Bürger）が文脈によって市民と住民のいずれの意味にもなりうることである。

もともとBIは，公共交通政策や都市再開発政策に対するコミュニティの防衛的反応として，1970年代前半に都市部で登場し，それがしだいに巨大開発事業に直面した農村地域へと波及したという経緯をもつ。中でも，1970年代当時建設計画が相次いでいた原子力施設の立地点では，計画に反対する地元住民たちが「ビュルガーイニシアティヴ○○（○○には地名が入る）」を設立し，抗議運動の中心的担い手となっていった。この過程で，BI は「市民運動団体」と「住民運動団体」という両義性を備えていったのである。

このように両義性を有する BI だが，邦訳の際に「市民イニシアティヴ」と表記されたことで，もともと備わっていた「住民運動団体」というニュアンスが弱まり，日本では「市民運動団体」とみなされてきた。BI による運動は，日本的な「市民／住民運動」の枠組みの中で「市民運動」として理解され，ドイツの BI は普遍的価値志向性や開放性を有する「市民」であるという点が強調されてきた。そこに含意されているのは「それにひきかえ日本の反対運動は地元に閉じた『住民運動』であり，それゆえ全国的なうねりへと展開しえなかったのだ」というニュアンスである。

だが，はたして本当にそうだったのだろうか。結論を先取りすれば，次節以降の事例分析から浮かび上がるドイツの反対運動の担い手像は，むしろ，「地域エゴ」という批判にさらされながらも“上からの公共的価値”に抗った「住民」である。

そもそも，立地点周辺の人々が原子力施設に反対を唱えることは大変な困難をともなう。原子力施設の立地は，貴重な雇用を創出し多額の税収や副次的な経済効果をもたらすなど，地域社会へのメリットが多大と考えられるためである。ドイツにおいてもそれは例外ではなかった[6)]。では，人々はどのようにして反対を唱える際の困難を乗り越えたのだろうか。人々が困難を乗り越ええた理由について，次節以降で，具体的な事例の中で人々が依拠した“抵抗の論理”に着目しながら明らかにしたい。

3　ヴィール闘争における“抵抗の論理”

事例の舞台と概要[7)]

ヴィール原発反対運動は，着工後の原発建設阻止に成功したドイツ初の本格的な反対運動として国内外で知られる事例であり，上述したとおり，1970 年代半ばから末にかけて西ドイツの原子力施設反対運動の“中心”となった運動である。舞台は，ドイツ南西部，バーデン＝ヴュルテンベルク（Baden-Württemberg）州の中でもさらに南西部の，フランスやスイスとの国境に囲まれたオーバーライン（Oberrhein）地方である。当地はドイツ国内でもっとも温暖な地域ともいわれ，中でもカイザーシュトゥール（Kaiserstuhl）は，良質なワインの生産地として有名である。そのカイザーシュトゥールから10 kmも離れていないヴィールの森（村有地）に原発の建設が計画されたのは，1973年のことであった。現場は，ライン川沿いの森で，対岸はフランス領である。ヴィールでは60年代までは葉タバコの生産が盛んで，村内に4企業がそれぞれ加工場を設けていたが，葉タバコの需要低下とともに産業は衰退し，加工場はすべて撤退または閉鎖に追い込まれた[8]。こうした事情を背景に，ヴィール村当局は，バーデンヴェルク（Badenwerk）社による原発建設計画を受け入れることにし，村有地であった森を同社に売却する意向を表明した（1973年7月19日）。村議会も原発立地に積極的であり，建設計画は順調に進むかに思われた。

だが，実際に原発建設が明らかになると，ヴィール近隣の村々で複数の住民運動団体が形成され，反対運動が即座に開始された（1973年7月）。中でも，運動の主導的役割を果たしたのが，ヴィールの隣村，ヴァイスヴァイル（Weisweil）で発足したビュルガーイニシアティヴ・ヴァイスヴァイル（BI Weisweil，以下BIW）であった[9]。自治体単位の住民団体のほかにも，ライン川の漁業関係者たちはボートによるデモを行い（1973年8月），カイザーシュトゥールのワイン農家たちはトラクターを連ねてデモ行進を実行した（1974年4月）。反対運動は国境を越えてフランス側にも拡大し，一帯をカバーする運動団体連合「バーデン＝アルザス・ビュルガーイニシアティヴ連合」（Badisch-Elsäsische Bürgerinitiativen，以下BEBI）が設立された（1974年8月）。

1975年2月からは建設予定地でBEBI主導による敷地占拠が実行された。敷地占拠は8カ月以上にわたって続けられ，最終的に原発計画反対派は，「建設差し止めを求めた訴訟（1974年に提訴）の判決が下るまでは建設を中止する」ことを計画推進側に認めさせるに至る。これに加えて，占拠者に刑事罰を科さないことと，反対派グループによる見張りの常駐を認めることとを条件に占拠地は明け渡され，敷地占拠に終止符が打たれた（1975年11月）。敷地占拠終了後も，ヴィールでは計画推進派と反対派による一進一退の攻防が続き，工期の延長が繰り返され建設コストも膨れ上がっていった。こうした中，州首相がヴィール原発建設計画の断念を突如発表する（1983年8月）。最終的には，連邦行政裁判所が建設許可を取り消す判決を下した（1985年12月）ことでヴィール原発の建設中止が正式に決定している（表7-1）。

このように展開されたヴィールの闘争であったが，では人々はなぜ原発建設計画に反対し運動に身を投じたのだろうか。①人々は自らの置かれた状況をい

表 7-1　ヴィール原発反対運動関連年表

年	おもな出来事
1973	［7月19日］BW社によるヴィール原発建設計画がラジオ番組のスクープで明らかになる ［7月20日］ヴァイスヴァイルの反対派住民がBIWを結成（翌日に抗議デモ） ［7月22日］ヴィール村当局とBW社による村民向け説明会 ［8月］漁業者によるライン川ボートデモ ［10月］BW社，ヴィール原発の建設許可を申請
1974	［4月］ワイン農家によるトラクターデモ ［4月］反対派住民，約96,000人分の反対署名をエメンディンゲン郡長に提出 ［8月］BEBI結成，原発建設の差し止めを求めフライブルク下級行政裁判所に提訴 ［9月］ヴィール村当局，BW社への村有地売却の是非を問う住民投票を告知
1975	［1月12日］村有地売却の是非を問うヴィール村住民投票の実施　→55%の賛成で売却決定 ［1月］ヴィール原発第一部分建設許可 ←BEBI，取り消し処分申請をフライブルク下級行政裁判所に提出 ［2月11日］ヴィール村当局，BW社に用地を売却 ［2月17日］BW社，ヴィールの森の伐採開始 ［2月18日］BEBI，ヴィールの森にて第1回敷地占拠を実行（2月20日に強制撤去） ［2月23日］BEBI，ヴィールの森にて第2回敷地占拠を実行（11月まで継続） ［3月］占拠地内に「フレンドシップハウス」設置［4月］占拠地内で「ヴィールの森市民大学」開始 ［3月］フライブルク下級行政裁判所による建設停止の仮処分申し渡し　←BW社は控訴 ［10月14日］マンハイム上級行政裁判所，建設再開を認める逆転判決 →BW社，BEBIに占拠地の明け渡しを要求 ［10月15日］BEBI，建設差し止め訴訟（1974年8月提訴）の判決までは占拠続行と宣言 ［10月24日］BEBI，①建設差し止め訴訟判決までの建設作業停止と②占拠者に刑事罰を問わないことと引き換えに，ヴィール村当局・BW社との占拠地明け渡しの話し合いに応じると表明 ［10月29日］BEBI，上記の条件で占拠地を明け渡すことを全体集会で決定 ［11月7日］BEBIによる占拠地明け渡し ［11月10日］BEBI，州政府，BW社の各代表者による第1回交渉 ［11月24日］BEBI，州政府，BW社の各代表者による第2回交渉 ［12月8日］BEBI，州政府，BW社の各代表者による第3回交渉
1976	［1月14日］BEBI，州政府，BW社の各代表者による第4回交渉 ［1月31日］BEBI，州政府，BW社の各代表者により「オッフェンブルク協定」締結
1977	［4月］フライブルク下級行政裁判所による建設差し止め訴訟判決 →安全対策の不備を理由に建設差し止め　→BW社は控訴
1982	［3月］マンハイム上級行政裁判所，下級審判決を破棄しBW社に建設を認める判決
1983	［3月］BEBI，「区画80」に対する異議申し立て　→45,000人分の反対署名 ［6月］BEBI，ライン川の水利権をめぐりBW社を提訴 ［8月］州首相，ヴィール原発建設計画の断念を発表
1985	［12月］連邦行政裁判所，ヴィール原発建設許可を取り消す判決

（出所）Nössler und de Witt Hrsg.（1976），Löser（2003），Rucht（1988）および聞き取り調査の結果をもとに筆者作成。

かに意味づけ（何を問題視し），②運動をいかに意味づけ，参加に値するとみなすに至ったのかに沿って，人々が依拠した“抵抗の論理”を見ていこう。

人々は何を問題視したのか

1970年代後半に展開された西ドイツの原子力施設反対運動を鳥瞰的に整理したルフトは，原子力施設に反対する人々の問題意識について，通常の環境運動における環境配慮意識に加えて以下の7点をあげている。①原子力施設と核兵器との関連性，②周辺住民が負うことになる恒常的なリスク，③科学技術による「人間らしさ」の喪失とテクノクラシー化，④原子力産業を通じた政府と企業の癒着の進展，⑤「原子力帝国」化，⑥立地点の経済・社会構造への脅威，⑦自然環境への脅威の7つである（Rucht 1980: 78）。

ヴィール原発反対運動に関して一般的にいわれてきたのは，ブドウの品質が低下することに対するワイン農家の反発と，ライン川の漁獲に影響が出ることに対する漁師の反発とが強かったという点，すなわち上記のルフトの指摘のうち⑥に相当する理由であった。原子炉に併設される冷却塔から排出される水蒸気によって，これまでブドウ栽培に最適に絶妙に保たれてきた周囲の湿度が変わってしまうことをワイン農家は問題視し，原発からライン川に排出される温水によってわずかながらでも水温が上昇することで，魚介類の生態系に悪影響が出ることを漁師は問題視したという認識である。それに加えて，フライブルク（Freiburg）大学の学生や研究者によって放射能のリスクが指摘されるようになり，ヴィールやその周辺自治体の住民が原発建設に不安をもつようになった，すなわちルフトの整理のうち②や⑦に相当する理由も先行研究では指摘されている（Rucht 1988；若尾 2012；西田 2012 など）。

だが，実際に調べてみると，先行研究で指摘されてきた理由以外にも，さらにはルフトの整理のうちのいずれにも相当しないような理由が現地では語られてきたことがわかる。それは，オーバーライン地方の住民が自らの故郷に対して抱いていた感情と強く結びついた理由であり，とくに第二次世界大戦と関連づけた次のような語りに現れる。

「この国境地帯は，これまでほとんどかえりみられることがなかった。戦時中は爆撃によって壊滅的な打撃を受け，戦後の経済再建期には故意に無視されてきた」（傍点および［　］は筆者による，以下同）（Nössler und de Witt Hrsg.

1976: 14-15)[10]。

「戦前の西方防壁をつくるときに，おれのところの農地はめちゃめちゃにされた。［中略］戦後，当時おれは18歳の若造だったが，捕虜だったのを解放されて故郷に戻ったおれが見たのは，瓦礫の山と化した故郷の姿だった」(Gladitz Hrsg. 1976: 64)[11]。

第二次世界大戦中，西部の前線であったオーバーライン地方は，連合軍の激しい攻撃にさらされ，敗戦によってアルザスはフランス領となった。ドイツ側に残った村々でも，終戦時の人口は開戦前の半数以下に激減した。こうした歴史的背景のもと，「自分たちは戦争時に国から見捨てられた」という意識がこの地方の住民の間には強い。戦後には，重化学工業を中心とした工場立地が進み，オーバーライン地方には工業地帯が形成されたものの，その際にも地元の農家や漁師はその恩恵に与ることはなく，取り残された存在だった。それどころか工場廃水でライン川の汚染も急速に進んだ。度重なる戦争で国境線の変更が繰り返され，第二次世界大戦後には生活環境の悪化が起こっていたオーバーライン地方の農家や漁師たちにとって，自らの故郷は，国によって「故意に無視されてきた」地域だった。

しかし，そのような地域であっても，農家や漁師は，故郷で生計を立て，先祖代々の農地や漁場を守り，次の世代に引き継いでいかなければならなかった。その故郷に，原発の建設が計画されたのである。原発に設置される冷却塔が周辺の気候に影響を及ぼし農作物の出来を悪くし，生計に打撃を与えるであろうということは，専門家の調査によって明らかになっていた。こうした状況を目の当たりにした地元住民の感情は，次にあげる農家の語りに凝縮されていよう。

「辺境に生きる，ただそれだけの理由で，私たちに産業がもたらされることはなかった。しかも，この期に及んで『汚れたもの』を押し付けようとする。それが5年以内に実現されそうだと考えただけで歯軋りする思いだ」(Gladitz Hrsg. 1976: 53)。

オーバーライン地方の人々にとってヴィール原発建設計画とは，故郷に再び壊滅的荒廃をもたらしかねない「またしても降りかかってきた火の粉」(Gladitz

Hrsg. 1976: 64）であり，そのような「火の粉」がまたしても中央から一方的にもたらされることが，彼らにとって大問題だったのである。

筆者が行った聞き取り調査の中でも，「村の 90% が戦争で破壊された。だから，この辺の住民には『二度とこのような目に遭いたくない』という気持ちが強いのだ」という言葉が聞かれた[12]。それと同様の故郷の破壊をもたらしうる原発は，彼らにとって，なんとしても阻止しなければならないものであった。敷地占拠に参加した住民は次のように語っている。

> 「戦争中，私の村は三度も疎開を経験しました。父や息子を失った家族もありました。［中略］言うに言われぬ苦しみを味わったのです。ほかならぬ戦争のために，です。そのときに私は誓いました『大きくなったら全力を尽くして，あらゆる手段を駆使して反戦の闘いをしよう』と。現在私はそれを実行しているのです」（Nössler und de Witt Hrsg. 1976: 134）[13]。

> 「私たち敷地占拠の参加者の多くは，ナチス時代を体験してきました。ですから，**もはや権力をもつ者が絶対的に正しいと信じるわけにはいかないので**す」（Nössler und de Witt Hrsg. 1976: 144）[14]。

彼らにとってヴィール原発への反対は，単に目の前の原発計画に反対することにとどまらなかった。それは，かつてなしえなかった「反戦」であり，権力に盲目的でないことの表明であり，中央の言いなりにならずに故郷を守るために闘うことであった。こうして，意を決した住民たちが反対運動のシンボルとしたのが，古くから語り継がれてきた郷土の英雄，ヨス・フリッツ（Jos Fritz）である。

人々は運動をいかに意味づけたのか

オーバーライン地方の住民の気質について語られる際に必ずといってよいほど言及されるのが「ドイツ農民戦争」である。ドイツ農民戦争とは，1524～26年におもにドイツ南西部から中部で展開された，農民を中心とする反乱である。オーバーライン地方には，農民戦争がいち早く波及していたが，その際に，「国家権力の廃棄」「租税・地代の廃止」「共同地の開放」という急進的な要求を掲げて農民を率いたのが，指導者ヨス・フリッツという人物である。ヨス・

図7-2　ヨス・フリッツをモチーフにしたヴィール原発反対運動のポスター

（出所）　筆者撮影（2005年3月，ヴァイスヴァイルにて）。

フリッツは，民衆を率いて権力に抗したオーバーライン地方の英雄として語り継がれ，同時に，オーバーライン地方の住民は，自らをヨス・フリッツとともに闘った「抑圧されながらも権力に屈しないわれわれ」として語り継いできた。

先述したように，オーバーライン地方の住民にとって原発建設計画は「またしても降りかかってきた火の粉」(Gladitz Hrsg. 1976: 64) であり，火の粉は自らの手で払わなければならなかった。そしてその際に，ヨス・フリッツが「火の粉を払う」シンボルとして登場する。原発反対派は，権力に立ち向かう存在，ヨス・フリッツをモチーフに用いたポスターや横断幕を使用し運動を展開した（図7-2)。反対運動のニューズレターではヨス・フリッツ特集が組まれた（図7-3)。

これらからわかるのは，運動を主導した住民たち（BIBE）にとってヴィール原発反対運動は現代版農民戦争として展開されていたことである。彼らが行ったのは，ヨス・フリッツや蜂起する民衆を反対運動のシンボルとし，現代版農民戦争という運動像を潜在的参加者としての地元住民に提示することであった。はたして，その運動像は地元住民たちに受け入れられ，彼らを運動へと惹きつけていった。それは，権力に抗ったかつての英雄の伝承や蜂起した民衆の伝承，さらには中央から翻弄され続けてきたという記憶を共有する地元住民によって，このたび降って湧いたヴィール原発建設計画が再び抗うべき機会と捉えられたためである。人々は，かつて郷土の住民たちがそうしたように今度は自分たちが蜂起するときであると，自らが置かれた状況を認識し，反対運動を，繰り返され蓄積されてきた抗いの歴史のもっとも新しい層と意味づけたのである。

ヴィール以前のドイツの原子力施設反対運動において地元の住民団体が用い

たのは，訴訟，署名活動，公聴会への参加といった「おとなしい」手段であり，直接行動が行われるにしても集会などの比較的穏健なものにとどまっていた。こうした反対運動は全国的なマスメディアに取り上げられることが少ないうえに地元外からの支援も少なく，局地的かつ散発的な住民運動の域を出なかった。これに対してヴィール原発反対運動は，BIBE がその地域に固有の運動像を提示することで地元住民を運動に惹きつけ，運動を盛り上がらせて敷地占拠という大規模な直接行動を成功させた。敷地占拠という画期的な戦術は，マスメディアに大々的に，それも好意的に取り上げられた。ヴィールでの成功を目の当たりにしたほかの立地点では，新しい戦術が積極的に取り入れられるようになった。その1つが，次に取り上げるゴアレーベンの反対運動である。

図7-3　ヴィール原発反対運動のニューズレター内で組まれた農民戦争の特集記事

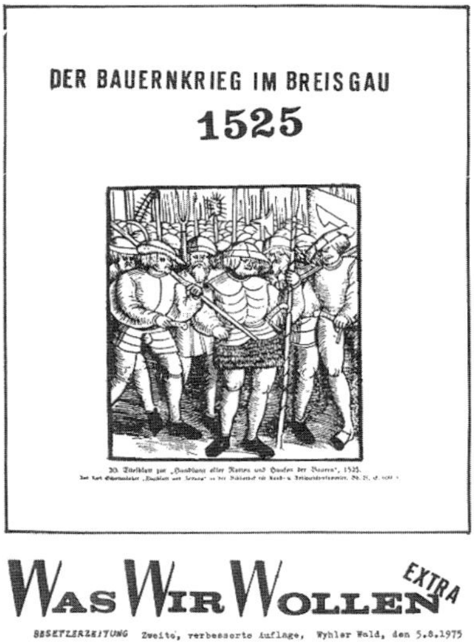

（出所）1975年8月5日発行のニューズレター“Was Wir Wollen”より。

1980年には敷地占拠が実行され，ゴアレーベンの闘争はヴィールに次いで西ドイツの原子力施設反対運動の中心としての役割を果たしてきた。だが，後述するように，ゴアレーベンやその周辺地域は，人口の流動性が高く，人々の間で語り継がれてきた郷土の歴史や抵抗の物語に乏しい地域であった。それゆえ，住民たちが依拠した“抵抗の論理”は，郷土の英雄や物語とは異なる，より現代的なものであった。では，ゴアレーベンではどのような“抵抗の論理”がどのように用いられてきたのであろうか。次節で詳しく見ていこう。

4　ゴアレーベン闘争における“抵抗の論理”

舞台と概要[15]

反対運動のおもな舞台となってきたのは，ニーダーザクセン州，リュヒョウ＝ダンネンベルク郡（Landkreis Lüchow-Dannenberg），ガルトウ（Gemeinde Gartow）に属する，ゴアレーベン地区である。18世紀頃，リュヒョウ＝ダンネンベルク郡とほぼ同範囲を指すヴェントラント（Wendland）という呼び名が定着し，それ以来，地域住民は自らを「ヴェントラント人」と呼んできた。ドイツ領となった12世紀以降，住民の移入と転出が繰り返されたが，この地域の人口移動に決定的な影響を与えたのは，第二次世界大戦である。戦禍によって約60％の住民を喪失したヴェントラントには，戦後，東方からの引き揚げ者や避難者が移入した。さらに，東西ドイツ分断直前に東側から避難してきた人々を含め，現在のヴェントラント住民の25〜30％が戦争直後に移入してきた人々である（Landkreis Lüchow-Dannenberg Hrsg. 1977: 96-110）。東西ドイツ分断後は，3方向を旧東西国境に囲まれる形となり，旧東ドイツ領内に突き出た「西ドイツの突端」と呼ばれた。1970年代初めには，学生運動を経験した都市部の若者たちの一部が，オルタナティヴな生活を実行するためにヴェントラントに移り住んでいる。彼らは独自のコミューンを形成し当地で生活し，現在でも，彼らの一部は当地に暮らす。1970年代以降は，自然の中での創作活動を求めるアーティストたちがヴェントラントに移住した。自然環境の豊かなこの地域一帯は余暇の滞在先として人気があり，都市部からの観光客も少なくないが，農業と観光以外にはめぼしい資源も産業もないため，失業率が慢性的に高く，若者の流出も続く。人口密度が低く，典型的な過疎地域であり，東西ドイツ時代には，地理的にも経済的にも，文字通り西ドイツの“周縁”であった[16]。

こうしたヴェントラントの中でも，さらに旧東西国境に近いゴアレーベン地区に，放射性廃棄物の中間貯蔵施設とパイロットコンディショニング施設[17]が設置され，中間貯蔵施設には，1996年以降，高レベル放射性廃棄物が11回にわたって搬入されてきた（2014年11月末現在）[18]。さらに，当地は連邦政府が建設を計画する使用済み核燃料最終処分場の最有力候補とみられてきた。

ヴェントラントで放射性廃棄物をめぐる闘争が始まったのは，1977年のことである。同年2月，ニーダーザクセン州首相が，州内の4候補地のうちゴアレーベンを「放射性廃棄物処理センター」（Entsorgungszentrum）の立地点とすると発表した。同年7月，連邦政府はゴアレーベンを立地点に決定し，ゴアレーベンを管轄するガルトウも受け入れを表明した。これに対して，ヴェントラントの反対派住民たちはさまざまな団体を形成して反対運動を開始した。それ以来，当地では，住民運動団体「リュヒョウ＝ダンネンベルク・ビュルガーイニシアティヴ」(Bürgerinitiative Lüchow-Dannenberg, 以下 BILD) が中心的な役割を果たし，そのもとで大小さまざまな地元住民団体が独自の活動を展開する反対運動が 40 年近くにわたって展開されている (表 7-2)[19]。とりわけ，1990 年代半ば以降はいわゆる「キャスク輸送」をめぐって激しい抗議行動が行われてきた。

ドイツ国内の原発の使用済み核燃料は，おもにフランス北西部のラ＝アーグ(La Hague) にある施設で再処理されてきた[20]。使用済み核燃料は再処理によって，MOX 燃料の原料となるプルトニウムとそれ以上利用不可能なウラン 236 とに分けられる。このウラン 236 が高レベル放射性廃棄物 (ガラス固化体) として，陸路でラ＝アーグからゴアレーベンの貯蔵施設まで輸送される[21]。ガラス固化体の容器「キャスク」の名を取って「キャスク輸送」と呼ばれる一連の輸送・搬入作業は，ゴアレーベンでは 1996 年以降繰り返され，そのたびに輸送・搬入路周辺で激しい抗議行動が展開されてきた。

その際に，ヴェントラント住民 5000 人以上，連邦全土から 1 万人以上が現場での抗議行動に参加する。輸送路にはトラクターでバリケードが形成され，若者を中心に 5000 人近くが座り込みを行う。寝袋やテントを背負って連邦全土から集まる若者が多く，ヴェントラントの至るところに仮設のキャンプ場が形成され，地元住民による炊き出しが行われる。年配の地元住民は，日常的な活動のほか，当日は「キャスク輸送反対ミサ」への参加という形で反対の意思を表明する。現場には多様な人々が混在し，参加形態もさまざまである。

こうした抗議行動に対して，毎回，連邦各地から 1 万〜2 万人の警察隊が動員される。輸送の 1 週間以上前から輸送経路には有刺鉄線が張り巡らされ，監視が強化される。座り込みやトラクターによるバリケードに対しては，放水車を用いた徹底した撤去作業が行われる。拘束者や逮捕者も少なくない。キャスクは，普段なら半日ほどで済む道のりを丸 2 日以上かけて輸送され，コストも日本円にして数十億円に達する。

では，なぜゴアレーベンでは，かくも活発かつ継続的に抗議行動が続けられてきたのだろうか。40 年近くにわたって人々を運動に駆り立てているものは何なのだろうか。

第 1 世代が語る “抵抗の論理”

1970 年代後半の運動開始当時にその中心的な担い手であった，いわゆる第 1

表 7-2　ゴアレーベン闘争関連年表

年	ゴアレーベン闘争関連事項
1974	・「リュヒョウ＝ダンネンベルク・ビュルガーイニシアティヴ（BILD）」が発足（2月）
1977	・ニーダーザクセン州首相エルンスト・アルブレヒト，「放射性廃棄物処理センター」立地点をゴアレーベンに正式決定したと発表（2月22日）
1977	・BILD を登録団体として設立（3月2日）
1978	・ドイツ核燃料再処理有限会社（DWK）による用地買収（1-7月）　※用地は後に「ゴアレーベン核燃料貯蔵会社（BLG）」が所有
1979	・ハノーファまでのトラクターデモ実行（3月25-31日）　※ハノーファで開催された集会には12万人以上が参加 ・州首相アルブレヒト，ゴアレーベンへの使用済み核燃料再処理施設建設を断念（5月）
1980	・「グランド1004」の敷地占拠。コミューン「ヴェントラント自由共和国」の形成（3月3日-6月4日）
1981	・ガルトウが中間貯蔵施設建設受け入れを表明（5月）　※1982年1月に建設開始
1983	・中間貯蔵施設完成（9月）
1984	・低レベル放射性廃棄物の中間貯蔵施設への搬入（10月）　※輸送路ではバリケードなどの抗議行動
1986	*チェルノブイリ原発事故（4月26日）*
1986	・BLG が「パイロットコンディショニング施設（PKA）」のゴアレーベンへの建設を申請（4月30日）
1988	・州議会が PKA 建設を可決（9月）
1989	・ガルトウ議会が PKA 建設を可決（12月）
1990	・原子力法に基づく PKA 建設許可（1月）　・PKA 建設反対の敷地占拠（2月1-6日）
1991.6	・中間貯蔵施設への低レベル放射性廃棄物の搬入（6月）　※ベルギー・モル原発から
1993.8	・中間貯蔵施設への低レベル放射性廃棄物の搬入（8月）　※ドイツ国内の諸原発から
1994	・低レベル放射性廃棄物輸送・搬入作業，抵抗運動（7月7-12日）　※このとき以来，輸送・搬入作業中の集会が禁じられる
1996	・キャスク輸送（5月6-8日）　※約1万人が抗議行動，約1万人の警察隊および連邦国境警備隊が投入された（戦後ドイツ史上最大規模の警察隊投入，輸送コストは約9,000万マルク）
1997	・キャスク輸送（3月4-5日）　※約1万5,000人・トラクター570台が抗議行動，約3万人以上の警察隊が投入された（輸送コストは約1億7,000万マルク）
1997	・ガルトウ議会が「ニュークリア・サービス社（GNS，BLG の親会社）」との協定を可決（12月） →「構造均衡措置」としてガルトウは GNS から毎年90万マルクを受け取る。放射性重金属が1500トンを超えて中間貯蔵施設に貯蔵される場合は，さらに毎年50万マルクを上乗せ。2036年までに総額約8,000万マルクがガルトウに振り込まれる。
2001	・キャスク輸送（3月27-29日）　※約2万人が抗議行動，約2万8,000人の警察隊が投入された
2001	・キャスク輸送（11月12-14日）　※約2万人が抗議行動，約3万人の警察隊が投入された
2002	・キャスク輸送（11月9-12日）　※約2万人が抗議行動
2003	・キャスク輸送（11月9-12日）　※1万5,000人が抗議行動，約1万9,000人の警察隊が投入され，輸送コストは約2,500万ユーロ
2004	・キャスク輸送（11月6-9日）　※約2万人が抗議行動，約1万5,000人の警察隊が投入され，輸送コストは約2,100万ユーロ
2005	・キャスク輸送（11月19-20日）　※約2万人が抗議行動
2006	・キャスク輸送（11月11-13日）　※約1万5,000人が抗議行動
2008	・キャスク輸送（11月7-10日）　※約1万5,000人が抗議行動，約2万人の警察隊が投入され，輸送コストは約2,500万1,000ユーロ
2010	・キャスク輸送（11月7-9日）　※約1万5,000人が抗議行動，約1万6,000人の警察隊が投入され，輸送コストは約2,500万ユーロ
2011	・キャスク輸送（11月26-29日）　※約2万人が抗議行動

（略語一覧）

BILD　リュヒョウ＝ダンネンベルク・ビュルガーイニシアティヴ

BLG　ゴアレーベン核燃料貯蔵会社（Brennelement Lagergesellschaft Gorleben）

DWK　ドイツ核燃料再処理有限会社（Deutsche Gesellschaft für Wiederaufarbeitung von Kernbrennstoffen mbH）

GNS　ニュークリア・サービス社（Gesellschaft für Nuklearservice）

PKA　パイロットコンディショニング施設（Pilotkonditionierungsanlage）

（出所）　ゴアレーベン・アーカイブ（Gorleben Archiv, http://www.gorleben-archiv.de），およびエルベ・イェーツェル新聞（Elbe-Jeetzel Zeitung）のデータをもとに筆者が作成。

世代の地元住民が語るのは，ヴィールの場合と同様に，第二次世界大戦に引きつけた“抵抗の論理”である。中でも「ヒロシマ」や「ナガサキ」への言及が多く聞かれた。たとえば，次のような語りである。

「一度事故が起これば［原爆投下後のような］ヒロシマ・ナガサキの惨状だ。破壊され尽くした故郷を見るのはもうこりごりだし，子どもや孫にあんな経験をさせたくない」[22]。

70 歳代以上（聞き取り調査を行った 2005 年当時）の戦争経験者が大半を占める第 1 世代の人々にとって，原子力施設は核兵器と直結したものであり，大戦中に経験した故郷の壊滅を思い起こさせるものであった。それと同時に，「ナチス時代」に言及し，「人間を人間として扱わない時代に逆戻りするのか。そんな経験をするのは私たちだけで十分だ」という語りも聞かれた[23]。

さらに，第 1 世代のうち農業を営む人々の間で聞かれたのは，反対運動は「自己の存在を守るための闘い」であるという言葉であった。たとえば，祖父の代からの農地を受け継ぎ農業・畜産業に従事してきた BH 氏は次のように語る[24]。

「私たち農家は土地に縛られている。［中略］私たちは，生活していくために自らの存在をかけて現場で闘うしかない」。

だが，彼らは自己の存在や生活基盤を守るためだけに反対運動を展開してきたわけではなかった。BH 氏は，反対運動を「子どもたちに『勇気』を見せるための闘いでもある」と語るのである。また，BH 氏と同様に祖父の代から農業を営む ZK 氏は，キャスク輸送の際の抗議行動について次のような言い方をする[25]。

「キャスクが結局は搬入されてしまうことはわかっている。［バリケードなどの抵抗が］負けてしまうのはわかっている。それでも，私たちは皆で抵抗するのだ」。

これらの中で,「自己の存在を守るための闘い」に込められた問題意識は,前述したルフトの指摘のうち,②周辺住民が負うことになる恒常的なリスク,⑥立地点の経済・社会構造への脅威,⑦自然環境への脅威に対応する。だが,こうした問題意識のもと直接行動に打って出てもキャスクの搬入を防げないということは,彼らには自明のことであった。それでも彼らが実際に行動を起こすのは,「子どもたちに『勇気』を見せるための闘い」や「負けてしまうのはわかっている……」といった語りに現れているように,抗議行動を目的(キャスク輸送阻止)達成のための手段とみなすのではなく,抗議行動自体を目的化し運動の表出性を重視した運動観を有しているためと考えられる。そして,こうした運動観は,第1世代から運動を引き継ぎ1990年代半ば以降のキャスク輸送反対闘争の中心的担い手となってきた第2世代の間でも見られる。ただし,第1世代とは異なる意味づけをともなって,である。

第2世代が語る“抵抗の論理”

先述したように,学生運動の直後からヴェントラントには若者たちが移住し始め,彼らによるコミューンが形成された。現在では,ほとんどのコミューンは解体したものの,60歳代を迎えるかつてのコミューン住民は,ゴアレーベンの反対運動に積極的に関わっている。運動を開始した第1世代が80歳代以上となった今,第2世代がBILDの活動を引継ぎ,反対運動をリードする。かつてのコミューン住人のほかにも,1980年代以降にヴェントラントに移住した学生運動世代が,当地でさまざまなアクショングループを形成し,イベントを開催するなど,活発に反対運動を展開している。

こうした第2世代の間でも,農業従事者と同じく,「直接行動によってキャスクを止めることは不可能」という語りが聞かれた。地元の主婦GB氏は,「確かに,座り込みによってキャスク輸送を止めることはできない。[中略]それでも私たちは行動を起こさなきゃいけない」と語る[26]。座り込みのための団体「X-1000 Mal Quer」を組織したHW氏も,「私たちは,なにも,警察隊と衝突したいわけではない。キャスク輸送反対の意思を示す,なにかしらシンボリックなことをしたいのだ」と語る[27]。

これらの語りが示すのは,第2世代の彼らも,農業従事者と同じく,抗議行動に直接的な効果を期待しているわけではないということである。それではなぜ,直接行動に参加するのか,という問いに対して,前掲の主婦GB氏は,次のように答えた。

> 「いつか子どもや孫にこう聞かれたとするでしょ。『どうして僕たちの故郷は核のゴミ捨て場になっちゃったの』って。そのときに，私は，『確かに，今，ヴェントラントは核のゴミ捨て場になっている。でもね，私たちはそれをただ指をくわえて見ていたわけではないのよ。精いっぱい抵抗したけどダメだったのよ』と答えたいの」。

さらに彼女は，子どもや孫からの問いかけに対して「ただ指をくわえて見ていたわけではない」と答えることの意義について，次のように語った。

> 「私たちの世代は学生運動のときに親世代を糾弾したでしょ。『なぜヒトラーの台頭を許したのか。なぜナチスに抗して何もしなかったのか』と。そういった［親世代の糾弾を行った］私たちだからこそ，子どもや孫の世代に問われたときに，きちんと答えられるようにしたいの」。

ここでGB氏が自らを「学生運動のときに親世代を糾弾した」世代と語るのは，特殊ドイツ的なテーマのもとに展開された学生運動を念頭に置いてのことである。1960年代後半，アメリカやフランスを中心とする欧米諸国で激化した学生運動は，東欧，アジア，中南米にも波及し，当時の世界的な現象となった。ただし，大学改革やベトナム反戦を中心的な論点としていた他の先進諸国の学生運動に対して，西ドイツで展開された学生運動は「ナチス時代の克服」を中心的な論点とした特殊ドイツ的な運動であった（井関 2005）。若者による異議申し立ては，大学やギムナジウム，街頭を舞台として展開されただけではなく，個々の家庭内において親（おもに父親）と子の間の「世代間闘争」として展開された。各家庭内で子が父親に投げかけたのは，「あなたたちは，なぜ，ナチスの台頭を許してしまったのか。なぜ，何も抵抗しなかったのか。なぜ，第三帝国を生み出した権威主義的なパーソナリティを未だに保ち続けているのか」という糾弾の言葉であった（三島 1991: 143）。

「ヴェントラントから外へは一歩も出ずに育った」というGB氏自身は，学生運動に参加した経験も家庭内で実際に父親を糾弾した経験もなく，学生運動についてメディアを通じて間接的に知るのみであった。それにもかかわらず，

GB 氏は「親世代を糾弾した世代」と自認する。学生運動の中で行われた「親世代の糾弾」はそれほど厳しく，親世代に対して，さらには翻って学生運動世代自らに対して強いインパクトをもっていた。

40 年以上を経て，かつての親世代と同じ年代を迎えた学生運動世代にとって，「子どもたちからの問いかけ，糾弾」は，避けては通れない重大なテーマとしてわが身に降りかかる。こうした背景のもと，抗議行動への参加理由を語る際に，GB 氏をはじめ第 2 世代に共通して特徴的であったのは，「われわれ世代の責任を果たし，後の世代に胸を張っていられる世代でありたい」という意識の表出であった[28]。

そのような意識をもつ彼らにとって，抗議行動は，キャスクの搬入を阻止するための手段という意味合いは小さい。むしろ，ナチスに抵抗しなかった親世代を批判した自分たちだからこそ行っておかなければならない異議申し立てであり，「負けを覚悟」で行う抵抗なのである。

2011 年以降の動きと異議申し立ての継続

2011 年はゴアレーベンにとっても「1 つの転換点」であった。メルケル政権は，脱原発の決定に加えて，放射性廃棄物最終処分場の立地点選定を白紙に戻すことを決定し，ドイツ国内で立地点を選定し直すことについて連邦環境省と 16 州代表とが合意した（2011 年 12 月）。その際に，それまで立地点の候補地として地下探査作業が進められていたゴアレーベンについては，あくまでも今後選定される立地点候補との比較対象という位置づけであり処分場立地点として決定したわけではないことが強調された[29]。これに対して，ニーダーザクセン州環境省は，ゴアレーベンは比較対象ですらなく 2012 年中に探査作業が終了されるべきであるという見解を示している（2012 年 7 月）[30]。

2013 年に入ると事態はさらに大きく動いた。連邦政府は各州政府および各政党との間の交渉を経て，「高レベル放射性廃棄物最終処分場の探索と選定のための法律」（Gesetz zur Suche und Auswahl eines Standortes für ein Endlager für Wärme entwickelnde radioaktive Abfälle und zur Änderung anderer Gesetze）案を策定し，同法案は 2013 年 6 月 28 日に連邦議会で可決，7 月 5 日に連邦参議院で承認された。これによって，ゴアレーベンでの最終処分場調査の中止が正式に決定し，2031 年までに再度，候補地が選定されることとなった。2013 年中に立地選定のための「高レベル放射性廃棄物貯蔵検討委員会」（Kommission Lagerung hoch radioaktiver Abfallstoffe）を連邦議会内に設置すること（2015年末まで活動予定）と，2014年に新たな官庁「連邦核技術最終処分庁」（Bundesamt für kerntechnische Entsorgung）を設置することも，この法律に盛り込まれている。さらに，返還ガラス固化体（キャスク）については，2015年以降はゴアレーベンではなく複数の原発サイト内中間貯蔵施設に搬入することとなった（2014年までに具体的な搬入先を決定）（2013年7月26日付「連邦政府法令公報〔Bundesgesetzblatt Teil1〕」2547-49）。

なお，「高レベル放射性廃棄物貯蔵検討委員会」は，①委員長1名，②科学者8名，環境団体から2名，宗教関係者2名，経済界から2名，労働組合から2名，③連邦議会議員8名（各党派から），各州政府関係者8名の計33名で構成され（②の委員のみが議決権を有し，3分の2以上の多数で決する），高レベル放射性廃棄物をめぐる基本的な問題を調査・評価し，立地選定基準について連邦議会に報告することとなった。連邦議会はこの報告に基づき立地選定基準を法律で定めることとされている。

こうした状況を受けてもなお，ゴアレーベンをめぐる抗議行動は続けられている。それは，ヴェントラントの人々が連邦政府の動きに懐疑的であり「油断はできない」と警戒しているのに加えて，「『あのとき抗っておけばよかった』とあとになって後悔しない」ように「現時点でできるかぎりの異議を申し立てることが重要」と考えられているためである。

5 ドイツにおける重層的な“抵抗の論理”と日本への示唆

ドイツにおける重層的な“抵抗の論理”とその継承

ここまで，ドイツの原子力施設反対運動の特徴を示したうえで，実際に立地点周辺で展開されてきた個別の抗議運動から人々の“抵抗の論理”を詳しく見てきた。

マクロな視点で捉えれば，ドイツの原子力施設反対運動は，政治の舞台に代弁者を送り込むことと政治の舞台そのものを外側から刺激することの双方のアプローチによって効果的に展開されてきた。1970年代から80年代にかけて，原子力施設反対運動の中心は現場での“対決型”の抗議行動であったが，同時に彼らは自らの要求の代弁者を政治の舞台に送り込み，政策決定過程へと徐々に参入していった。

1990年代以降，環境をめぐる市民活動が活発に展開され，行政との協働も多く見られるようになった一方で，ゴアレーベンをはじめとして“対決型”の抗議運動が依然として動員力を保ち社会的なインパクトを保ち続けている。これは，ドイツの環境運動が，一方で議会内での目標達成を試みながら，他方ではあえて「議会外反対勢力」(Außerparlamentarische Opposition: APO) にとどまり続けていることの現れである。

本章で取り上げた事例のうち，1970年代に展開されたヴィール原発反対運動の時点では，連邦レベルでも州レベルでも，原子力施設への反対を代弁してくれる勢力が議会内に存在しなかった。そうした状況で「(意思決定の中心に対する) 周辺」という立場から逃れえないことを自覚した人々は，地域的な (土着的な／地元に根差した) 文脈をベースにした“抵抗の論理”を組み立てていった。すなわち，地域固有の抑圧の記憶や，抵抗の物語や，その地域にもたらされた第二次世界大戦の被害をベースにした“周縁”地域ならではのローカルな“抵抗の論理”である。

さらに，こうしたローカルな“抵抗の論理”に加えて，ヴィールおよびゴアレーベンの事例に見られるように，ドイツには，ナショナルレベルで「過去の克服」という絶対的な価値観が存在し，ときとしてそれが「権力への強烈な疑念」に換言され運動の意味づけに用いられてきた。すなわち，ドイツでは，ローカルレベルおよびナショナルレベルにおいて共有されてきた抵抗の記憶／物語が重層的に存在し，それらから重層的な“抵抗の論理”が形成されてきたのである。そして，この，重層的な“抵抗の論理”こそ，ドイツの原子力施設反対運動の「粘り強」さの源であるというのが本章の指摘である。

そして今日，この“抵抗の論理”は，原子力反対運動を超えて展開されている。脱原発が決定的となったドイツ社会では，再生可能エネルギーの導入に際して「脱中央集権化」(Dezentralisierung) がキーワードの1つとなっている。とくに,「自分たちで使うエネルギーを自分たちの地域でつくる」という,「エネルギーの地産地消」運動に取り組む人々の間で，脱中央集権化が運動の根拠としてあげられることが多い。たとえば，南部のバイエルン州で市民出資の小規模な再生可能エネルギー事業を始めた人々は次のように語り，連邦政府主導のエネルギー転換に疑問を呈する。

「[南部の] 私たちが使うエネルギーをわざわざ北海から運んでくるなんてば

かばかしすぎる。［北海の洋上発電事業およびそれに付随する高圧電線網整備事業は］連邦政府が大手電力会社を優遇するためのものだ。それにつきあわされるのはおかしい[31)]」。

これは，冒頭で述べた連邦政府による北海での大規模な洋上風車プロジェクトを受けての発言である。もともと分権的であるといわれるドイツにおいても，エネルギーをめぐる「中央－地方」関係は，連邦政府主導であり大手電力会社に有利になっており，いまだ中央集権的で，分権化されるべきものと人々に認識されているのである。この中央集権的な関係性を切り崩そうとした先駆的な試みこそ，本章で論じてきた原子力施設反対運動である。そこで用いられたローカルレベルおよびナショナルレベルの“抵抗の論理”のあり方，すなわち地域の固有性を重視した“論理”の組み立てと権力への強い疑念は，脱原発後のドイツ社会においても生き続け，そこにドイツにおける原子力施設反対運動と脱原発後との思想的連続性を見出すことができるのである。

さらに，「エネルギーの地産池消」を行う際に鍵となるのが，ローカルレベルで住民をいかに巻き込むことができるかであるが，脱中央集権化というフレーミングのみでは住民を運動に惹きつけることは難しい。脱中央集権化という普遍的かつ規範的な概念を地域固有の文脈に落とし込み，人々を運動に惹きつける具体的な誘因を提示することが必要といえる。その意味で，本章で明らかにしてきた原子力施設反対運動の土着的運動としての側面や，ローカルレベルの“抵抗の論理”は，脱原発後の再生可能エネルギーをめぐる運動に重要な示唆を与えるものといえ，脱原発が決定的となった今なお，注目に値する。

日本への示唆

最後に，こうしたドイツ社会や運動のありようから，原発再稼働をめぐって揺れる今日の日本社会に対して，とりわけそこで脱原発を志向するにあたって重要なこととして，次の3点を指摘して本章を締めくくりたい。

第1に，脱原発を達成するためには，議会内・議会外双方からのアプローチが必要ということである。第2節1項で示したように，ドイツでは1980年代後半に原子力施設反対運動が制度内化という第2の局面を迎えた。SPDが党の方針を反原発へと転換し，緑の党が躍進したことにより，原発問題が政治の舞台で議論されるようになったのである。こうした，議会内の代弁者を通じて自らの要求を政策に反映させるやり方は，冒頭のラートカウの指摘，「学生運動世代の現実主義路線」と重なる。政治的意思決定過程への参入というこのアプローチは，1998年のSPD・緑の党連立政権として結実し，その政権下で脱原発基本合意（2000年）が達成されたのである。反対運動というと，議会外での抗議行動がクローズアップされがちであるが，もう1つのアプローチ，すなわち議会内への参入と政治の舞台での闘いが，政策転換をめざす運動においては決定的に重要であることを，ここで指摘しておきたい。

ただし，だからといって議会外での闘いが軽視されてよいわけではない（第2点目）。というのも，議会内へのルートをこじ開けるのは，ほかならぬ抗議運動の役目だからである。1980年代半ば以降に緑の党が勢力を拡大したのは，原子力施設に抗議する人々を支持基盤としてのことであったし，SPDが1986年に反原発路線へと方針転換したのも，チェルノブイリ原発事故を目の当たりにして各地の立地点（とくにヴァッカースドルフ）での抗議行動が沸騰したことを受けてであった。こうして議会外での闘いは，政治の舞台（議会）をその外側から常に刺激してきたが，その際には，自分たちがかつて議会内に送り込んだ代弁者すら，ときとして批判の対象とされてきた。政治の舞台の人々を監視し申し開きを促し続ける，そのような徹底した姿勢もまた，反対運動には不可欠である。

第3に，日本においても，原子力施設反対運動やエネルギー転換は「中央－地方」関係の転換をともなって行われるべきということである。中央または都市住民による都市住民のためだけの脱原発やエネルギー転換ではなく，立地点周辺の人々による，地域の利害を優先させうる脱原発やエネルギー転換が志向されなければならない。

ローカルレベル，ナショナルレベルの“抵抗の論理”が重層的に機能してきたドイツの反対運動は，脱原発という普遍的かつ規範的な概念のみで押し切るやり方の限界を示唆するものである。脱原発やエネルギー転換をローカル（リージョナル）／ナショナルそれぞれに固有な文脈に落とし込み，人々を運動に惹きつける具体的な誘因を提示することが重要である。とくにローカルレベルでは，立地自治体（およびその住民）が（原発のリスクについてだけではなく）財政面でも「原発は要らない」と発言できるようになるということである。

上述したように，立地点周辺の人々が原子力施設に反対を唱えることは大変な困難をともなう。原子力施設は，貴重な雇用を創出し多額の税収や交付金をもたらすなど，地域社会の財政基盤となるためである。こうした状況を乗り越えて地元の人々が反対の声を上げられるようになるには，原子力施設に代わる財政基盤のオルタナティヴの提示が欠かせない。原発が稼働しそれによって自治体の財政が成り立ってきた地域が，原発に代わる「お財布」をいかに確保し，原子力産業のもとでの営みからいかに脱却するのか，そのシナリオを都市住民もともに考えていくことが日本の脱原発には欠かせないだろう。

注

1） 『東京新聞』2015年12月24日朝刊のインタビュー記事「歴史学者ラートカウ氏に聞く 脱原発ドイツはなぜできた」より。なお，2015年12月11日の講演では，これら3点に加えて，ドイツには石炭という代替が豊富であることや，専門家や法律家の連携がうまくいったことなどが指摘されていた（日本ドイツ研究所主催フォーラム「原子力——なぜドイツは止めるか，なぜ日本は続けるか」2015年12月11日，東京）。同様の指摘は，ラートカウ（2012）でも見られる。
2） 『東京新聞』2015年12月24日朝刊のインタビュー記事「歴史学者ラートカウ氏に聞く 脱原発ドイツはなぜできた」より。
3） 1988年にシュレスヴィヒ＝ホルシュタイン（Schleswig-Holstein）州でSPD政権が，1990年にニーダーザクセン（Niedersachsen）州でSPDと緑の党との連立政権が，1991年にヘッセン（Hessen）州でSPD政権が，ラインラント＝プファルツ（Rheinland-Pfalz）州でSPDと自由民主党（Freie Demokratische Partei, FDP）の連立政権がそれぞれ誕生した。1985年にSPD政権になっていたノルトライン＝ヴェストファーレン（Nordrhein-Westfalen）州を合わせると旧西ドイツ側の8州（都市州を除く）のうち5州で，原子力の推進に反対する政党が政権をとっていたことになる。
4） 2000年の基本合意では，原則として32年間の稼働期間を経た原子炉から閉鎖していくことになっており，しかも，ある原子炉を32年に満たない稼働期間で閉鎖する場合，残りの期間を他の原子炉の稼働分に上乗せできることにしていた。これを鑑みれば，個々の原子炉に閉鎖の期限を設けた2011年の第12次改正原子力法は，2000年の基本合意を上回るペースでの脱原発を進めるものといえる。
5） ただし，たとえば中間貯蔵施設や最終処分場のように冷却水を必要としない原子力施設の場合は，必ずしも河川沿いの立地ではない。
6） ただし，日本の電源三法交付金に相当する制度がドイツには存在しないという点では，原発立地自治体の財政面での原発依存度は日本の場合とは異なる。
7） 本項の記述は，青木（2013）の第3章を要約したものである。
8） 2012年9月11日にヴィール村長ヨアヒム・ルート（Joachim Ruth）氏に行った聞き取り調査（於：村役場）による。
9） BIWは，村当局が原発誘致を正式表明した当日（1973年7月20日）に発足している。
10） ヴィール生まれの鍛冶屋S氏の語りから引用した。
11） ヴァイスヴァイルの農家F氏の語りから引用した。
12） 2005年2月25日，ヴァイスヴァイルの農業従事者GS氏に行った聞き取り調査による。

13） 敷地占拠に参加した主婦（1926 年生まれ，キーヒリングスベルゲン在住）の言葉から引用した。

14） 敷地占拠に参加した地元農民であり漁師でもある男性（1929 年生まれ，ヴァイスヴァイル在住）の言葉から引用した。

15） 本項の記述は，青木（2013）の第 8 章第 2 節をもとにしている。

16） Landkreis Lüchow-Dannenberg Hrsg.（1977）によれば，1977 年，ヴェントラントにおける就業人口のうち約 33% が農業従事者であり，当時の西ドイツ平均（約 7%）と比べると圧倒的に高い割合であった。失業率は 1970 年代に入って急増し，1976 年末の時点で 10.5% と，当時の西ドイツ平均の約 2 倍であった。人口密度は 41 人／km^2 であり，ドイツ全体の平均（231 人／km^2）やニーダーザクセン州平均（168 人／km^2）と比べて著しく低かった。

17） 使用済み核燃料を最終処分（埋設）できるようにパッキングするための施設。

18） 1994 年以前の低レベル放射性廃棄物の輸送・搬入をカウントすればさらに多くなる。

19） ゴアレーベンの事例に関して，詳しくは青木（2013）を参照されたい。

20） 2000 年の脱原発基本合意に基づく原子力法改正（2002 年）によって 2005 年以降は委託が停止されている。

21） ダンネンベルクまでは鉄道で，そこからゴアレーベンまではトラックで一般道を通って輸送される。

22） 2005 年 1 月 30 日にリュヒョウで行った DB 氏（1920 年代生まれ，男性）への聞き取り調査の結果による。聞き取り調査を行った当時 70 歳以上だったヴェントラント住民 12 名のうち 10 名が同様の語りをしている。

23） 2005 年 2 月 5 日にリュヒョウで行った AQ 氏（1920 年代生まれ，男性）への聞き取り調査の結果による。

24） 2005 年 2 月 6 日にクレンツェ（Clenze）で行った聞き取り調査の結果による。BH 氏は 1944 年生まれの男性。

25） 2005 年 2 月 6 日にクレンツェで行った聞き取り調査による。ZK 氏は 1952 年生まれの男性。年齢から見れば第 2 世代に入るが，20 歳代だった 1970 年代後半からすでに反対運動の中心的担い手であったことから，ここでは第 1 世代に入れている。

26） 2005 年 1 月 31 日の聞き取り調査の結果による。GB 氏は，1950 年にヴェントラントで生まれ，特定の団体には所属していないが，1977 年の立地決定以来，集会や座り込みへの参加を通じて反対運動に参加している。

27） 2005 年 2 月 4 日にヤーメルン（Jameln）で行った聞き取り調査の結果による。HW 氏は，1960 年代後半の学生運動の時代を「極端な共産主義者」としてキャンパスで過ごし，組織には属さずにさまざまな活動に参加した。1982 年にヴェントラントに移住した。ヴェントラントに移住するまでは平和運動に熱心だったものの，原子力に関する問題意識は希薄だったという。だが，2 人の息子の誕生とチェルノブイリ原発事故を経て，原子力施設に対する危機感が強まり，BILD のメンバーとなった。

28） GB 氏や前掲の HW 氏を含めた 16 人の第 2 世代のうち 14 人が，インタビューの際に，「自らが『親世代』になりつつあり，『子ども世代』からの『突き上げ』を受ける可能性もあること」，「行動する世代」としての自負，「世代責任」の意識に言及した。

29）連邦環境省ウェブページ（http://www.bmu.de）より。

30）ニーダーザクセン州環境省ウェブページ（http://www.umwelt.niedersachsen.de/）より。

31）2012年3月14日にシュヴァンドルフで行った聞き取り調査の結果による。

参考文献

青木聡子，2013，『ドイツにおける原子力施設反対運動の展開——環境志向型社会へのイニシアティヴ』ミネルヴァ書房。

Gladitz, Nina Hrsg., 1976, *Liber aktiv als radioaktiv: Wyhler Bauern erzählen: Warum Kernkraftwerke schädlich sind. Wie man eine Bürgerinitiative macht und sich dabei verändert*, Verlag Klaus Wagenbach.

井関正久，2005，『ドイツを変えた68年運動』白水社。

Landkreis Lüchow-Dannenberg Hrsg., 1977, *Das Hannoversche Wendland*, Lüchow.

Löser, Georg, 2003, "Grenzüberschreitende Kooperation am Oberrhein: Die Badisch-Elsässischen Bürgerinitiativen," Landesarchivdirektion Baden-Württenberg Hrsg., *Werkhefte: der Staatlichen Archivverwaltung in Baden-Württenberg*, W. Kohlhammer Stuttgart.

三島憲一，1991，『戦後ドイツ——その知的歴史』岩波書店。

西田慎，2012，「反原発運動から緑の党へ——ハンブルクを例に」若尾祐司・本田宏編『反核から脱原発へ——ドイツとヨーロッパ諸国の選択』昭和堂。

Nössler, Bernd und Margret de Witt Hrsg., 1976, *Wyhl: kein Kernkraftwerk in Wyhl und auch sonst nirgends: Betroffene Bürger berichten*, inform-Verlag Freiburg.

ラートカウ，ヨアヒム／海老根剛・森田直子訳，2012，『ドイツ反原発運動小史——原子力産業・核エネルギー・公共性』みすず書房。

Rucht, Dieter, 1980, *Von Wyhl nach Gorleben: Bürger gegen Atomprogramm und nukleare Entsorgung*, C. H. Beck.

Rucht, Dieter, 1988, "Wyhl: Der Aufbruch der Anti-Atomkraftbewegung," L. Ulrich Hrsg., *Von der Bittschrift zur Platzbesetzung: Konfrikte um technische Großprojekte*, J. H. W. Dietz.

Rucht, Dieter, 1994, *Modernisierung und neue soziale Bewegungen: Deutschland, Frankreich und USA im Vergleich*, Camps Verlag.

若尾祐司，2012，「反核の論理と運動——ロベルト・ユンクの歩み」若尾祐司・本田宏編『反核から脱原発へ——ドイツとヨーロッパ諸国の選択』昭和堂。

第8章

原子力専門家と公益

すれ違う規範意識と構造災

寿楽 浩太

1 はじめに──原子力専門家の「倫理的」堕落という問題設定を問い直す

福島原発事故発生後，事故の進展やその影響に人々の関心は釘づけとなった。事故がきわめて深刻なものであることがすぐに明らかとなり，何が起こっているのか，どうすればよいのかを指し示す情報は死活的なものとなった。その後，原子炉の「メルトダウン」が「収束」しても，敷地境界をはるかに越える広範かつ長期的な放射性物質による汚染は残存・継続し，筆舌に尽くしがたいさまざまな辛苦を社会の各方面に生じていることは，本書の他の多くの章をはじめとする種々の研究や報道によって明らかである。

こうした中，まさにそうした人々の関心に応える中核となるべき原子力専門家は，専門的見地から公益に適う適切な助言や情報提供を行うことに失敗し，そのことが被害をよりいっそう深刻なものとしてしまったと多くの人々がみなした。この見方が原子力専門家に対する強い不信に帰結したことは，いわば自然の成り行きであった。事故後しばらくたつと，「御用学者」という語が飛び交うようになり，彼らが政府や電力会社といった利害関係主体の「統制」のもとにあるがために生じたという説明が力をもつとともに，原子力専門家の「倫理的」堕落が厳しく問いただされたのである[1]。この見方は当然，問題の解決を原子力専門家１人ひとり，あるいは専門家集団である学会等の倫理の回復に求めることになった[2]。

本章は，こうした見方の前段とは認識を基本的に一にするが，後段とは必ずしも一致しない立場をとる。すなわち，なぜ原子力専門家が社会に対する適切な助言や情報提供を行うことに失敗したのか，あるいはそうみなされたのかを検討するが，しかし，「倫理的」な視角からの問題提起はあえて行わない。なぜなら，本章は「天災でも，人災でもなく，社会のしくみから不特定多数の人に重大な不利益を招く構造災の解明，解決」（松本 2013: 20）をめざす立場に立ってこの問題の機微を明らかにしようとするものであり，それは，「倫理的」な論難以上に力強く，この問題の深刻さを示し，解決の方途を示すものであると信じるからだ。「倫理的」堕落というよりも，ある特定の，偏った公益意識が「制度化された不作為」（松本 2013: 20）を正当化した，いや，それどころかそれを積極的に志向した結果として解釈し直すことが本章のおもな目的である。

もちろん，原子力専門家の事故後のふるまいが，情報公開，説明責任の観点で社会，とりわけ事故の被害に直面した人々の期待を裏切るものだったのではないかという問いそのものは，実情の把握として誤りとは思われない。なぜなら，彼らのふるまいそのものが，（少なくとも結果的に）情報を「統制」しようという傾きをもっていたことは否定しがたいと思われるからである。あとで述べるように，「制度化された不作為」の観点に立てば，彼ら自身が何らかの主体から実際に「統制」されていたのか，あるいは，そのことを認識していたかにかかわらず，そうした状況が生じることは大いにありうることだし，むしろ，そうであればこそいっそう問題の根は深いともいえるのだ。こうした傾向をここではさしあたり「情報統制志向」とでも呼び習わすことにしたい。

以降では，まず，「SPEEDI 問題」として世に知られることとなった，事故当時や直後における情報公開をめぐる顛末を「情報統制志向」の実例として取り上げ，この問題を「構造災」の事例として取り上げた先行研究や他の関連文献の記述や分析を検討して問題の所在を確認する（第２節）。そのうえで，ややエスノメソドロジー的なアプローチを用いて，「倫理的」堕落仮説が想起させる原子力専門家像とはやや異なるイメージを描写することで，彼らが（彼ら自身の世界観の中では）「無理なく」公益の毀損とのちに論難される行動をとることができてしまった背景を探り（第３節），真に公益に資する原子力専門家のあり方とは何か，どのような条件がそれを可能にするのかを改めて検討したい（むすび）。

2　「情報統制志向」の表現形としての「SPEEDI 問題」

SPEEDI とは何か――「情報統制志向」の原点

SPEEDI とは System for Prediction of Environmental Emergency Dose Information の略称であり，その日本語の正式名称を「緊急時迅速放射能影響予測ネットワークシステム」という。

1979 年 3 月の米スリーマイル島原発事故はそれまで現実的な考慮の埒外として扱われてきた原発の炉心溶融事故（いわゆるメルトダウン）が実際に起こること，放射線防護の諸措置が一定程度奏功したとしても，事故にともなう放射性物質放出の影響が原発敷地外に及びうることを，民生用の原子力発電利用（いわゆる「平和利用」）の歴史においてはじめて実例をもって示した。

SPEEDI は，スリーマイル島原発事故を受けて 1979 年 7 月になされた政府の中央防災会議の決定（中央防災会議 1979）を受けて 1980 年 6 月にとりまとめられた原子力安全委員会（当時）の報告書を端緒としてその開発と導入が進められた（原子力安全委員会 1980）。SPEEDI の初期バージョンの開発は旧日本原子力研究所で進められ，1985 年にその完成を見た。翌 1986 年からは完成した SPEEDI の実際の運用が始められている。

一般に，スリーマイル島原発事故の教訓はアメリカでは大いに学ばれたものの，日本ではそれを十分に活かせなかった，依然として「安全神話」にとらわれ，原発の安全や万一の際の防災についての有意な措置は特段，とられなかったとの評価が見られるが，SPEEDI はこの点ではその反証例とさえもいえる。なぜ SPEEDI の導入は精力的に進められたのか。そこには大きく 2 つの動機の存在が見受けられる。

まず，SPEEDI は「原子炉施設から大量の放射性物質が放出された場合や，あるいはそのおそれがある場合に，放出源情報（施設から大気中に放出される放射性物質の，核種ごとの放出量の時間的変化），施設の周囲の気象予測と地形データに基づいて大気中の拡散シミュレーションを行い，大気中の放射性物質の濃度や線量率の分布を予測するためのシステム」であるから，①事故時にリアルタイムで得られる情報をもとにして，②放射性物質放出・拡散の影響を「予測」する点で，原子力防災にきわめて「有用」とされた。これが第1の理由である。

前掲の報告書は以下のように述べる。「原子力防災対策の特殊性としては，異常な自然現象又は大規模火災若しくは爆発に起因する災害に係る対策とは異なり，放射線による被ばくが通常五感に感じられないこと，被ばくの程度が自ら判断できないこと，一般的な災害と異なり自らの判断で対処できるためには放射線等に関する概略的な知識を必要とすること等」があるため，万一の際の防護の措置を講じる際に「専門知識に基づく適切な指示」が必要である（原子力安全委員会 1980），と。

ここで「予測」の必要性・有用性が立論される。放射性物質の放出・拡散とそれによる環境中の放射性物質の量やそれらに起因する放射線量の変化をリアルタイムに把握するための何らかのシステム（モニタリングシステム）は上記の目的の達成に必ず必要だが，さらにある程度の将来にわたる「予測」が可能であれば「適切な指示」の妥当性をさらに高められる可能性がある。防護のための行動，とくに避難は瞬時に完了するものではないからだ。「予測」がなされれば，避難に要する時間の経過の間に天候や事故施設からの放射性物質の放出状況の変化が生じ，結果的にむしろより多くの被ばくを受けるような事態を回避し，避難に要する時間を見込んだ先読みをふまえた措置を講じることができる可能性が高まる[3)]。

しかし，SPEEDI 開発の動機はそれだけにとどまらなかった。

前掲の原子力安全委員会報告書が，「周辺住民の心理的な動揺あるいは混乱をおさえ，異常事態による影響をできる限り低くするという目標を達成しなければならない」とも述べている（原子力安全委員会 1980）。つまり，万一の際の防護の措置（例：屋内退避や避難等）をなるべく最小化すること，あるいは，そもそもそうした大がかりな措置は必要ないという「専門知識に基づく適切な指示」を行った場合でも生じることが予想される社会的な動揺をも最小化することを念頭に置いていたのである。

そして，この方向性を実現するためには，他国にはない，正確な「予測」をもたらす計算システムが必要となる。そのため，日本は主要な原子力利用国の中でも例外的に，SPEEDI の研究開発とその原子力防災への導入に積極的であったのだ[4)]。

高度な技術システムを用意し，それを操れる専門知識をもつ者＝専門家が

「適切な指示」を行って，人々がそれに従うことで公益が守られるのだ，という1980年当時のテクノクラシーのパターナリスティック（父権主義的）な問題設定が，まさに「情報統制志向」の原型を形づくったのである。

「隠された」SPEEDI ――「情報統制志向」の現実の帰結

SPEEDIはその後も多額の投資をもって開発・整備が進められた。そこには常に，周辺住民の生命・健康と「心理的な動揺あるいは混乱」の双方をともに防ごうという二重の目的を掲げた集権的原子力防災のコンセプトがあった。国会事故調（東京電力福島原子力発電所事故調査委員会）報告書によれば，所管官庁である文部科学省（旧科学技術庁）は「SPEEDIが緊急時の避難指示に役立つシステムであると主張し，平成22（2010）年度までに約120億円もの国費を費やしてきた」（東京電力福島原子力発電所事故調査委員会 2012: 421）。また，SPEEDIの開発を担った日本原子力研究所（現・国立研究開発法人日本原子力研究開発機構〔JAEA〕）はこの技術を原子力安全に関係する研究成果の主要な1つとして誇ってきた。国内の原子力関係者の間におけるSPEEDIの名声は，松本（2012）も批判的に紹介しているように，原子力分野における国内でもっとも主要な学会組織である日本原子力学会が，2009年にSPEEDI（とそれを開発したJAEA）に対して「第1回原子力歴史構築賞」を授与していることからもうかがえよう。

しかし，周辺住民の生命・健康と「心理的な動揺あるいは混乱」を同時に防止することを志向する「情報統制志向」は，2011年3月の福島原発事故に際してどちらの目標も達成することはできなかった。前者を達成できなかったことの問題性は松本（2013）がすでに十分に論じているが，後者についても，関係者は所期の目的を達することができなかった。それどころか，SPEEDIは日本の原子力防災体制の不備とそれによる公益の決定的な毀損の象徴となったとさえいえよう。批判の中心的な論点を，とくに原子力災害に被災した人々の生命・健康の保護を第一義的な公益とする観点からあげるとするなら，①SPEEDIの存在と運用，その計算結果が事故直後に随時説明・公開されなかった（あるいは隠蔽された）こと，②その結果，SPEEDIの計算結果に基づいた的確な防護措置（避難と屋内退避の使い分け，放射性物質の「雲」〔プルーム〕の移動状況を見越した避難のタイミングや方向の選定，等）の機会が失われ，結果的に多くの被災者を無用な被ばくにさらしたこと，の2点がそれに該当するであろう。

表 8-1　SPEEDI による計算結果の公表経緯

日　付	内　容
3/15	文科相の記者会見で，SPEEDI の計算結果を公表するよう報道陣から要望が出される
3/23	安全委員会が放出源情報の逆推定計算による計算値を公表（下記(a)について。小児の甲状腺の内部被ばくの積算線量の試算値）
4/10	安全委員会が放出源情報の逆推定計算による計算値を公表（下記(a)について。外部被ばくに関する積算線量の試算値）
4/25	枝野官房長官が，SPEEDI の計算結果をすべて公表するように指示
4/26 以降	文科省・安全委員会の公表（下記(b)について。なお，下記(b)の計算は，現在は文科省のホームページにまとめて公表）
4/30	細野補佐官（統合本部事務局長），記者会見で SPEEDI の計算結果はすべて公表したと発表
5/2	細野補佐官（統合本部事務局長），記者会見で未公開の SPEEDI の計算結果があることを発表
5/3 以降	文科省・保安院の公表（下記(c)について）

(a)　緊急時モニタリングの数値等による放出源情報の逆推定計算の結果
(b)　ERSS による放出源情報が不明な段階の単位量放出による予測計算結果
(c)　ERSS による放出源情報が得られない場合の仮定の放出量を入力した予測計算結果
（引用者注）　ERSS（Emergency Response Support System：緊急時対策支援システム）とは，原発からリアルタイムで送られてくるデータをもとに事故進展を予測・解析するシステムであり，SPEEDI に入力される放出源情報を算出する。福島原発事故の際には外部電源喪失と通信回線の途絶により稼働しなかった）
（出所）　東京電力福島原子力発電所事故調査委員会（2012: 422）。

これに対する関係者の弁明をまとめると，おおむね以下のとおりである（政府事故調 2011；寿楽・菅原 2017；寿楽 2017）。

① 福島原発事故発生直後，SPEEDI は所定の手順に従って緊急時モードに切り替えられた。その時点では運用上の瑕疵はない。

② しかし，震災による被害が福島第一原発を全電源喪失に追い込み，同原発から SPEEDI への送信がまったく行われなくなった。また，原発から SPEEDI システムへの専用回線も寸断されたため SPEEDI はその予測計算の決定的な前提の 1 つである放出源情報を得ることができなくなり，所期の機能を発揮できなくなった。

③ これにより，事前の計画が想定する意味では，SPEEDI の計算結果は防護措置実施の「基本資料」となりえなくなった。このため，文部科学省，原子力安全委員会をはじめとする担当者の間では，「SPEEDI は今回は活

用できない」との合意が結果的に共有された。

④ また，専門的見地に照らして適切な活用ができない以上，SPEEDIの存在や活用の可能性を他の事故対応関係者（例：内閣総理大臣以下の閣僚）に示唆することも行われなかったし，任意の仮定を設定して行った計算結果（例：単位放出量を設定したうえで，気象条件や地形等は実際の状況をふまえて行った放射性物質拡散の方向や速度の計算結果）をそうした関係者に積極的に提示することも，ましてや広く一般に公開することも行われなかった。

とはいえ，SPEEDIの存在や原子力災害の際の運用は秘密の事柄ではなくもとより公知の事柄である。事故直後からSPEEDIが「表に現れない」ことへの疑問の声が各方面で出され始めた。

しかし，国会事故調報告書が当該記述の部分で示している表（表8-1として引用）が如実に明らかにするように，SPEEDIの計算結果（本書40～41頁の表2-1も参照）の公開はその後も迅速かつ全面的には行われず，最終的に実施された計算結果のすべてが公開されたのは事故後2カ月弱も経過した2011年5月3日以降のことであった。このことが，「避難のための重要情報であるSPEEDIの計算結果を政府が隠蔽した」との社会の不信を決定的にした。

何がSPEEDIを「隠した」のか——制度設計に見る「構造災」発生の可能性と解釈枠組みの拡張

人々が求めていたのはまさに事故発生中，発生直後の情報である。表8-1にみるような時間スパンでの情報公開は人々を放射線被ばくから防護することに何ら役立たなかった[5)]。

もちろん，福島原発事故に対するもっとも公式の事故調査と目される政府事故調と国会事故調の報告書は，それぞれがこの「SPEEDI問題」に対して「『SPEEDIはそもそも使えなかった』とする立場と『単位量放出の仮定を置いた計算結果でもSPEEDIはもっと活用できたはず』とする立場」（菅原 2015）という異なる評価を与えており，専門的見地に照らしたSPEEDIの計算結果の有用性には議論の余地がある。

しかし，人々が疑問や憤りさえ感じている「SPEEDI問題」の核心は，SPEEDIの計算結果が「使えなかった」か「もっと活用できたはず」であるかという専門的評価の問題ではなかろう。そうではなく，少なくとも潜在的には重要性・有用性が大きいデータが，よくわからないいきさつで公開されなかったことへの義憤こそ，不信や怒りの源泉と見るべきだ。誰も明確に「公開しない」「用いない」という公式の決定をしていないし，それが生んだ帰結に対する責任も果たしていない。未公表を意図的なものと疑い，それを非難する声までが少なからず出されたことも甘受すべき帰結といわざるをえない。

松本三和夫は，これをSPEEDIの運用計画とその目的に関する「制度化された不作為」（松本 2013: 37）の発生と見て，問題を責任帰属の明確化の失敗と捉え，それを改めてはっきりと行うことで問題を解決するための道筋を構想している（本書第2章も参照）。

しかし，筆者はここで松本の「構造災」の視点を継承しつつ，その含意をもう少し拡張したい。

確かに，モニタリング指針の掲げる目的やそれに基づくSPEEDIの活用方針が，通常想定されるもっとも重要な公益である「周辺住民等の健康と安全を守る」ことを等閑視しており，そのことが不作為を許容したのは松本の指摘どおりかもしれない。しかし，そうした社会通念上，明らかに不適当と思われる事柄が温存され，再生産されてきたメカニズムを無理なく説明するには，松本が「構造災」を担う「よい人」（松本 2013）として描写する，当事者の意識によりていねいに迫る必要があると考えるのだ。

そこで，「SPEEDI問題」を，「制度化された不作為」を正当化，容認する構造的問題の帰結として見るだけではなく，より積極的にそれを志向する集合意識の帰結としても解釈したい。その際に問題にしたいのが，原子力関係者が共有する特有の公益意識であり，その表現形としての「情報統制志向」という枠組みを以下に示す。次節では，やや人類学的なアプローチを用いて，「倫理的」堕落仮説が想起させる，利害関心に基づいて意図的に「科学」を歪曲した人々という原子力専門家像とはやや異なるイメージを描写する。そして，彼らが「情報統制志向」のもと，（彼ら自身の世界観の中では）「無理なく」公益の毀損とのちに論難される行動をとることができてしまった，あるいは，もっといえばそうすることを当然と判断してしまった背景をさぐり，社会学的な批判の強みを改めて確かなものとするための道筋を展望する一助としたい。

3　内面化された「情報統制志向」の存在[6)]

日米の主要な「原子力工学科」での「参与観察」

筆者は福島原発事故の前後をまたいで，大学の原子力工学関係学科に所属し，原子力工学研究者と協働をする社会学者という特異な位置にあった[7)]。それは彼らが未曾有の事故にどのように対処したのかを間近に見つめる機会であった（また，1人の社会学者として，しかも原子力技術の現場に身を置きながら，最悪の原子力災害を防ぐこと，起こった出来事に対処することにさしたる貢献ができなかったことを繰り返し悔恨する経験でもあったし，今もなおそれは続いている）。筆者は事故直後の時期，日米それぞれで主要な拠点とみなされる「原子力工学科」，すなわち東京大学大学院工学系研究科原子力国際専攻・原子力専攻（UTNEM/UTNS）と米カリフォルニア大学バークレー校原子力工学科（UCBNE）それぞれでの原子力工学者たちのふるまいを身近に眺める立場にあった。

本節ではこの経験を活かし，2011年の事故発生後からおよそ半年程度の時期について，そこで目にした日米の原子力工学者たちの行動をそれぞれ紹介して，「情報統制志向」を「無理なく」可能としてしまった，あるいは積極的に招来してしまった心性と論理を検討する。

事故後の行動における日米差(1)——UCBNEにおける研究者の事故後の行動

UCBNEでは事故の翌週（3月16日）に福島原発事故をテーマにした緊急シンポジウムが開催され，原子力工学科の教授3名と，客員教授として滞在中の東大原子力専攻（UTNS）教授1名が登壇した（会議名“Japan's Aftermath: An Initial Assessment of the Nuclear Disaster in Japan”，主催はUCBのInstitute of East Asian Studies〔IEAS〕）。筆者のUCBにおける受け入れ教員であったJoonhong Ahn教授（専門は放射性廃棄物処分工学で東大原子力工学科OB）は同会合での登壇ののちも，Asia Society主催のシンポジウム（3月24日），IEAS主催の第2回シンポジウム（4月20日）でも講演者を務め，その他，ジャーナリズムの取材にも精力的に対応していた（米3大ネットワーク，有力紙各紙，アル・ジャジーラ等）[8)]。これらの社会に対する発言において，同教授は報道その他で得られる情報に基づきつつも自身の見解を述べ，その内容は時に日本政府や東京電力の説明と異なることもあった。

他の教授も同様にそれぞれの見解をシンポジウム，講演，ジャーナリズムからの取材等において示しており，その内容は教授陣の間でも差が見られた。

より学術的な対応としては，事故後直ちに，UCBNEが入るビルの屋上等で飛来が予想される大気中の放射性物質の測定が始まったほか（その後，Eric Norman教授のグループが結果を速報論文にまとめて発表したほか，測定値はウェブ上で随時公開されている），雨水や食品等の分析も行われていた。

また，「○○のようなデータが東大にはあると思うが，こちらのデータと比較したり，分析結果をふまえて助言したりしたいので入手できないか？」といった問い合わせを（筆者は専門外であるにもかかわらず）繰り返し受けた。筆者はそうした問い合わせは東大原子力の然るべき研究者に取り次いだが，多くの場合，「そうしたデータについては入手が難しい」，あるいは「まだ収集されていない」との回答であった。これをUCBNE側に伝えると，「私は純粋に手助けがしたいだけで，他意はないことを伝えてほしい」と言われたり，そのデータが科学的にいかに重要かを説明されたりした。すなわち，東大側は当該データをもっているが出さないという判断をしたと受け取られたと考えられる（これについて，東大の研究者は「本当にもっていない」「停電その他の混乱でそこまで手が回っていない」等と話しており，UCBNE側の応答に困惑している様子であった）。

なお，UCBNEでは教授陣と学生による事故検討集会が繰り返し行われていた。

事故後の行動における日米差(2)――東大における研究者の事故後の行動

東大（大学院工学系研究科原子力国際専攻・原子力専攻。以下，東大原子力）での事故後の研究者の行動は，UCBNEとはさまざまな面で対照的であった。東大原子力では事故後8カ月ほどの間，福島原発事故を直接のテーマとしたシンポジウム，研究会，講演会等の公開学術行事は行われなかった。また，ジャーナリズムへの対応も，基本的には特定の数名の教授のテレビ出演に限られた。そこでの発言内容は基本的に事実情報の解説であり，専門家として各自の見解を示すような発言がないことが，「御用学者」として批判されたのは周知のとおりであるし，新聞等の専門家コメントにおいて，他大学の原子力を専攻する教授がコメントを寄せているのに対して，東大原子力の教授のコメントはまったく見られなかったのも事実である。

一貫して，東大原子力の教授陣は原子力委員会・安全委員会等の公的機関，あるいは日本原子力学会の委員会，検証チーム等においては参加・発言しているものの，大学から直接社会に発信するような行動を控えていた。

例外的な事柄としては，まず，小佐古敏荘教授が事故直後の3月16日に内閣参与に就任したものの，自身の助言が意思決定に反映されなかったなどとして，4月30日に同職を辞したこと，次に，関村直人教授が5月26日に米科学アカデミーの「原子力・放射線研究委員会」(Nuclear & Radiation Studies Board) に参考人として招聘され，講演したことがあげられる。

なお，若手研究者，学生の中には事故後，各種インターネットツールを用いて事故の推移や原子力・放射能・放射線についての知識の説明等のコミュニケーションに取り組んだ人や，福島現地での測定等を実施した者もあったほか，事故に対する省察が意識され，年長の原子力関係者やジャーナリスト，文系の研究者等を招いた勉強会を10回程度開催するなどの取組みがなされた。

筆者が所属していた「グローバルCOEプログラム」では，ようやく11月になって筆者らのグループによる原子力関係者の自己省察の内容についての焦点面接調査の結果報告を含むシンポジウムが開催され，事実上，東大原子力にとっては事故後初の，福島原発事故を直接のテーマとした主催学術行事となった。

事故後の行動における日米差(3)——UCBNEにおける研究者の規範認識

Ahn教授は筆者に対して，上記のようなUCBNEにおける研究者の行動について，「アカデミズムの役割」をキーワードに説明を披露した。すなわち，大学に身を置く研究者，とりわけ，終身在職権（テニュア）をもつ教授は，こうした社会的大事件に際して，自身の専門性がそれに関わるならば，もてる専門知の最善を尽くし，また自身の良心に従って社会に対して説明を行う責任がある，また同時に，こうした大事件について自身の専門分野における学術的な研究を率先して行い，その成果を社会一般や当該学術分野に対して問う責任がある，というものである。同教授はとくに終身在職権について，「日本では功労に対する報奨のように捉えられているが，少なくともアメリカにおいては元来，学者の自由な発想，発言，そして研究を保障するために設けられた制度である」ことを繰り返し強調した。そして，社会が学智とそれを備える学者の自由を保障しようとしたその意図に鑑みれば，このような社会的重大事に際しては，自身の学識と良心にのみ従い，積極的にさまざまな場に参加して自由に発言することこそが倫理的要請に適うという説明を行っていた。

こうした説明は上述した実態とよく一致しているため，いわゆる「建前」論とは思われず，実質をともなった役割認識であるといえよう。

事故後の行動における日米差(4)――東大における研究者の規範認識

東大原子力の教授陣からは上記のような明確な行動原理の説明は得られなかったが，見え隠れしたのは，「パニック」「混乱」「風評」「センセーショナリズム」等，彼らから見て好ましくないと判断されるような集合行動に対する警戒心である。ほとんど唯一，彼らの行動原理について筆者に語った東大原子力のA教授は，筆者との会話の中で下記の新聞記事を引用した。事故から3週間ほど経過した，2011年4月2日夕刊の記事である（やや長いが全文引用する）。

「『放射性物質予測の個別公表控えて』気象学会が通知，研究者に波紋

福島第一原発の事故を受け，日本気象学会が会員の研究者らに，大気中に拡散する放射性物質の影響を予測した研究成果の公表を自粛するよう求める通知を出していたことが分かった。自由な研究活動や，重要な防災情報の発信を妨げる恐れがあり，波紋が広がっている。

文書は3月18日付で，学会ホームページに掲載した。新野宏理事長（東京大教授）名で『学会の関係者が不確実性を伴う情報を提供することは，徒（いたずら）に国の防災対策に関する情報を混乱させる』『防災対策の基本は，信頼できる単一の情報に基づいて行動すること』などと書かれている。

新野さんによると，事故発生後，大気中の放射性物質の広がりをコンピューターで解析して予測しようとする動きが会員の間で広まったことを危惧し，文書を出した。

情報公開を抑える文書には不満も広まり，ネット上では『学者の言葉ではない』『時代錯誤』などとする批判が相次いだ。『研究をやめないといけないのか』など，会員からの問い合わせを受けた新野さんは『研究は大切だが，放射性物質の拡散に特化して作った予測方法ではない。社会的影響もあるので，政府が出すべきだと思う』と話す。

だが，今回の原発事故では，原子力安全委員会によるSPEEDI（緊急時迅速放射能影響予測）の試算の発表は遅すぎた。震災発生から10日以上たった23日に発表したときには，国民に不安が広まっていた。

気象学会員でもある**山形俊男東京大理学部長は『学問は自由なもの。文書を見たときは，少し怖い感じがした』と話す。『ただ，国民の不安をあおるのもよくない。英知を集めて研究し，政府に対しても適切に助言をするべきだ』**

火山防災に携わってきた小山真人静岡大教授は，かつて雲仙岳の噴火で火砕流の危険を伝えることに失敗した経験をふまえ，『通知は「パニック神話」に侵されている。住民は複数の情報を得て，初めて安心したり，避難行動をしたりする。トップが情報統制を命じるのは，学会の自殺宣言に等しい』と話している。（鈴木彩子，木村俊介）」（朝日新聞 2011〔強調は筆者〕）

A 教授はこの記事に言及したうえで，文中の山形俊男東大理学部長のコメント（引用文中の強調部分）について，「この先生の言うことはよくわかる」と筆者に語った。また，A 教授は筆者に対し，「パニックを防ぐ」ことがきわめて重要であり，自身らの言動はその防止に資するかどうかを基準に判断されなければならないと語った。

これに対し，筆者は後日，社会心理学や防災情報学の知見を引用しながら，専門家がそれぞれの識見に基づいて見解を述べ，人々が得る情報が多様化することはむしろパニックを防止することを指摘したが（上記記事で小山真人静岡大教授が指摘している「パニック神話」の問題），これに対する A 教授の筆者に対する最終的な回答は，「放射能，原子力の話はそれとは違う」というものであった。

また，A 教授は小佐古教授の辞任劇や，その後の児玉龍彦東大教授の除染に対する国会での発言等，政府の方針や説明に異論を唱えるような専門家の言動にも批判的であり，その理由は，彼らの言動は「マスコミには受けるのかもしれないが，科学的には誤りや意見の分かれる部分も含まれており，混乱を招く」というものであった。

さらに，A 教授は Ahn 教授が主張するようなアメリカ型の大学人像にも必ずしも好意的ではなく，その理由は「アメリカの先生は当事者ではないからそういう態度をとれるかもしれないが，自身らは当事者であるので軽挙妄動はできない」と語った。

テクノクラシーと内面化されたパターナリズム

以上，本節で描写してきた日米の原子力工学者のふるまいは，医療の言葉遣いを借りるならば事故がいわば「急性期」から「亜急性期」へと移行する時期のものである。「SPEEDI 問題」が生じた時期はその冒頭にあたり，実際，直前に紹介したように A 教授とのやりとりの論点はまさに，そうした局面での不確実性のある情報の扱いであった。

読者にはすでに明らかなように，A 教授が強調した「パニック」への警戒と，事故の「当事者」であることを強調するナラティブは，まさに，本稿の前半で紹介した 1980 年の原子力委員会報告書のナラティブと軌を一にするものである。

すなわち，原子力防災の目的は，放射性物質の拡散による被ばくから人々を守ることとともに，「周辺住民の心理的な動揺あるいは混乱をおさえ，異常事態による影響をできる限り低くする」ことを同時に達成しなければならない，そのためには高度な技術システムを用意し，それを操れる専門知識をもつ者＝専門家が「適切な指示」を行って，人々がそれに従うことで公益が守られるのだ，というそれであり，「情報統制志向」を許容するどころか，むしろそれこそを好ましい行動指針とするパターナリスティックな考え方である。

A 教授が事故後の「急性期」や「亜急性期」の時期に，約 30 年前の行政文書をひもとき，それを直接参看して行動の指針としたとは思われない。むしろ，「情報統制志向」は 30 年の時の経過の中で（松本が指摘したように）高度に制度化され，そしてそれだけではなく，原子力専門家の役割意識，倫理観の中に深く内面化されていたからこそ，とっさの状況においても彼は筆者との対話においてその土俵（論点）を選んだのであろう。

しかし，筆者には A 教授がこうした内面化したパターナリズムに対して自ら何らの疑問をもたずに語っていたとも思えなかった。テクノクラシーのもっとも大きな前提は「科学的に」十分な情報や知識が最適解を一意に与えることにあるといえようが，福島原発事故では前節で紹介した「SPEEDI 問題」にまさに象徴されるように，得られるはずであった情報はほとんど得られず，原子力専門家は当初想定していたよりもずっと少ない，しかも科学的な確実性の低い情報のみを頼りに「専門知識に基づく適切な指示」を与える任にあたらねばならなかったからである。

より完全情報に近い状況であれば，かりにテクノクラシーが準備したパターナリスティックな制度設計に基づいて原子力専門家が「指示」を与える任にあたれば，おそらくは一定程度，公益に資する科学的助言たりえたであろう。もちろん，現実のその当否には幅がありうるし，十分な情報を手にしつつも，あえてそれが導く最適解とは異なる助言を行ったり，情報を不必要に「統制」したりしたならば，そのときこそ，利害関心に基づく不健全で意図的な公益の毀損が疑われるべきであろう。

現実はそうではなく，原子力専門家はそもそも，「専門知識に基づく適切な指示」を（当初想定されたような意味では）与ええない立場にあったのである。そうであるにもかかわらず，彼らは助言者としての任にあたろうと身構えたし，社会もそれを期待した。結果，はっきりと残ったのは彼ら自身の役割意識，規範意識に基づく「情報統制志向」という行動様式であり，「SPEEDI 問題」はそうした空洞化がもたらした公益の毀損だったともいえるのである。

規範意識に関する「構造災」概念の含意

もちろん，こうしたことはもっと前に気づかれるべきであったし，気づくことができたはずの問題である。現実に公益を機微な形で毀損する出来事に帰結した以上，こうした弁明があったとしてもその責が減じられる余地はきわめて小さい。そもそも，先述のように，科学技術をめぐる社会科学的な諸研究がもたらした専門知に照らせば，原発事故のような，高度に専門性が求められる一方でさまざまな不確実性が極大に存在する状況においては，どのような専門知をもってしても，松本のいう決定不全性（underdetermination）が残され，それがさまざまな解釈と判断の余地を生むこと，そこに今回見たような個別的な事情が入り込むことは明らかである。約 30 年前のテクノクラシーが想定したような「専門知識に基づく適切な指示」は，原子力専門家が信じたほど成算のあるものではなかったことは，福島原発事故の発生を目前にした時期においては，すでにほとんど自明であったはずだ。そして，そのことを事故の悲劇が起きる前に提起し，失敗軌道を是正できなかったことについては，私たち社会科学者も深く遺憾としなければならない。このことは松本が警鐘を鳴らしたとおりであろう。

松本は「『よい人』の担う構造災」（松本 2012: 46）という表現で，人並みの倫理観をもち，よき社会人であろうとする人々こそが，不適切な制度やローカルな規範の中で結果的に公益を毀損しかねない行いに汲々とする悲劇を描いたが，原子力専門家の悲劇はある意味でそれ以上かもしれない。なぜなら，彼らにとってのそうした規範は，組織防衛とか体面維持といったローカルな利害に基づくものではなく，人並み以上の公益への関心やそれに対する貢献という目的関心がゆえに自らに課された役割意識であり，そして公的な文書が明示的に示唆さえしてきた「情報統制志向」だったからだ。そして実際に彼らはそうした規範に基づく行動の担い手となり，潜在的に人々にとって死活的な価値のある情報を，まさにその瞬間に必要としていた人々から遠ざけるという重大な公益の毀損に深く関わってしまったのである。

内面化されたパターナリスティックな役割意識は，そうしたふるまいを心理的に正当化し，ときには推奨さえしうるが，一方で「制度化された不作為」は，その判断を現実の公的な政策・制度・ルールとも整合させる。このため，こうした連関の中に組み入れられた原子力専門家は，倫理的な過ちを犯すことによってではなく，むしろ，規範意識ゆえに，公益に反する行動をとりうることになる。

繰り返すが，これは悲劇として同情をもって接すればよい問題ではない。発生した公益の毀損やそれに関わった当事者をただただ免責することを言いつのるものでもない。さりとて，この経緯を私益を公益に優先した結果として倫理的に論難しても，得るものは少ない。それは公益意識と公益意識の対決となり，社会学の古典的な言い方を借りれば「神々の闘争」を激化させるか，あるいはその新たな参戦者の一角を私たちが担うという域を超えないからである。松本の言を再び引用すれば，「問題を矮小化し，もっとも関われるべき重大な責任をかえってあいまいにする効果をもつ」（松本 2012）ことさえありうるのである。

では，どのような批判や提言が可能なのか。社会学はそれに対してどのような貢献をなしうるのか。最後にこの点を検討して，本章の結びとしたい。

4 むすび——すれ違う規範意識の再統合のために

倫理的論難を超えた社会学的批判の可能性——批判性と熟議への関与の両立に向けて

本章では，福島原発事故後に見られた原子力専門家のふるまいとそれが引き起こした公益の毀損について，倫理的論難に寄りかからない社会学的な接近を試み，とくに「構造災」概念を援用し，その含意の拡張を試みつつ，問題の核心に迫ろうとしてきた。

繰り返すが，倫理的論難の限界とその負の帰結への危惧を表明したのは，社会学が本来的に備えるべき批判性を抑制することを主張したものではなく，むしろ批判性を改めて強めることを意図してのものである。

そこで，本章の結びに代えて，では，どのようなアプローチが実際にそうした方向性を実現する方途たりうるのかを考察したい。

原子力専門家が彼らなりの公益意識ゆえに「情報統制志向」を強く志向したことはすでに述べた。賢明な読者は，すでに，「そうは言っても，あるいはそうであればこそ，その公益意識こそが何らかの誤りや偏りをはらんでおり，それこそが問題なのではないか」と気づかれたかもしれない。筆者も基本的にその見立てを採用したい。

カナダの高レベル放射性廃棄物処分政策を題材に，「倫理的政策分析」を通して「熟議民主主義」の必要性を展望したジョンソンは，公務員がしばしば同様の陥穽に落ちることを，功利主義的な倫理的正当化が生む誤謬として指摘している。「なんらかのより大きな良さのために，公務員が『手を汚し』，難しい選択をし，間違ったこと（あるいは通常なら間違っていると言えること，もしくは一般の民間人たちにとっては間違っているようなこと）をおこなうよう彼らが道徳的に義務づけられているのは，公務員の任務に伴う責任の本性に由来する」とグッディンは述べている。彼によれば，功利主義の「普遍主義的非人格性」が公務員に最良の仕事をさせるのだ」（ジョンソン 2011: 113）。

原子力技術，あるいは原子力政策は，きわめて功利主義的な正当化と近しい関係にある技術である。核兵器という軍事利用にその出自をもつこと，また，技術的に高度で巨大な資本の投入を必要とすることゆえに，原子力技術は本来的に国家資本主義的な性質をもち，常に「国家」や「政府」あるいは「経済」といったものが規定する大文字の「公益」によってその開発や利用が企図され，正当化され，促進されてきた。まさにテクノクラシーの神髄である。こうした様相に関しては「平和利用」に徹してきた日本においても実際には同様であることは，すでに科学史家による社会史の労作が遺憾なく明らかにしている（吉岡 2011）。功利主義的な立場からは，パターナリズムは直ちに問題とはされないし，それに基づく「情報統制志向」も，それが公益にかなうと信じるだけの理由があるうちは，これも直ちに問題化しない。それどころか，そのようにふるまうことが適切であるとの判断すら導かれうる。

もちろん，功利主義は結果主義であるから，「情報統制志向」がもたらした帰結について公益の毀損があったとの評価をすれば，批判は可能である（し，「SPEEDI 問題」に関しては実際にそうした面が多分にあったことは認められるべきであろう）が，同時に，「安易な情報公開を行えば，それこそ『パニック』が現実のものとなったかもしれない」という反論も常に可能であり，結局は水掛け論に堕しかねない。ここで結果論に与しても批判は力を増しがたいであろう。

むしろ，原子力専門家に対する倫理的論難の背後にあると思われる，民主主義や市民社会の理念・原則に基づく義務論的な批判をていねいに展開することが重要だ。倫理的論難の多くは社会の成員の保護を最大の目標と掲げない「指針」やそれに無自覚に従って行動する心性，あるいは明確な同意も委任もなくパターナリスティックな「情報統制」に棹さしてしまえる原子力専門家の姿に対して向けられている。それは結果の如何によっては正当化されえないこと，動かしがたい原則に照らして「やってはいけないこと」なのだと訴えている。だからこそ，実際の結果を前にして，そしてそれをどのように解釈してみせたところで誰も納得がいかない，憤りを禁じえないのだと。

こうした公益をめぐる規範意識が依拠する倫理的な立場の差異の次元に立ち戻って，よりていねいかつ鋭い批判を展開しなければ，これ以上の論争の深まりはないだろう。

私たちは，政策的判断の正当性を功利主義あるいは義務倫理学という，いずれか単一の基本的な倫理学的な立場のみに依拠するのではなく，決定の正当性・正統性双方をともに「熟議」によるような制度設計を改めて構想し（それはジョンソンが主張した「倫理的政策分析」から「熟議民主主義」の必要性の展望そのものでもある），実際にその制度の設計や運用において「汗をかく」，すなわち観察者であるだけではなく，適切なスタンスで関与することが求められる。また，原子力専門家のような政策や技術の側に立つ当事者に対しても，彼らをいかにそうした「熟議」の中に（もちろん，健全なやり方で）招き入れるかの具体策を検討することも求められる。

では，その際にはどのような点に留意し，どのような道具立てを頼りに社会学者の関与が実現されうるのか。最後に科学社会学における近年の主要な理論的展開である「第３の波」論がこの点について与える示唆を検討したい。

科学技術社会学の「第3の波」論からの示唆——相互作用の専門知としての社会学[9)]

「第3の波」とは，科学社会学，さらには広くSTS（科学技術社会論）の分野でここ10年弱の間，活発な論争を呼んできた，H. コリンズとR. エバンスによる一連の論文群が示した考え方である（Collins and Evans 2002）。その内容と含意についてはすでに解説がなされているので割愛し（松本 2009; 2011，和田 2011），ここでは「第3の波」論が社会学，そして社会学者が果たすべき役割を論じた部分に注目する。

「第3の波」論は，科学技術についての政策形成・政策決定の課題はその民主化を図るだけでは解決しないことを主張するが，コリンズらはもちろん，本章で問題にしてきたようなテクノクラシーの再来，「専門家」の復権を図ればよい，という復古主義的な解決策を導くわけではない。彼らは，新たな専門知の分類と，それらを意思決定に活かす際に必要になる操作を定式化し，その枠組みに従った学問プログラムであるSEE（Studies of Expertise and Experience）を提唱することで，問題の解決を図ろうとする。

コリンズらは，専門知を「contributory expertise」と「interactive expertise」に分類し，前者をある専門領域において専門知の生産そのものに携わりうる水準の知，後者は各専門分野間や専門分野とそれ以外のアクターの架橋を図りうる水準の知とする。いうまでもなく，原子力分野において原子力専門家が生産する知は前者に該当することになる。他方，彼らは，このうちの後者，「interactive expertise」こそが，科学技術社会学者（あるいは，彼らの言い方で言えばSEE研究者。STS研究者を広く指すという解釈の余地もあろう）が担うべき専門知であるとする。

すなわち，各分野が正味，生産し，蓄積している専門知を，さまざまな公共的場面で活用するための知を培うことこそが，SEEの役割とされる。そして，そのために不可欠な具体的な作業として，専門知の間を架橋する作業である「translation」（翻訳）や，専門知に基づくべき主張・論点とそうでない主張・論点を弁別する作業である「discrimination」をあげ，それらが社会学的な分析によってなしうることを主張する。したがって，SEEはその基盤を（科学技術）社会学的な研究に置くことになる。

コリンズらはその後，科学技術をその性質によって4つに分類し，それぞれの特徴によってSEE研究の具体的な取り組み方も異なってくることも論じているが，さしあたり，ここでは「第3の波」論の示唆によると，科学技術に関する熟議において社会学者が果たすべき役割を以下のように概括できることを確認したい。すなわち，

① ある科学技術が社会と相互作用した場合に，論点になりうる事柄を特定し，それについて専門知に即して処理できる部分と，政治的判断が求められる部分を峻別し（「discrimination」の作業），

② 前者には適切な「専門家」[10]を特定したうえで，その知を「翻訳」し（「translation」の作業），

③ 後者については，まさに公論に付すべき事柄であることを明示したうえで，

④ それらが扱われる社会的意思決定プロセスの現場で，実際に「discrimination」や「translation」を実践する「知の専門家」として活動する。

ここで重要なことは，この原則に従えば，社会学者は「知の専門家」であるのだから，現実の技術開発の場面，そしてそれに関する社会的意思決定の場面に即した存在となり，それらを対象化して常に距離をとる観察者でばかりはいられないという含意が導かれる点である。この場合，「即する」とは，学説，見解，政治的立場等においてある特定の立場の「提灯持ち」になるという意味では決してない点に注意が必要だ。敷衍すれば，それらの現実の場面において，関係者の腑に落ちる形で表現され，理解され，活かされる形に知を編纂し，「翻訳」できる専門家であるという意味である。このことと各アクターと等距離を保つこととは矛盾しない。等距離をとるということは，実践の局面においては，いかなる立場の専門家にも市民にも等しく敬意を表し，それぞれの知を活かすとともに，同時に，それぞれの見解，意見等の限界にも敏感でなくてはならないことを意味する。

また，双方に「敬意を表する」ことは，言い換えれば，それぞれの側に立つ当事者にとって理解可能，納得可能であることを意味する。そのためには，さまざまな「専門家」（コリンズらがいう意味の，広い意味での専門家）がもつ専門知の正味の中身を，translate して，「共約可能」にする必要があるわけだが，これはかなり踏み込んだ対応を必要とするように思われる。現実の社会的意思決定プロセスにおいては，当然ながら，参加するさまざまなアクターの主張，専門家の提供する情報は価値負荷的となる。だからこそ「discrimination」の操作が必要になるわけだが，それはおそらく，政治的成分を除去して価値中立的

にするという形ではなくて，それぞれのアクターの背景にある文脈に即して，他のアクターの主張，提供した情報の意味を再解釈する手助けをするという形でなされねば，実質的な「共約可能」性は担保されない，「伝わらない」であろう。

この作業を「知の専門家」が行うためには，コリンズらが主張する，各分野の専門知に対する「interactive expertise」を備えるだけでは，なお不十分であろう。価値の次元に踏み込み，文脈に即した「translation」を行うためには，専門知をもっている「専門家」たち，あるいは，意思決定プロセスに参加するほかのアクター（例：専門知の有無は別としても，当事者性によって参加が認められるべき「市民」「住民」等）の関心，懸念，思考様式，行動様式といった人類学的な諸属性についての理解が求められると思われる[11]。本章がその中盤でエスノグラフィックな探索を試みたのもこうした意図によるものである。こうした実践を継続的に実施するためには，やはり，各アクターに近接し，一定のコミットメントを保つことで，リアリティをつかまえ続けることが求められよう。

また，とくに，従来よりも幅広な参加を前提とした社会的意思決定を行う場合には，多くのアクターは，社会的意思決定の専門家ではないことが想定される（その専門家である「政治家」以外の参加を促すわけだから，当然の帰結である）。とすれば，実際に意思決定のプロセスを進めるにあたって，彼らから議論や決定のための手順，手法，作法等についての，政治的，社会的な知恵を提供することも求められうるから，「知の専門家」はそうした面でのアドバイスを求められることもありうる。

もちろん，これらのすべてについて，個々の研究者１人ひとりが全部を担えるようなものでもないし，そうすべきでもない。あるいは，社会学だけがこうした役割を担うこともできないし，そうすべきでもない。そこには，新たな知的・政治的独占の危惧があり，それは，結局は自らが解体し（ようとし）たのと同種の権威を新たに打ち立てることにほかならない。

また，「等距離を保つ」ことと「各アクターに近接し，一定のコミットメントを保つことで，リアリティをつかまえ続ける」ことは，潜在的な矛盾，緊張関係をはらむ。ある特定のアクターのリアリティにまで立ち入れるような研究・実践を続ければ，自ずと，入力される情報に偏りが生じ，それによるバイアスが形成されることは不可避と思われるからだ。この点は，社会学をはじめとするさまざまな専門，立場，見解をもつ社会科学者の科学技術やその政策に対する関与，そして科学技術専門家の側との相互作用を拡げ，深める中で，多様性によって結果的にバランスされることによって調整されることが望ましいであろう。

次なる「構造災」を防ぐためには，私たち社会学がその前に科学技術と社会の界面に飛び込み，関与を続けることが不可欠なのである。

謝　辞

本章第3節で紹介した筆者のUCBNEでの経験は，受け入れ教員として筆者の客員滞在を可能にしてくださったJoonhong Ahn教授のご尽力なしには得られなかったものである。筆者はAhn教授からまさに垣根を超えて多くを学び，また，同学科の他の教員や学生の方々とも他では得がたい交流をすることができた。Ahn教授は2016年6月，病気のため，深く惜しまれつつ逝去された。この場を借りて，そのご学恩に心より感謝申し上げ，哀悼の意を表します。

注

1)　こうした見立てに立った動きがインターネット上で盛んに行われ，社会一般にも一定の力をもったことも福島原発事故発生後の出来事の中で特徴的であった。いわゆる「御用学者wiki」はその代表であろう。また，こうした状況に際して，科学技術社会論のように科学・技術と社会の関係そのものを問い，またそれに関する実践を標榜してきた分野が無力であったとする自己言及的な議論も直近においてなされている。たとえば佐倉（2016）あるいは田中（2016）を参照されたい。

2)　これに対しては，批判を受けた日本原子力学会自身も一定の自己批判を行っている（日本原子力学会 2011; 2014）。

3)　ここで，国際的に一般的な考え方は，起こりうる事故の態様の深刻度によって，それぞれの場合に考えられうる放射性物質の放出・拡散状況をシナリオ化し，その場合の人々の被ばくリスクを検討して標準的な防護措置をあらかじめ定めておき（この措置は予防的な〔安全側の〕内容で設定されることが通常である），その後はモニタリング等で得られるリアルタイムの状況判断に応じて措置を随時講じたり変更したりするというものである（たとえばIAEA 2002; 2007; 2011）。

4)　この「予測」主義ともいうべき態度は過度に野心的で高度に技術主義的な，まさにテクノクラシーの極致というべきものである。福島原発事故を経験した今日私たちは，スリーマイル島原発事故に対するこうした応答そのものを適切で健全でない日本の原子力安全に対する考え方の表れと見て批判的に見ることもできる。そもそも，福島原発事故の際にはリアルタイム予測のもととなる放出源情報（原発から放出される放射性物質の量や種類，タイミングを推定するために必須の，原子炉の状態や原発における放射線量の変化等についての情報）が原発の全電源喪失と地震による通信網損傷によって得られず，「リアルタイムのデータに基づく予測」は，それがもっとも求められたその瞬間に，まさに画餅となったからである。しかし，以下に述べるように，そうした後知恵に頼らずとも，SPEEDIに大きく依存した原子力防災の危うさと問題の根深さを十分批判的に検討することができる。

5) ただし，福島原発事故の際のSPEEDIの計算結果は放出源情報の入力を欠いた点でその利用価値，活用余地が大きく限定されていたことはそのとおりではあろう。拡散する放射性物質による被ばくから現実に身を守るためには，「いつ」「どのような」放射性物質が「どのぐらい」放出されたかが決定的に重要であるからである。単位量を任意に入力して行われる計算は，「その時点である放射性物質が拡散したとすれば」という仮定的な結果を示すだけであり，たとえば，実際には異なる時点でより大量の放射性物質が拡散していれば，当該計算結果に基づいて避難の方向や距離，開始時点といった意思決定を行うことは，むしろ被ばくを有意に増やす結果にさえなりかねないリスクを大きくはらむからだ。

6) 本節における「原子力工学科」での「参与観察」結果の記述については，福島原発事故が発生した2011年の日本社会学会で報告した内容（寿楽 2011a）をもとに加筆修正した。

7) 筆者は科学技術社会学を専門とする研究者であるが，いわゆる「原子力工学科」が中心となって進められている教育研究プロジェクト（東京大学グローバルCOEプログラム「世界を先導する原子力教育研究イニシアチブ」）に2008年から所属し，さらに，2010年から11年にかけて，まさに福島原発事故の前後を挟んで米カリフォルニア大学バークレー校（UCB）の「原子力工学科」に客員研究員として滞在し，両国の「原子力工学者」たちがどのような行動をとるのか，ある種の「参与観察」をできうる立場であった。もちろん，筆者は同GCOEプログラムの遂行要員として原子力工学者と教育研究実践において協働しており，一般的にいう参与観察の定義とは必ずしも一致しない。

8) 日本語を母語とし，かつ，外国の大学に身を置く研究者の視点というのは，直感的にはジャーナリストにとってそれなりに高い価値があると思われるにもかかわらず，事故直後，Ahn教授に日本のジャーナリズムからの接触がまったくなかった点は記しておく必要があるだろう（2011年7～8月頃から多少の接触が始まったようである）。なお，Ahn教授は2016年6月に逝去された。

9) 本節は寿楽（2011b）の一部をもとに，大幅に加筆修正したものである。

10) この「専門家」という語は「第3の波」論における特定の含意が含まれており，本章で取り上げてきた「原子力専門家」のような制度化された科学や技術のエスタブリッシュメントとしての専門家ではなく，議論に必要な専門知をもつ者一般を指す。

11) なお，こうしたチャネルを設けることは，専門家の懸念や不満（例：「衆愚の危険」への不安，反発や敬意を表されない〔権威剥奪の対象にばかりされる〕ことに対する抵抗感，等）を解消し，より有意義な協働を促す素地ともなりうると考えられる。

参考文献

朝日新聞，2011，「『放射性物質予測の個別公表控えて』気象学会が通知，研究者に波紋」2011年4月2日夕刊。

中央防災会議，1979，「原子力発電所等に係る防災対策上当面とるべき措置について」。

Collins, H. M. and R. Evans, 2002, “The Third Wave of Science Studies: Studies of Expertise and Experience,” *Social Studies of Science*, 32(2): 235–96.

原子力安全委員会原子力発電所等周辺防災対策専門部会，1980，「原子力発電所等周辺の防災対策について」昭和55年6月30日。
International Atomic Energy Agency (IAEA), 2002, "Preparedness and Response for a Nuclear or Radiological Emergency," *IAEA Safety Standards Series* No. GS-R-2.
International Atomic Energy Agency (IAEA), 2007, "Arrangements for Preparedness for a Nuclear or Radiological Emergency," *IAEA Safety Standards Series* No. GS-G-2.1.
International Atomic Energy Agency (IAEA), 2011, "Criteria for Use in Preparedness and Response for a Nuclear or Radiological Emergency," *IAEA Safety Standards Series* No. GS-G-2.
ジョンソン，ジュヌヴィエーヴ・フジ，2011，『核廃棄物と熟議民主主義――倫理的政策分析の可能性』船橋晴俊・西谷内博美監訳，新泉社。
寿楽浩太，2011a，「『原子力工学者』にとっての福島原発事故――日米両国での『参与観察』の経験を通して考える」第84回日本社会学会大会。
寿楽浩太，2011b，「エネルギー施設立地の社会的意思決定プロセスを問う――公共性をめぐる科学技術社会学からのアプローチ」東京大学博士論文。
寿楽浩太，2017，「国策学問と科学社会学――原子力工学を中心に」松本三和夫編『科学社会学の基本枠組み――「第三の波」を越えて』東京大学出版会（近刊）。
寿楽浩太・菅原慎悦，2017，「『SPEEDI』とは何か，それは原子力防災にどのように活かせるのか？」茨城県東海村「原子力と地域社会に関する社会科学研究支援事業」平成28年度研究成果報告書。
松本三和夫，2009，『テクノサイエンス・リスクと社会学――科学社会学の新たな展開』東京大学出版会。
松本三和夫，2011，「テクノサイエンス・リスクを回避するために考えてほしいこと――科学と社会の微妙な断面」『思想』1046: 6-26。
松本三和夫，2012，『構造災――科学技術社会に潜む危機』岩波書店。
松本三和夫，2013，「構造災と責任帰属――制度化された不作為と事務局問題」『環境社会学研究』19: 20-44。
日本原子力学会 日本原子力学会「原子力安全」調査専門委員会技術分析分科会，2011，「福島第一原子力発電所事故からの教訓」（http://www.aesj.net/document/pr20110509kyokun.pdf）
日本原子力学会 東京電力福島第一原子力発電所事故に関する調査委員会，2014，『福島第一原子力発電所事故 その全貌と明日に向けた提言――学会事故調最終報告書』丸善出版。
佐倉統，2016，「優先順位を間違えたSTS――福島原発事故への対応をめぐって」科学技術社会論学会編『科学技術社会論研究 12 福島原発事故に対する省察』玉川大学出版部。
菅原慎悦，2015，「原子力防災制度改革」城山英明編『福島原発事故と複合リスク・ガバナンス』（第6章 事故後の原子力発電技術ガバナンス）所収，東洋経済新報社。
田中幹人，2016，「STSと感情的公共圏としてのSNS――私たちは『社会正義の戦士』なのか？」科学技術社会論学会編『科学技術社会論研究 12 福島原発事故に対する省察』玉川大学出版部。
東京電力福島原子力発電所事故調査委員会，2012，『国会事故調報告書』徳間書店。
東京電力福島原子力発電所における事故調査・検証委員会（政府事故調），2011，「中間報告」，2011 年 12 月 26 日。
和田慈，2011，「『第三の波』をめぐる文献解題」『思想』1046: 104-111。
吉岡斉，2011，『新版 原子力の社会史――その日本的展開』朝日新聞出版。

終　章

福島原発震災から何を学ぶのか

長谷川 公一

東京電力福島第一原発事故（以下，福島原発事故）から，私たちは何を学ぶべきか。第二次世界大戦の「戦争責任」と「敗戦」から何を学ぶのか，水俣病をはじめとする公害被害の経験から何を学ぶのか，等々。日本の近現代史には，私たちが何度も反すうし，繰り返し問うべき大きな経験や問いがいくつもある。影響を受ける時間の長さにおいても，空間の広がりにおいても，数万人規模の人々に「ふるさと喪失」を強いることになった福島原発震災に，私たちはどのように向き合い，何を学ぶのか。この重い問いは，日本から，東アジアに，そして世界に発すべき問いでもある。

2つの世界大戦の歴史を克服し，ドイツの「戦後」は終わった。後述するように，ドイツは，脱原子力政策と気候変動対策とで世界をリードしている。他方日本は，とりわけ中国や韓国との関係において「戦後」と真摯に向き合うことを拒み，敗戦から70余年を経てなお隣国から戦争責任を問われ続けている。

福島原発事故で何が起きたのか。なぜ，このような事故と被害が生じたのか。制度や政策にどのような問題があったのか。福島原発震災は現代社会にどのような問題を提起しているのか。それは，世界史において，どのような意味をもつ事件なのか。私たちは真摯に向き合い続けなければならない。

1　福島第一原発で何が起きたのか

「世界初」の衝撃

福島第一原発で何が起きたのか。福島原発事故はどのような意味で衝撃的な出来事なのか。福島原発事故には，少なくとも5重の意味で「世界初」が冠される。

第1に，大地震と大津波という自然災害を契機とした，世界初の複合的な原発事故である。「ある事故とそのバックアップ機能の事故の同時発生，たとえば外部電源が止まり，ディーゼル発電機が動かず，バッテリーも機能しないというような事態がおこりかねない」（石橋 1997: 723）。主要には津波を契機としてではあるが，地震学者石橋克彦が，阪神・淡路大震災後の1997年に警告したような複合的な事態の連鎖が生じ「原発震災」が引き起こされた。

第2に，世界標準炉の1つというべき沸騰水型炉で起こった初の過酷事故である。沸騰水型炉は，アメリカでスリーマイル島原発事故を起こした加圧水型炉とともに，世界の原発の主流をなす軽水炉である。チェルノブイリ原発事故は黒鉛炉というソ連独特の特殊な炉で起こり，原子炉には格納容器がないなど，安全基準も西側とは異なっていた。福島原発事故は，世界のどの原発でも長時間の全電源喪失状態が生じうること，その結果，核燃料棒を冷却する機能が失われ，メルトダウン（炉心溶融）が生じうることを示した。ドイツが原子力政策の抜本的な転換に踏み切ったのは，この点を重視したからである。

第3に，世界ではじめて，1号機から4号機までがほぼ同時に危機的な状況に陥ったために，対応は著しく困難をきわめた。高い放射線量のもとで，真っ暗闇の中で，懐中電灯を頼りに，死を覚悟しながら，少人数の作業員が，絶望的な思いの中で困難な作業を余儀なくされた。スリーマイル島原発事故も，チェルノブイリ原発事故も事故を起こしたのは1基のみだった。日本では新規立地が進まないために，既存のサイトに何基もの原子炉をつくる集中立地政策がとられるようになったが，それが完全に裏目に出てしまった。

第4に，世界ではじめて，プール内に貯蔵され，冷却されている使用済み核燃料が大きな放射能汚染をもたらす危険性が生じた。稼働中の1〜3号機の核燃料は，大きく損傷したとはいえ一応格納容器に守られていた。定期点検のために停止していた4号機では，建屋内の原子炉上部の貯蔵プールに，原子炉約

2基分相当の計1535本の核燃料が保管されていた。圧力容器も格納容器もない，防御しているのは水だけという，きわめて無防備な状態に大量の使用済み核燃料が置かれていた。

事故から5日後の3月16日時点で，アメリカ原子力規制委員会などがもっとも危惧していたのは，4号機の貯蔵プールの水が完全に失われ，プール内の使用済み核燃料すべてが空焚き状態の中で溶融し，コンクリートと反応するコアコンクリート相互作用に至る事態だった。菅直人首相（当時）の要請で3月22日に作成された近藤駿介原子力委員会委員長（当時）による「最悪のシナリオ」（「福島第一原子力発電所の不測事態シナリオの素描」）では，半径170 km圏内が移住，東京都・横浜市までを含む250 km圏内で避難が必要なほど汚染が広がると想定された（福島原発事故独立検証委員会 2012）。実際，アメリカ政府は，3月17日，アメリカ国民の出国を支援するとともに，福島原発から80 km圏内のアメリカ人に対して退避勧告を出し，ドイツ政府も，東京・横浜在住のドイツ人に避難を勧告し，大使館機能の一部を大阪に移した。フランス政府は，3月16日に首都圏からの退避勧告を行い，飛行機を送り，首都圏からのフランス人の帰国を支援した。日本国民はほとんど知らされていなかったが，多くの国がチャーター機の運航や80 km圏外もしくは首都圏外への退避勧告など，ほぼ同様の措置をとっていた。

第5に，放射能によって汚染された水を大量に流出させ，また放出したことによって，汚染水による世界初の大規模な海洋汚染が懸念されている。スリーマイル島原発もチェルノブイリ原発も内陸に立地された原発だったが，日本の原子炉は冷却用の水を海水から取り出し，温排水を海に流すため，すべて沿岸に立地している。

安倍晋三首相は，2013年9月，2020年のオリンピック招致にあたって，「海洋への汚染水の流出は完全にコントロールされている」と世界に断言したが，これは意図的な虚偽の説明であり，被災地に対する，また国際社会に対する道義的な責任はきわめて大きい。

最悪のシナリオを免れさせたいくつもの偶然

深刻な被害をもたらしたがゆえに，起こりうる最悪の事態が現出したようなイメージを抱きがちだが，重要なことは，福島原発事故では，想定しうる最悪のことが起きたわけではない，ということである。前述の最悪のシナリオでは，

「首都圏3000万人の避難」という世界史上例を見ない事態を想定していた。2011年3月29日から内閣官房参与として総理官邸で原発事故対策にあたった田坂広志は,「3月末から4月初めにかけての時期は,文字通り『首都圏3000万人の避難』という最悪の事態もあり得る,まさに予断を許さない時期だった」「文字通り幸運なことに,さらなる水素爆発も起こらず,大きな余震も津波も起こらず,原子炉建屋や燃料プールのさらなる大規模崩壊も起こらなかったため,この最悪のシナリオへ進まずに済んだ」と述べている(田坂 2012: 25, 32)。かりに新たに建屋の水素爆発や水蒸気爆発が生じるか,大きな地震や津波が再び原発を襲って,4号機の核燃料の冷却ができなくなる事態が生じたら,最悪のシナリオが現出した可能性は,4月はじめの段階でも少なくなかった。

重要なことは,最悪の事態を免れえたのは,以下のようないくつもの偶然が重なったからであり,意図的なコントロールやマネジメントが機能したから,というわけではないことである。

アメリカ原子力規制委員会は,4号機の貯蔵プールの水が失われて空焚き状態になることを怖れていたが,実際には3月16日時点で貯蔵プール内に水があり,しかも16日夕方上空から自衛隊機が水があることを確認した。

4号機は,2010年11月から定期点検中だったが,シュラウド交換のために原子炉ウェルに水が張ってあった(第1の「偶然」)。3月7日にこの水を抜く予定だったが,作業用機器のサイズミスで3月下旬まで水抜きが中止された(第2の「偶然」)。貯蔵プールの水位低下で仕切り板が機能しなくなり,原子炉ウェルと隣接するピット内の水が貯蔵プールに流入した(第3の「偶然」)。この3つの偶然が重なって,貯蔵プール内には水が残っていた。しかも,4号機の建屋が爆発したことで天井が抜け,自衛隊機は16日午後に上空から目視で,プール内の水の存在を確認できた(第4の「偶然」)。問題はこの4つの偶然のいずれか1つでも欠けていたら,空焚き状態が現出し,損傷した高熱の核燃料棒に反応してコンクリートが溶け出し,コアコンクリート相互作用が起こり,取り返しのつかない事態が生じた可能性が高いことである。負の連鎖が拡大し,1～4号機の放棄,第二原発への波及,首都圏での大量避難の必要にともなうパニックなど,起こりえたいくつもの危機が,幸運にも奇跡的に回避された。日本社会は,文字どおり4つの偶然に奇跡的に助けられたのである。

このように十分に起こりえたことで,偶然「起きずにすんだ」こともある。その点も含めた社会的な学習が必要である。

危うかった女川原発と東海第二原発

幸い過酷事故に至ることは免れたものの，宮城県女川町に立地する東北電力の女川原発，茨城県東海村に立地する東海第二原発も文字どおり危機一髪だった。危うかったのは福島第一原発だけではなかった。

福島第一原発の敷地高が10 mだったのに対して，女川原発の場合には，津波常襲地帯であることを考慮して敷地高を14.8 mにしたことが結果的には幸いした[1)]。5系統ある外部電源のうち4系統は切れたが，1系統が残ったことも幸いした。地震による地盤沈下で敷地高13.8 mとなったところに13 mの高さの津波が襲来した。あと80 cm以上大きな津波が来ていれば，福島第一原発と同様の事態になった可能性がある。80 cmは，13 mにとって，わずか6.15 %にすぎない。女川原発は文字どおり薄氷を踏むように，かろうじて助かったのである。これもまた思わざる幸運だったというほかあるまい。

同原発から70 km圏には仙台市を含む200万人以上が居住しており，70 km圏内の人口は，日本の原発の中でもっとも多い。女川でも福島第一原発と同様の事故が起きていたら，福島・宮城・岩手3県の広範な地域が津波と原発事故の複合的な災害を被ることになり，凄惨さは類を見なかっただろう。

東海第二原発も3月11日の地震直後に停電した。非常用発電機3台が動き始め，非常用炉心冷却システム（2系統）が起動した。地震から約30分後に高さ5.4 mの津波が襲い，非常用発電機のうち1台が停止した。非常用炉心冷却システムも1系統が使えなくなった。冷却が十分進まなくなったが，14日午前には外部電源が復旧，14日深夜には非常用炉心冷却システムも回復し，「冷温停止」した。2007年7月の中越沖地震直後に茨城県が出した「津波浸水想定」に基づき，東海第二原発は対策を実施し，6.1 mの津波に耐えられるように防水工事を実施したが，工事が完了したのは，2日前の3月9日だった。東海第二原発も幸運に助けられたのである。水戸市などを含むために，東海第二原発の30 km圏内の昼間人口は100万人近くになり，日本の原発の中でもっとも多い（原口担当本書第6章）。

2　事故の原因と構造的背景

空洞化していた安全規制と防災体制

福島原発事故で明らかになったのは，原子力安全規制と防災体制の空洞化した姿である。

東京電力が想定していた津波の高さは5.7 mだったが，東日本大震災では14〜15 mの遡上高の津波に襲われた。5.7 mの想定で不十分であることは，近年何度も警告されていたが，東京電力と原子力安全・保安院，原子力安全委員会はいずれも対応しなかった（添田 2014）。

非常用ディーゼル発電機が海側のタービン建屋内の地下に置かれていたことも致命的な欠陥だった。福島第一原発に非常用発電機は13台あったが，冠水を免れ動いたのは，6号機用の空冷式の1台のみだった。非常用発電機が地下に置かれていたのは，アメリカでは竜巻やハリケーンを想定して地下に置くことになっていたからであり，津波など日本に特有の自然災害のリスクをふまえて見直されることはなかった。津波の危険性の高い日本で，非常用発電機を地下に置くのは危険だということを，福島原発事故が起きるまで，1号機の着工以来45年以上にわたって，電力会社も政府も，誰も問題視してこなかった。福島第一原発は，1971年3月の1号機の運転開始以来，約40年にわたって，津波については無防備のまま，営業運転を続けてきたのである。

福島第一原発のみならず，そもそも日本の原発の安全規制において，津波はほとんど重視されてこなかった。2006年に，原子力安全委員会の耐震指針検討分科会は耐震設計審査を20年ぶりに改訂したが，14頁の本文の中で，津波への言及は「地震随伴事象に対する考慮」として，末尾に1カ所，わずか1行74文字の記述にとどまっていた。「(2) 施設の供用期間中に極めてまれではあるが発生する可能性があると想定することが適切な津波によっても，施設の安全機能が重大な影響を受けるおそれがないこと」[2]。

福島原発事故まで，日本の電力会社は，外部電源や非常用発電機の電源機能が8時間以上失われるという事態を想定してこなかった。そもそも原子力安全委員会が，1990年に定めた原発の安全設計審査指針策定時に「長期間にわたる電源喪失は，送電線の復旧，非常用発電機の修復が期待できるため，考慮する必要はない」として，これにお墨付きを与えていた。全電源喪失を想定しなくてよいとしてきた原子力安全委員会の責任はきわめて大きい。想定しなくてよいとされてきたために，日本の原発には全電源喪失状態に対処するマニュアルがなかった。福島原発事故直後のさまざまの混乱，事故の拡大を防げなかった構造的要因は，そもそも全電源喪失状態に対処するマニュアルがなかったことにある。

東京電力の事故時運転操作手順書も全電源喪失を想定していなかったし，作業員は誰も，全電源喪失への対処の教育も訓練も受けていなかった。福島原発事故が起きるまでは，17カ所ある日本の原子力発電所すべてが同様の状態だった。1966年に日本初の東海原発1号機が営業運転を開始して以来，日本国民は，50年にわたって緊急着陸の訓練を受けておらず，そのためのマニュアルももたないパイロットが運転する飛行機に乗せられていたようなものである。

東京電力にも，政府にも，地元自治体にも，マニュアルも，備えも，訓練も，心の準備もなかった以上，対応は必然的に混乱をきわめた。当時の首相自らが「伝言ゲーム」と呼んだほどの東京電力および政府の間の連絡の不備，双方の不手際，無責任，対応の遅れ，避難指示・救援の遅れ，情報の隠蔽などは目を覆うばかりであり，いたずらに被ばく者を増大させ，国内外からの不信を招いた。とりわけ，東京電力本社，原子力安全委員会，原子力安全・保安院は機能不全を呈するばかりだった。「東電本店は，現場の起案に対し，明確な方針も的確な対案も示さず，また，官邸に現場の知見のフィードバックを伝えることもしなかった。本店はただただ“迷走”していた」というのが，福島原発事故独立検証委員会の結論の一節である（福島原発事故独立検証委員会 2012: 392）。

原子力防災体制にも大きな問題があった。原子力安全委員会は，国際原子力機関（IAEA）が5～30 kmの緊急防護措置計画範囲を提案していたにもかかわらず，それを無視して，日本では「十分な裕度を有している」として8～10 kmまでの避難範囲しか想定してこなかった。原発事故が起こった際に，現地対策拠点となる予定だった原子力オフサイトセンターも，放射能の汚染レベルが高い5 km圏内にあったために福島原発事故ではまったく機能しなかった。

原発推進のために一方的に安全性を喧伝するのみで，重大事故の危険性，リスクは過小評価され，安全規制や防災体制の空洞化が進行していた。

福島原発事故前から「原子力ムラ」と指弾されてきた，舩橋晴俊が「原子力複合体」と呼んだ（舩橋 2013: 144），政官産学マスメディアのもたれあいと閉鎖的で癒着的な構造が，福島原発事故をもたらした構造的な背景である。その意味で，福島原発事故は人為的な災害であり，松本三和夫のいう「構造災」である（松本担当本書第2章）。

繰り返される「無責任の構造」

福島原発事故については，東京電力自身によるものを含め，4つの事故調査報告書がつくられたが，政府および東京電力自身が原因究明にきわめて消極的なこともあって，事故から6年以上を経た今なお，事故原因および過酷事故に至るメカニズムは十分究明されたとは言いがたい。

「然るに我が国の場合は，これだけの大戦争を起しながら，我こそ戦争を起したという意識がこれまでの所，どこにも見当たらないのである。何となく何物かに押されつつ，ずるずると国を挙げて戦争の渦中に突入したというこの驚くべき事態は何を意味するのか」(丸山 1964: 24)。32歳の丸山眞男は，1946年に発表した「超国家主義の論理と心理」(丸山 1964) の中で，確信犯的なナチス・ドイツの戦争犯罪人と対比し，このように日本の戦争指導者の無責任の構造を批判した。文中の戦争を福島原発事故に置き換えてみよう。「これだけの大事故を起しながら，我こそ事故を起したという意識がこれまでの所，どこにも見当たらない」「何となく何物かに押されつつ，ずるずると国を挙げて原発推進の渦中に突入したというこの驚くべき事態は何を意味するのか」。丸山の指摘は，福島原発事故にもそのまま当てはまる。

福島原発事故を引き起こした当時の勝俣恒久会長，清水正孝社長をはじめとする東京電力の首脳陣，班目春樹原子力安全委員長，寺坂信昭原子力安全・保安院院長らを含め，厳密な意味では誰一人として，福島第一原発事故を引き起こした，事故を防ぐことができなかった倫理的・道義的な責任を取っていない。政権党だった民主党 (現在の民進党) も，当時の菅直人内閣の対応にどんな問題があったのか等の，基本的な総括すら怠ったままである。首相であった菅直人自身も，当時の自身の判断の当否を細部にわたってきびしく検証すべきである。福島原発事故時の政権党だった民主党への信頼が回復しなかったのは当然である。

「無責任の構造」は，日本の戦後処理をも大きく規定している。「無責任の構造」は，昭和天皇も含む権力者の戦争責任を曖昧化し，岸信介のようなA級戦犯被疑者が，敗戦からわずか12年後の1957年に首相となることを可能にした。72年後の今なお，韓国・中国から日本が戦争責任を問われ続けることの基底には，戦争責任の曖昧化という問題がある。

福島原発事故の場合にも，他の原発への波及を最小限のものにとどめたい，再稼働を急ぎたい，東京電力を温存したいという関係者の思惑が，責任追及を曖昧化させ，原因究明を妨げてきた。

経済産業省および東京電力が，津波の高さが「想定外」だったとし，責任逃れに終始しているのは，全国で20以上が提起されている，損害賠償を求める集団訴訟[3]への影響を怖れているからでもある。発電所内の配管などへの地震の影響を否定しているのは，地震の影響を認めると，他の原子力発電所の耐震性審査などへの影響が大きくなるからである。

福島原発事故は「予防」できなかったのか，高い津波の到来は「予見」できなかったのか，被害や混乱を減らすことはできなかったのか。何ができたのか。関係者は最善を尽くしたのか。細かく検証し，社会的に学習することが必要である。

福島県は2020年までに福島原発事故にともなう県内・県外の避難者をゼロにする目標を掲げている（福島県 2015）。2017年4月1日までに，放射線量の高い帰還困難区域をのぞいて，避難指示区域を大幅に解除した（本書第3章など参照）。2012年6月時点では16万人あまりが県内・県外に避難していたが，2017年3月13日現在，県内への避難者は3万7670人，県外への避難者は3万9218人となった（復興庁発表）。年間の累積空間線量が20ミリシーベルト以下になることなどを避難解除の要件にしているが，この基準は公衆に対する線量限度，年間1ミリシーベルトの20倍，放射線管理区域の5ミリシーベルトの4倍高い値であり，国内外から批判が強い。

政府や電力会社には，早期に原発を再稼働したいという思惑があり，そのことが事故の過小評価と被害の軽視をもたらし，早期帰還への圧力となり，原発再稼働を促すという一連の連鎖がある。この点にこそ，これだけの大事故が起きたにもかかわらず，教訓を学ぼうとしない日本社会の根本的な問題がある。

3 福島原発事故の社会的インパクト
――福島原発事故によって何が変わったのか

チェルノブイリ原発事故の社会的インパクト

1986年4月のチェルノブイリ原発事故当時，ソ連の最高権力者だったゴルバチョフは95年に発表した回顧録に，次のように記している。「従来のシステムがその可能性を使い尽してしまったことをまざまざと見せつける恐ろしい証明であった」（Gorbachev 1996＝1996: 377）。「チェルノブイリはわが国体制全体の多くの病根を照らし出した。このドラマには長い年月の間に積もりつもった悪弊がすべて顔をそろえた。異常な事件や否定的なプロセスの隠蔽（黙殺），無責任と暢気，なげやりな仕事，そろいもそろっての深酒。これは急進的改革が必要であるもうひとつの確実な論拠だった」(Gorbachev 1996 = 1996: 382)。

チェルノブイリ原発事故からわずか3年半後の1989年11月10日に「ベルリンの壁」が崩壊し，5年半後の1991年12月26日にソ連が崩壊した。チェルノブイリ原発事故は直接・間接に，1989年秋の東欧の民主化，ソ連からロシアへの体制転換などに大きく影響した。

福島原発事故がどのような社会的なインパクトをもたらしうるのか。私たちは，本書第2部で詳論したような避難者および住民生活への諸影響，避難自治体の再建，本シリーズ第3巻第3部で詳論するような地域社会の復興・再生にはじまって国際社会に至るまで，ミクロ・メゾ・マクロレベル，および短期的・中期的・長期的影響，エネルギー政策・経済政策・農業政策などの政策分野，社会運動，市民社会の変化等，水平軸・時間軸・領域の軸など，多面的に，社会的なインパクトを論じることができる。

大きな災害や事件，事故が契機となって，社会の構造的な緊張や問題が可視化され，政策転換がなされる場合がある。

環境政策の場合には，1960年代に争点化した四大公害問題は，1970年の「公害国会」を経て，環境庁（現・環境省）の発足をはじめ，公害規制の体系化をもたらした。1995年の阪神・淡路大震災は，防災への社会的関心を高め，防災体制の整備を促進したほか，それ以前から機運が高まり準備が進んでいた特定非営利活動促進法（NPO法）の制定（1998年3月）を促進する契機となった (Hasegawa et al. 2007)。

福島原発事故によって何が変わったのか

福島原発事故を契機として，日本社会がどのように転換できるのかが問われている。それは国際的な関心でもある (Samuels 2013 = 2016)。

原発問題の場合には，1995年12月の高速増殖炉もんじゅ事故，99年9月のJCO臨海事故などの重大事故が起きたにもかかわらず，抜本的な政策転換がなされてこなかった。むしろ，2001年以降の省庁再編にともなって原子力規制行政の経済産業省への一元化が進んだ。それまで科学技術庁と通商産業省（現・経産省）との「二元体制」がいわれてきたが（吉岡 2011），重大事故を契機として，経産省は，原子力規制行政の一元化に成功したのである。

福島原発事故によって何が変わったのだろうか。

10万人規模の人々が「ふるさと」を失い，何世代にもわたって営々と築きあげてきた先祖伝来の美しい田畑を失い，漁場を失い，顧客を失い，仕事場を奪われ，「希望」を失った。地域が分断され，平穏な家庭生活が破壊された。その代償として，日本社会が得たものは何だったのか。

事故の原因究明，被害者救済，原発の安全対策や避難計画，エネルギー政策に多くの課題を残しながら，2015 年 8 月からなし崩し的に原発の再稼働が始まっている。福島原発事故が起きた当時日本には 54 基の原子炉があった（長期休止中だったもんじゅをのぞく）。事故を起こした福島第一原発の 6 基を含め，事故後老朽化した原発 13 基の廃炉が決定している。41 基の原発の中で，2017 年 4 月末現在稼働しているのは 3 基（川内 1・2 号機，伊方 3 号機）。そのほか高浜 1・2・3・4 号機，美浜 3 号機，玄海 3・4 号機が適合性審査を終えている。16 基は，新規制基準への適合性を原子力規制委員会が審査中である。残り 15 基はまだ審査が始まっていない。

注目されるのは，「高速増殖炉」という言葉がエネルギー基本計画から消え，2016 年 12 月政府は，95 年 12 月のナトリウム漏れ事故以来，長期休止中だった高速増殖炉もんじゅの廃炉を決定した。1992 年の試運転開始以来，1 兆 410 億円を投じたにもかかわらず，発電したのは 26 年間でわずか 883 時間，37 日間にとどまる。

内外から批判の強い，六ヶ所村の再処理工場も原子力規制委員会は適合性を審査中であり，本格稼働時期は明示されていないものの（事業者側は 2019 年度以降としている），審査は最終段階を迎えた。

2012 年 12 月の安倍内閣成立以後，原子力発電は重要なベース電源とされ，再処理政策を含めた原子力推進政策の堅持が顕著である。

では，政策決定過程はどのように変化したのか。日本の原子力政策は，福島原発事故前は，総合資源エネルギー調査会と原子力委員会の 2 本立てになっていた。福島原発事故をふまえて，当時の民主党政権は，2011 年 6 月，国家戦略担当大臣を議長とする「エネルギー・環境会議」という関係閣僚会議を新たに設置し，この会議が原子力政策の実質的な決定権をもつことになった。2012 年 9 月に発表された「革新的エネルギー・環境戦略」は，この会議が決定したものである。エネルギー政策の見直しを経産省資源エネルギー庁から切り離して省庁横断的に行おうとした画期的な取組みだった。しかし政権復帰後，安倍内閣は，新しい戦略を破棄し，この会議も廃止した。

原子力委員会は民主党政権時代には存廃も含めて検討されていた。安倍政権のもとで「在り方見直しのための有識者会議」がつくられ，委員を５人から３人に減らし，「今後は委員会の中立性を確保しつつ，①原子力の平和利用と核不拡散，②放射性廃棄物の処理処分，③原子力利用に関する重要事項に関する機能に重点を置く」ことになり，大幅に機能が縮小された。エネルギー・原子力政策は，総合資源エネルギー調査会基本政策分科会に事実上一元化されることになった。エネルギー基本計画を担当したのは，この分科会である。結局，安全規制は手放したものの，経産省への「原子力行政の一元化」は，福島原発事故後，実質的にはさらに強固なものになったのである。

4　原子力政策転換の可能性

日本は変われないのか

これだけの大事故を起こしながら，日本は本当に変われないのだろうか。ドイツの環境政策の研究者ワイトナーは，2014 年７月の講演で，日本とドイツの環境政策・エネルギー政策を比較し「日本は多くの分野で落伍者となり，ドイツはいくつかの重要な環境政策の分野で先駆者となった」。日本では「福島の大惨事ですら，原発というハイリスクの道から離脱する十分なインセンティブとはならなかった」と結論づけた（ワイトナー 2014: 67, 69）。サミュエルズも，日本の原子力政策に大きな変化がなかったと結論づけている（Samuels 2013＝2016）。このように，日本社会の変革能力に，国際的に大きな疑問符が突きつけられている。

日本ではなぜ原子力政策の抜本的な転換が困難なのだろうか。

総理官邸前などでの反原発デモは，とくに 2012 年夏には，1960 年安保闘争以来の盛り上がりを示した。現在も継続しているものの，それがどのように実質的な政策転換に結びつくのか，有効な政治的回路を見出せてはいない。

日本の世論は，福島原発事故を契機に変化し，どの社の世論調査でも，2011 年６月以降は約７割が原発廃止を支持している。原発維持を求めているのは 15% 程度にとどまっている（岩井・宍戸 2013: 429）。2012 年夏に「エネルギー・環境会議」が 2030 年の原発依存率について，0%，15%，20〜25% の３案を提示して，約１カ月半パブリックコメントを求めた際も，きわめて異例なことに約 8.9 万件のコメントが集まり，その 87% は，原発 0% 案を支持していた。安倍内閣が 2014 年４月にエネルギー基本計画を閣議決定した際も，13

年 12 月 6 日に発表した原案に対しパブリックコメントを求めたが，1 カ月間で約 1.9 万件のコメントが集まり，廃炉や再稼働反対を求める意見は，1 万 7665 件で全体の 94.4% を占めた。原発維持・推進は 1.1%，賛否の判断が難しいなどが 4.5% だった（2014 年 11 月 12 日付『朝日新聞』）。

民意の大多数は，福島原発事故から 6 年を経た 2017 年時点でも脱原発を求めている。2012 年 9 月の民主党政権下の新しいエネルギー・環境戦略はこうした民意に応えようとしたものだったが，安倍内閣と経産省は，国政選挙での争点化を避けながら，原発維持を基本方針としている。

原子力政策を転換する 6 つの回路

どうすれば，民意の多数派が求めるような原発ゼロの方向に向かうことができるのだろうか。

必要な論理的・手続き的な可能性は，立法・行政・司法の三権に基本的に対応して，以下の 6 つである。

①「立法で止める」。法律をつくったり，法改正によって，一定期間までにすべての原発を閉鎖するという方法である。強制力はきわめて強い。大江健三郎らは，2012 年 8 月に「脱原発法制定全国ネットワーク」をつくり，2025 年までの原発稼働ゼロの実現を求めて，脱原発基本法の制定をめざした。2012 年 9 月に国会に法案を提出したが，継続審議となった。ドイツは，2011 年 7 月に連邦議会で改正原子力法を成立させた。しかし日本の場合，政権与党の自民党・公明党はあわせて衆院の 3 分の 2 を超える圧倒的な議席をもっており，脱原発基本法が国会で成立する見通しは当面ない。

②「政治主導で止める」。ドイツのメルケル首相が福島原発事故後，2011 年 3 月 14 日に老朽化した原発など 8 基の運転中止を求めた例がある。またドイツが 2022 年末までに原発を全廃することを決定したのも，メルケル首相のイニシアティヴによるものである。日本でも，2011 年 5 月 6 日，当時の菅首相が中部電力に対して浜岡原発の全原子炉の運転停止を要請し，中部電力は運転中の 4・5 号機の運転中止を決定するとともに，定期検査中だった 3 号機の運転再開を当面見送ることを決定した。

小泉純一郎元首相は首相在任中は原発を推進したが，福島原発事故を契機に考えを変え，2013 年秋頃から講演会などでも原発ゼロを明言するようになった。2013 年 11 月 12 日の日本記者クラブでの記者会見では「安倍晋三首相が今，原発ゼロを決断するのにこんなに恵まれた環境はない。野党は全部，原発ゼロに賛成。反対は自民党だけではないか。本音を探れば，自民議員も賛否は半々だと私は思っている。もし安倍首相が方針を決めれば，反対派は反対できない。政治の出番だ。東日本大震災のピンチをどうチャンスに変えるか」と力説した。

小泉元首相は，このように政治主導による政策転換は実行可能だという主張を続けている。

新しい法律の制定や政治的決定によって，国内の原子力政策全体は一気に転換することができる。それに対して以下は，個々の原子炉ごとに運転の可否を判断し，閉鎖に進ませうる方途である。

③**「行政府の権限で止める」**。行政府の判断と権限によって，原子力発電所を止める可能性である。前述のように原子力規制委員会は新しい規制基準をもとに，個々の原子炉が基準を満たしているのか審査を行っている。規制基準を満たさない原子炉の再稼働を認めないことは，原子力規制委員会の権限で可能である。地下に活断層がある疑いがある場合などが焦点になる。

実際，現在審査中の原発でも，原子力規制委員会の専門家会合は，敦賀原発2号機の原子炉建屋直下の断層は，将来活動する可能性のある「耐震設計上考慮する活断層」だとしている。同様に，東北電力の東通原発についても，北陸電力の志賀原発1・2号機についても，敷地内に活断層がある可能性が否定できないとしている。これら4つの原子炉がはたしてそれぞれ規制基準に合格するのか，原子力規制委員会の最終的な判断が注目される。

④**「地方行政が止める」**。地方分権的なドイツでは立地州に原発建設・運転の許認可権がある。日本の場合には地方行政がもちうる権限は限られている。しかし電力会社と原発立地県および立地市町村との安全協定では，運転再開に「事前協議」が必要と定めている。したがって，原発立地県および立地市町村の知事・首長は，事実上，拒否権をもっている。原発立地県と立地市町村のうち，新潟県と静岡県，茨城県東海村，石川県志賀町の首長は，福島原発事故後のメディアの取材に対して，2017年4月末時点まで「当面再開を認めない」と答えてきた。とくに泉田裕彦新潟県知事（当時）および同知事を引き継いだ米山隆一知事は，福島原発事故原因の検証なしに再稼働の議論はすべきではないと，国や原子力規制委員会，東京電力の姿勢をきびしく批判している。

福島原発事故後，緊急時防護措置準備区域が，これまでの10 km圏から，原発から30 km圏までに拡大したことにともなって，滋賀県と長浜市，高島市，京都府は，関西電力や日本原電との間で，福井県や立地市町村並みの事前協議や立入調査権を含む，原子力安全協定を求めてきたが，電力会社側は拒否している。

画期的な差止め判決

⑤「司法の力で止める」。立地点周辺における住民運動と海渡雄一ら弁護士の努力によって，日本各地で長年原発訴訟が取り組まれてきた（海渡 2017）。福島原発事故前は合計で約20の原発訴訟があったが，ほとんどは原告の敗訴に終わっていた。勝訴は，下級審の2例のみだった。2003年1月名古屋高裁金沢支部による，95年12月のナトリウム漏洩事故をふまえ，もんじゅの設置許可の無効を認めた行政訴訟の2審判決。2006年3月24日金沢地裁が，耐震設計の旧審査指針が妥当性を欠いているとして，被告の北陸電力に志賀原発2号機の運転差止めを命じた判決である。しかしいずれも上級審では敗訴した。

福島原発事故後，2012年11月に提訴された大飯原発3・4号機の運転差止めを求めた裁判では，2014年5月21日，福井地裁（樋口英明裁判長）が運転差止めを命じる判決を下した。「原子力発電技術の危険性の本質及びそのもたらす被害の大きさは，福島原発事故を通じて十分に明らかになったといえる。本件訴訟においては，本件原発において，かような事態を招く具体的危険性が万が一でもあるのかが判断の対象とされるべきであり，福島原発事故の後において，この判断を避けることは裁判所に課された最も重要な責務を放棄するに等しいものと考えられる」（判決要旨）と述べるなど，福島原発事故に真摯に向き合った画期的な判決だった。関西電力の上告によって，2017年4月現在控訴審が続いている。

2015年4月14日，福井地裁（樋口英明裁判長）は，高浜原発3・4号機について再稼働の差止めを認める仮処分決定を下した。関西電力による異議申立を受けて同年12月24日，福井地裁（林潤裁判長）はこの決定を破棄し，2016年1月高浜原発3号機は再稼働を開始した。2016年3月9日には大津地裁（山本善彦裁判長）が，高浜3号機と4号機の運転を禁止する仮処分を決定し，翌日高浜3号機は運転を停止した（4号機はトラブルのために2月末から停止していた）。稼働中の原子炉を停止させた日本で初の決定である。2017年3月28日，大阪高裁（山下郁夫裁判長）は関電側の抗告を認め，高浜3・4号機の運転再開を認める判決を下した。

このように原告住民側の主張を認め，差止めを認める判断が3回示されている（井戸 2016；海渡 2017）。

試運転段階で廃炉になったドイツのミュルハイム＝ケルリッヒ原発や廃炉になったフランスの高速増殖炉スーパーフェニックスなど，海外には，裁判所の判断が原子力発電所や原子力施設閉鎖の重要な契機となった例がいくつもある。

原子力問題のみならず，大規模な公共事業について，日本では国策追随的な判決が多く，差止めを認めた判例はきわめて少なかった。EUでは認められている「予防原則」も法制化されていない。行政権の肥大化による三権分立の形骸化，立法的対応の遅れといった状況のもとで，司法にはどこまで政策的判断が許されるのか，司法の政策形成的な機能をどのように考えるべきか，司法に代わりうる問題解決の回路が存在するのか，こういった問題について，十分な検討がなされないまま，司法の役割について極度に消極的な立場が，司法の内部を支配してきた（長谷川 2003a）。

大飯原発3・4号機の運転差止め判決や高浜3・4号機の再稼働を禁止した仮処分の論理に従えば，他の原発についても同様の判断がなされうるはずであり，原発訴訟の今後が注目される。

国民投票の可能性

⑥「国民投票や住民投票で止める」。アメリカのカリフォルニア州のサクラメント・カウンティで，トラブル続きだった稼働中の原発を住民投票で閉鎖したように（長谷川［1996］2011），また日本で新潟県の巻原発の建設を住民投票で断念させたように（長谷川 2003b；中澤 2005），住民投票で止める方法がある。

福島原発事故を受けて，大阪市と東京都，新潟県，静岡県では，それぞれ市民グループが原発稼働の是非を問う住民投票の実施を求めて，署名運動を展開した。ともに必要な署名数が集まり，大阪市議会と東京都議会，新潟県議会，静岡県議会に対して住民投票条例の制定を求める直接請求を行ったが，2012年3月から13年1月にかけていずれも否決された。

では原発をめぐる国民投票の可能性はどうだろうか。憲法改正以外については，憲法上，国民投票に関する規定がないので，法的な拘束力をもつような国民投票はできないが，原発の是非などに関して国民の意思を問う諮問型の国民投票は，地方議会における住民投票条例のように，そのための手続き法さえつくれば，日本でも実行可能である。しかし①に述べたような国会の議席差では，国民投票の手続き法が国会を通過する見通しはきわめて低い。

海外には，有権者の一定数の署名を集めれば，国民投票で直接，法律の制定や改正，廃止ができる国がある。原発をめぐる国民投票は，スイス，オーストリア，スウェーデン，イタリア，リトアニアで行われている。2011年6月のイタリアの国民投票では，投票率54.79%で，原発凍結政策を維持する意見が94%を占めた。

論理的にはこの6つの可能性がある。現時点でもっともありうるのは，個別の原発が原子力規制委員会の規制基準をクリアできない可能性と個々の原発立地県，立地市町村の首長が再稼働を認めない可能性である。

2012年12月の総選挙では，日本の政治史上はじめて，原発問題が総選挙の主要な争点の1つとなったが，低投票率と死票の多い小選挙区制度のもとで民主党は惨敗し，原発ゼロを明示した共産党，社会民主党なども得票を伸ばせなかった。反原発デモの高揚は，選挙結果には結びつかなかった。2014年12月の総選挙では，与党の争点隠しが功を奏し原発の再稼働問題は主要な争点とはならず，自民党・公明党の与党が3分の2を超える326議席を獲得した。

福島原発事故後の原発の稼働状況

福島原発事故によって，原発には絶対の安全性はないこと，とくに地震国日本にとって原発は大きなリスクがあることが明らかになった。原発を動かさなくても，電力供給に支障がないことは，2013年9月15日から14年8月13日まで23カ月間，原発が1機も稼働しない状態が続いたこと，福島原発事故から6年間にわたってほとんどの原発が稼働していないことで明らかである（2012年5月5日から7月1日までもすべての原発が停止していた）。筆者は2011年9月という早い段階で「日本でも，ただちに原子力発電所を閉鎖することは不可能ではない」と述べたが（長谷川 2011: 232），それは長期にわたって現実のものとなった。

債務超過の危険性

では電力会社が原発を維持したい真の理由は何か。原発ゼロの経営方針に転換すれば，電力会社のもつ原子力発電設備と核燃料の資産価値はたちまちゼロになり，その結果，電力会社は特別損失を被ることになる。特別損失が純資産を上回れば，電力会社は債務超過に陥る。特別損失を電気料金の原価に含めることはできないから，電気料金の値上げでは対応できない。原発依存率の高い電力会社は債務超過を怖れて，原発ゼロに反対しているのである（原子力市民委員会 2014: 198-99）。

この問題に対処するためには，原子力発電設備を廃止したとしても，一定期間，原子力発電設備の減価償却を認めるようにするなどの会計制度の変更が必要である。実際，2013 年 10 月から会計制度が変更されてもいる。国と電力会社の責任の分担を明確にして，債務超過や破綻処理にともなう混乱が回避できるような透明な仕組みづくりが必要である。

自民党政権が原発に固執する理由

自民党政権が，原発を維持したい理由は何だろうか。

第 1 に民主党政権時代も同様だったが，柏崎刈羽原発を再稼働させることが，東京電力の再建・維持，約 5 兆円の賠償金支払いの前提になっているからである。2014 年 1 月に政府の認定を受けた東電の再建計画では，柏崎刈羽原発の 1・5・6・7 号機の 2014 年度内の再稼働が前提となっていた。

本来は，福島原発事故に責任のある東京電力を「破綻処理」して，株主と，貸し手責任のある債権者の金融機関が負担する形で公的管理に移行すべきだったという有力な意見がある。公的管理に移行することによって，電力の安定供給を図るとともに，国民負担が増えないように配慮しながら，再出発させるべきだったというのである。日本航空の場合，民主党政権時代の 2010 年 1 月に会社更生法の適用を申請したが，飛行機を運航しながら，企業再建支援機構から 3500 億円の出資を受け，金融機関が 5215 億円の債権放棄を行い，経営再建した。東京電力についても，このような方法をとるべきだった。

東京電力の現状は，電気料金の値上げか，さもなくば再稼働かという形で，負担とリスクを消費者に押しつける構図になっている。

核抑止力論は現実的か

第 2 の理由は，原発をもっていることが，とくに核燃料サイクル路線が潜在的核抑止力としての意味をもつと考える人々の存在である。2011 年 8 月当時の菅首相が核燃料サイクル路線を根本から見直すべきだと国会で述べたのに対して，その直後，読売新聞社説は，「日本は，平和利用を前提に，核兵器材料にもなるプルトニウムの活用を国際的に認められ，高水準の原子力技術を保持してきた。これが，潜在的な核抑止力としても機能している」(2011年8月10日付『読売新聞』社説，傍点筆者）と批判した。

第3の理由は，これは明示的に語られることは少ないが，アメリカは日本の核武装を望んでいないと考えられるが，同時に日本の脱原発をも望んでいないと見られるからである。

日本は確かに非核保有国の中で現在唯一，使用済み核燃料から再処理してプルトニウムを取り出すことを認められている。ドイツも認められていたが，ドイツは2000年6月に再処理政策を放棄した。そのことは，ドイツが自前の核兵器をもつことを断念したことをも意味している。ドイツは，イタリアなどとともにNATO（北大西洋条約機構）のアメリカ軍の核兵器の提供を受けている（ニュークリア・シェアリングという）。

日本は1988年に再改定された日米原子力協定で使用済み核燃料の再処理に関して「包括同意」を認められている。それまでは毎年事前にアメリカの許可を得て，その量だけしか再処理できなかったが，1988年の日米原子力協定で一定量まで事実上自由に再処理できる「包括同意」が認められた。日米原子力協定は，2018年7月に改定の期限を迎える。アメリカの民主党政権下では，自動延長されるとの見通しが強かったが，トランプ新政権の発足にともなって，アメリカがすんなり自動延長を受け入れるかどうかは予断を許さなくなった。

日本が核武装の潜在能力をもつことは，はたしてどの程度意味があるのだろうか。日米原子力協定や日本とカナダ，日本とオーストラリアの原子力協定では，核燃料の利用は「平和目的」に限られている。歴代の内閣は，核兵器について「自衛のための必要最小限度の（略）範囲内にとどまるものであれば，憲法上はその保有を禁じるものではない」という解釈をとってきた。日本が核兵器をもたない国内法上のしばりは，「平和の目的に限り」とした原子力基本法2条と国会決議した非核3原則にある。国際法的な根拠は，アメリカなどとの原子力協定と核不拡散条約に加盟していることにある。

このように日本の核武装には，国内法的・国際法的なしばりがある。

日本の核武装は，韓国・北朝鮮・中国など隣国を刺激し，核拡散につながる危険性が高いから，アメリカは受け入れまい。韓国・北朝鮮・中国・ロシアいずれも受け入れず，国際的な批判を招くに違いない。つまり日本が自前の核抑止力をもてると考えるのは現実性が乏しい。核戦争への道を拓くことになり，きわめて危険である。

現実性に乏しい将来の核武装能力を担保するために，経営破綻した東芝を救済し，三菱重工や日立の原子力部門を政策的に存続させるというのは，あまりにも経済的・経営的合理性を欠いているのではないだろうか。

シーメンスと東芝の明暗

近年世界のもっとも有力な原子力発電プラントメーカーは，東芝・WH（ウェスチングハウス：アメリカ），日立・GE（ゼネラル・エレクトリック：アメリカ），三菱重工・AREVA（フランス）だった。3大有力メーカーのいずれも日本の資本によって支えられている。

シーメンスはドイツを代表する重電・機械メーカーであり（1847年設立），東芝・日立・三菱重工と同様に，かつては原子力の主要メーカーの1つだった。旧西ドイツの原子炉はすべてシーメンスの合弁会社の製造である。しかしドイツが2000年6月に脱原発基本合意に至った時期から，原子力からの撤退を図り2001年に原子力部門をAREVAの前身に売却し，09年1月には34%保有していたAREVAの持ち株も同社にすべて売却した。原子力部門は新たに，ロシアの国営企業ROSATOMと提携したが，メルケル政権が脱原発政策を決定したのち，2011年9月18日，原発からの完全撤退を発表し，ROSATOMとの提携を解消した。シーメンスは，1980年代から風力発電に力を入れ，風力発電では世界第2位のシェアであり（2014年），とくに洋上風力発電に強く，ヨーロッパの洋上風力発電の約3分の2はシーメンス製である。

東芝も，前身を含めると1875年に創業，従業員約20万人（グループ企業を含む）の日本を代表する企業だった。しかし原子力ルネサンスのかけ声に踊らされ，2006年にWH社を高値で買収したことを契機に粉飾決算を重ね，会社そのものの経営破綻を招いた。東芝は2009年，15年までに原子炉39基の新規発注を得るという目標を掲げたが，実際に受注できたのは中国での4基とアメリカでの4基のみだった。原発に固執して崩壊した東芝と再生可能エネルギーに重点を置いたシーメンスの対照は，日本経済にとっても大きな教訓である。シーメンスの経営転換は，国内で脱原発路線が明確になった場合，国外での原発ビジネスからも撤退することが自然な成り行きであることをも示している。

5　世界はどこに向かっているのか

チェルノブイリ原発事故がもたらしたもの

チェルノブイリ原発事故は，前述のように，ソ連からロシアへの体制転換の契機となったが，世界の原発の動向にも大きな影響を与えた。表終-1は，世界の原子力発電の推移を，チェルノブイリ原発事故直前の1985年末，95年末，福島原発事故直前の2010年末，15年末について国別・地域別に比較したものである。表終-1の合計欄が示すように，世界全体で運転中の原発の数は440基前後で，1995年以降ほぼ横ばいの傾向にある。チェルノブイリ原発事故前の1985年末時点で建設中の原発は157基もあったが，95年末には39基へと急減した。85年末時点で西ヨーロッパで建設中だった41基の大半，アメリカで建設中だった26基のうち9基，東欧で建設中だった54基のうち30基近くは中止された。計約80基がキャンセルされたと見られる。

運転中の原発の数は，西ヨーロッパとアメリカでは，チェルノブイリ原発事故前の1985年末の合計256基が95年末には280基に増えたものの，2015年末には233基へと，20年間で47基も減少している。とくに老朽化した原発の多いイギリスは，85年末の38基から2015年末の15基へと急減している。ドイツも，85年末の24基から（東西ドイツの合計），2015年末の8基へと3分の1に減っている。ドイツは，福島原発事故を受けて，2011年7月に2022年末までに全廃することを決定している（青木担当本書第7章参照）。西ヨーロッパで建設中の原発はわずか2基である。

これに対してアジアで運転中の原発は85年末との比較では，計50基から計129基へと2.6倍にも増えている。建設中の原発は44基にのぼる（ただし台湾の2基は2016年に建設中止が決定している）。世界全体で2015年末時点で建設中の原発67基のうち，3分の2がアジアの原発である。とくに東アジアは32基を数える。経済成長とエネルギー需要の急増を背景に，原発依存度を急速に高めてきたアジアと，社会が成熟し，原発が漸減しつつある欧米との対照が際だっている。

チェルノブイリ原発事故は，欧米における原発の急増にブレーキをかけたのである。

表終-1　世界の原子力発電の推移（1985 年，1995 年，2010 年，2015 年）

	1985. 12. 31 現在		1995. 12. 31 現在		2010. 12. 31 現在		2015. 12. 31 現在	
地域・国名	運転中基数	建設中基数	運転中基数	建設中基数	運転中基数	建設中基数	運転中基数	建設中基数
西　欧								
フランス	43	20	56	4	58	1	58	1
ドイツ****	24	12	20		17		8	
イギリス	38	4	35		19		15	
スウェーデン	12		12		10		10	
スペイン	8	2	9		8		7	
ベルギー	8		7		7		7	
スイス	5		5		5		5	
フィンランド	4		4		4	1	4	1
オランダ	2		2		1		1	
イタリア	3	3						
小　計	147	41	150	4	129	2	115	2
北　米								
アメリカ合衆国	93	26	109	1	104	1	99	5
カナダ	16	6	21		18		19	
小　計	109	32	130	1	122	1	118	5
アジア								
日　本	33	11	51	3	54	2	43	2
韓　国	4	5	11	5	21	5	24	4
台　湾	6		6		6	2	6	2
インド	6	4	10	4	20	5	21	6
中　国		1	3		13	27	31	24
パキスタン	1		1	1	3		3	2
イラン		2		2		1	1	
フィリピン		1						
UAE								4
小　計	50	24	82	15	117	42	129	44
東　欧								
ロシア*	51	34	29	4	32	11	35	8
ウクライナ*			16	5	15	2	15	2
ベラルーシ*								2
リトアニア*			2					
カザフスタン*			1					
アルメニア*			1		1		1	
ブルガリア	4	2	6		2	2	2	
ハンガリー	2	2	4		4	2	4	
チェコ**	5	11	4	2	6		6	
スロバキア**			4	4	4		4	2
スロベニア***	1		1		1		1	
ルーマニア		3		2	2		2	
ポーランド		2						
小　計	63	54	68	17	67	17	70	14
中南米								
アルゼンチン	2	1	2	1	2	1	3	1
メキシコ		2	2		2		2	
ブラジル	1	1	1	1	2	1	2	1
キューバ		2						
小　計	3	6	5	2	6	2	7	2
アフリカ								
南アフリカ	2		2		2		2	
小　計	2		2		2		2	
合　計	374	157	437	39	443	64	441	67
総計出力（万 kW）	24,962.5		34,674.3		37,537.4		38,285.5	

（注）　原資料に基づいて地域別に作成した。

85 年当時の旧ソ連分*（ロシア，ウクライナ，ベラルーシ，リトアニア，カザフスタン，アルメニア）は，ロシアに一括して掲げた。

85 年当時の旧チェコスロバキア分**（チェコ，スロバキア）は，チェコに一括して掲げた。

85 年当時の旧ユーゴスラビア分***は，スロベニアの欄に掲げた。

85 年当時の旧西ドイツと東ドイツ分****は，ドイツに一括して掲げた。

（出所）　国際原子力機関（IAEA）資料をもとに筆者作成。

原発大国アメリカの動向

1979年3月のスリーマイル島原発事故は，70年代半ばに始まっていたアメリカの原発離れを加速した（長谷川 2011: 76-79）。アメリカでは原発の新規発注は1978年を最後に2012年2月まで34年間途絶えていた。息子のブッシュ政権時代に新設計画が30基もつくられたが，建設工事が始まったのは5基にとどまっている。そのうち2012年2月・3月に建設工事が始まった4基は，東芝が関わっていた原発である。しかし，2017年3月東芝の子会社だったWH社が更生手続きを開始したことにともなって，工事完了に至れるのか，見通しは立っていない。

1973年に建設が始まり，1988年から2007年まで工事を中断していたワッツバー（Watts Bar）2号機が，2015年8月に完成し，2016年10月から営業運転を開始した。同原発は，アメリカで今後運転を開始する最後の原発となる可能性が高い。

台湾と韓国

日本，韓国，ロシア，中国は，アジア諸国への原発輸出に熱心で，受注合戦にしのぎを削ってきた。しかしタイ，フィリピン，インドネシアは福島原発事故を受けて，慎重姿勢に転じた。日本はベトナムとの間で，2011年に，2024・25年運転開始予定の第二原発2基のフィージビリティー・スタディー（実行可能性調査）の受注に成功したが，財政的な理由から，ベトナムの国会は，2016年計画中止を決定した。

台湾では6基の原発が稼働している。小さな島国であり，地震も多いことから，福島原発事故は大きな衝撃を与えた。首都台北市の近くに建設中の第四原発については，そもそも福島原発事故以前から反対運動が続いてきた。原発推進の国民党に対して，民進党は原発に批判的であり，原発問題は，総統選挙の中心的な争点の1つとなってきた。福島原発事故から2年後の2013年3月9日には，台湾全土で10万人を超える反対デモが起きた。反対運動の高揚に対して，国民党の馬英九（マーインチウ）総統は，2014年4月，第四原発1号機の稼働凍結と2号機の工事中止を決定した。これに先立って2014年3月18日から4月10日まで，馬政権に反対する学生運動が立法院（日本の国会にあたる）を3週間以上にわたって占拠する「ひまわり運動」が起こっている。2016年1月の総統選では，民進党の蔡英文（ツァイインウェン）が当選した。これらを背景に，2017年1月には2025年までに原発をゼロにすることを定めた電気事業法が成立した。ドイツ，ベルギー，スイスに次いで，目標年次を定めた原発全廃が決定した。アジアではははじめてである。

韓国でも，文在寅新政権の誕生にともなって韓国の原発政策が大きく転換しつつある。韓国は24基の原発が稼働し，原発依存率30.3％の世界第6位の原発推進国である（2016年時点）。とくに李明博政権（2008～13年）当時は，2030年までに原発依存率を59％に引き上げること，あわせて原発80基の輸出をめざしていた。エネルギー資源に乏しく，石炭火力が40％，天然ガス火力が25％，再生可能エネルギーは2％しかない。選挙期間中の公約にしたがって，文大統領は就任後の6月19日，原発の新規建設計画をすべて白紙に戻し，2基の建設工事を中断，老朽化した炉については稼働期間の延長を認めず，今後40年以内に原発ゼロをめざすと宣言した。再生可能エネルギーの推進と天然ガス火力に力を入れるとしている。

廃炉時代を迎えた原発

福島原発事故は軽水炉の安全性に根本的な疑問符を突きつけた。従来以上に高度な安全対策が求められるようになり，原発はいよいよコスト高になりつつある。他方で，太陽光発電や風力発電は発電単価が年々低下しつつある。2015年までに原発39基の受注を見込み，わずか8基の受注しかなしえずに経営破綻した東芝は，時代に大きく取り残された企業の例証である。

1970年代前半までに営業運転を開始した原発は40年を経過し，イギリスに見られるように，世界は本格的に原発廃炉の時代を迎えた。福島第一原発で事故を起こした4基を含め，日本でも計11基の廃炉化が決定している。現在ある43基のうち，適合性審査に入っていない原子炉15基は老朽機が多く，その多くは早晩廃炉化する可能性が高い。

風力の設備容量が原発を超えた

図終-1は，チェルノブイリ原発事故と福島原発事故以降の原発設備容量の停滞と対照的な風力発電設備容量と太陽光発電設備容量の急増を示している。2015年末の原発設備容量は3億8285万kW。同年の風力発電設備容量は4億3300万kWであり，風力発電は，はじめて設備容量ベースで原発を追い越した（環境エネルギー政策研究所 2017: 6）。太陽光発電の設備容量も2億2700万

図終-1　風力・太陽光発電と原子力発電の推移（累積設備容量）

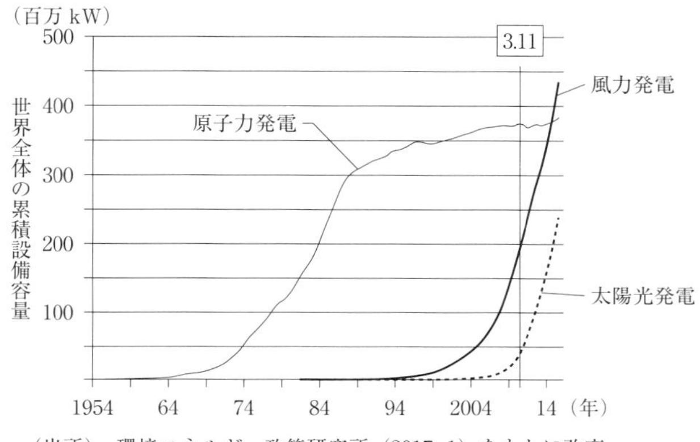

（出所）環境エネルギー政策研究所（2017: 1）をもとに改変。

kW に達している。2011 年末時点では 7000 万 kW だったのが，この 4 年間で 3.2 倍も急増している。2020 年までには，太陽光発電の設備容量も原発を超えるだろう。

発電電力量では，2015 年末の世界全体の発電電力量 2 京 3741 兆 Wh（TWh）に占める原子力発電による電力量は 2441 兆 Wh，10.3% である。大規模水力発電を含む再生可能エネルギーによる発電電力量は 5627 兆 Wh，23.7% である。大規模水力発電を除けば，3941 兆 Wh，16.6% である。

福島原発事故はこのように，世界的な視野でみると，原発の廃炉化を進め，新規立地を抑制し，再生可能エネルギーの急増を推し進める意義をもちつつある（長谷川 2013）。

気候変動政策と再生可能エネルギー

2015 年 12 月，パリで開催された第 21 回気候変動枠組条約締約国会議（COP21）でパリ協定が採択され，195 カ国と地域（EU）が，平均気温の上昇を産業革命前と比較して 2 度以内に抑えることなどに合意した。パリ協定は 2016 年 11 月 4 日に発効した。京都議定書の場合には，京都会議（COP3）での採択から，2005 年 2 月の発効まで 7 年余りを費やしたが，今回は 11 カ月弱で発効にこぎつけた。それだけ気候変動問題に対するアメリカ・中国などの危機感が強かったからである。日本政府はこの流れを完全に見誤り，11 月 8 日，世界で106番目の批准となり，発効に間に合わないという失態を演じた。

パリ協定を機に，化石燃料時代の終焉，再生可能エネルギーの急成長，排出量取引をはじめとした炭素市場の拡大などが予想されている（長谷川 2016a）。

気候変動対策にもっとも熱心なのは，2022年末までに原発全廃を決定しているドイツである。原発こそが気候変動対策の中心であるかのような方針を掲げ続けてきた日本政府と異なって，ドイツは，脱原発と気候変動対策が両立することを強力に示してきた。

ドイツは，1990年比で，20年までに40% 削減，30年までに55% 削減，40年までに70% 削減，50年までに80～95% 削減というもっとも野心的な削減目標を掲げている。ドイツのエネルギー政策転換の柱は，エネルギー効率利用と再生可能エネルギー利用の促進である。エネルギーの効率利用については，2008年と比較して，20年までに一次エネルギー消費の20% 削減，50年までに50% 削減を目標としている。電力消費量は2008年と比較して，20年で10% 削減，50年で25% 削減を目標としている。2030年までに電力の50% を再生可能エネルギーでまかなおうとしている（ドイツでは電力供給に占める水力発電の割合は3% 程度にとどまる）。最終エネルギー消費については2020年までに18% を，30年までに30% を，40年までに45% を，50年までに60% を再生可能エネルギーで供給しようとしている。ドイツはこのように脱炭素化と脱原子力，エネルギー効率利用と再生可能エネルギー利用の促進による政策転換を明確に掲げている。

過大な経済成長を前提とした過大な電力需給予測

では日本はどうだろうか。パリ会議に先立って，2015年7月につくられた長期エネルギー需給見通しでは，2030年度の電力需要と電源構成は図終-2のとおりである。石炭火力発電が26% 程度，天然ガス火力発電が27% 程度，原子力発電が20～22% 程度，再生可能エネルギーによる発電が22～24% という計画である。しかも「徹底した省エネ」で電力需要を17% 程度下げることになっている。省エネと電源構成の多様化を図っており，一見もっともらしい。

しかし注意してみると大きな問題に気づく。省エネ分を含む，2030年度の想定総発電電力量は1兆2780億 kWh。福島原発事故前の2010年度の総発電電力量9762億 kWh と比較して1.31倍である。2030年度まで年率1.7% の経済成長が続くことにともなって電力需要が，1.3倍に増えると仮定している。

図終-2　2030年度の電力需要と電源構成

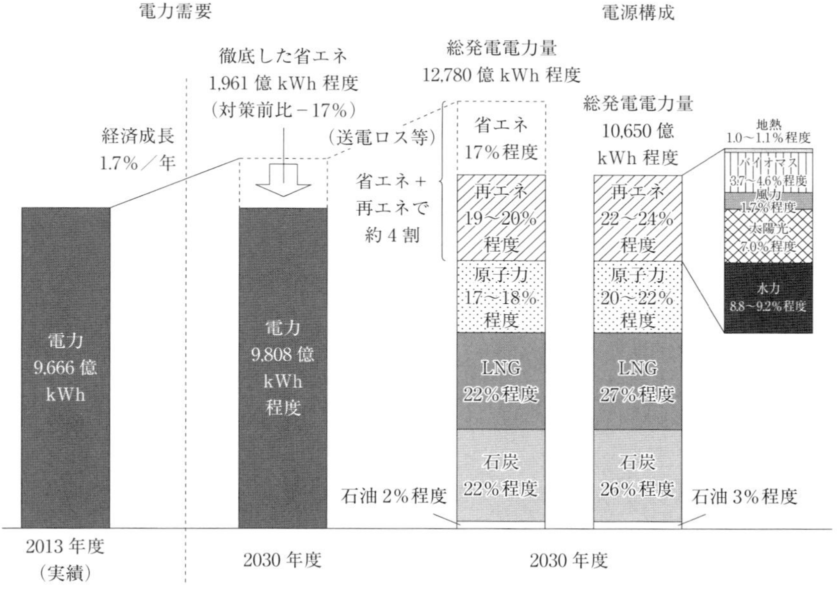

電力需要

経済成長
1.7%／年

徹底した省エネ
1,961億kWh程度
（対策前比－17%）

電力
9,666億
kWh

電力
9,808億
kWh
程度

2013年度
（実績）

2030年度

電源構成

総発電電力量
12,780億kWh程度

（送電ロス等）

省エネ
17%程度

省エネ＋
再エネで
約4割

再エネ
19〜20%
程度

原子力
17〜18%
程度

LNG
22%程度

石炭
22%程度

石油2%程度

総発電電力量
10,650億
kWh程度

再エネ
22〜24%
程度

原子力
20〜22%
程度

LNG
27%程度

石炭
26%程度

石油3%程度

地熱
1.0〜1.1%程度

バイオマス
3.7〜4.6%程度

風力
1.7%程度

太陽光
7.0%程度

水力
8.8〜9.2%程度

2030年度

（出所）　経済産業省（2015: 7）。

しかし2030年までに人口は6.5〜10.9%減ると推定されている（国立社会保障・人口問題研究所の推計）。2010〜15年の経済成長率の伸びは年率0.7%にすぎない。ドイツが前述のように，2020年の電力消費を2008年度と比較して10%削減することを目標にしているのと好対照である。長期エネルギー需給見通しの2030年度の総発電電力量はきわめて過大な見積もりになっている。

本来は，総発電電力量1兆650億kWhを前提に，その20%にあたる2130億kWh分の省エネを見込むべきである。

つまり図終-2から読み取るべきは，①原子力発電を不可欠なものと見せかけているのは需要見通しが過大だからである。②長期エネルギー需給見通しが想定している程度の省エネと再生可能エネルギーの導入によって，原発はゼロにすることができるということである。

実際日本でも，原発がほとんど稼働していなかったにもかかわらず，2014年度は前年比2.5%，2015年度はさらに前年比2.9%と2014年度以降温室効果ガスの削減が続いている。発電電力量のピークは2007年度（1兆303億kWh）

であり，2015 年度の発電電力量 8850 億 kWh は，2007 年度と比較して 14.1% も下がっていた。20 年前の 1995 年度の 8557 億 kWh にほぼ匹敵する水準である。

脱原子力・脱炭素社会への転換を

原子力発電や石炭火力発電[4]などに依存しない社会への着実な転換を遂げていくためには，ドイツや EU 諸国を参考に，エネルギー多消費型の経済成長志向の政策から脱却し，エネルギーの効率利用に向けた，社会全体の構造的な転換を図ることが肝要である。太陽光発電とともに，木質バイオや小水力発電，風力発電などの地域エネルギーの促進策によって，脱炭素社会への転換政策と，人口減少地域の地域振興策などを連動させることも重要である。エコ・モビリティを掲げ，自転車や公共交通の利用を重視した都市構造への転換も，途上国を含む世界各地で取り組まれている。

ドイツや EU 諸国のように，経済成長と二酸化炭素排出量の増大とを切り離すべきである（デカップリングと呼ばれる）。前述のような福島原発事故後の温室効果ガスの漸減，発電電力量の漸減に示されているように，日本でもデカップリングは顕在化しつつある。

ドイツが先頭を切って示しているように，脱原子力社会，脱炭素社会への転換をめざすことこそ，福島原発事故から日本社会が学ぶべき最大の教訓である。

注

1）　東北電力が敷地高を 14.8 m に設定した経緯については，添田（2014: 10-13）を参照。

2）　原子力安全委員会「発電用原子炉施設に関する耐震設計審査指針」（2017 年 4 月 18 日取得，http://www.cnic.jp/files/20150422_ketteibessi.pdf）。

1980 年代，90 年代の地震工学の大幅な進展にもかかわらず，政府は，原子力発電所の耐震設計の審査指針を 78 年に策定して以降，81 年に一部改訂したのみで，20 年間一度も見直さなかった。ようやく 2001 年，原子力安全委員会に耐震指針検討分科会がつくられ，石橋克彦も委員に就任したが，石橋は，審査指針の改訂内容が不十分であるとして，改訂案が了承される直前，06 年 8 月，抗議の意思を表明するために委員を辞任した。石橋は，新指針は「既存の原発が 1 基も不適格にならないように配慮された」感があり，活断層の評価や地震の想定に恣意的な過小評価を許すものになっていると批判し，「最後の段階になって，私はこの分科会の正体といいますか本性といいますか，それもよくわかりました。さらに日本の原子力安全行政というのがどういうものであるかということも改めてよくわかりました」という言葉を残して辞任した（「第 48 回耐震指針検討分科会速記録」2011 年 4 月 30 日取得，http://www.nsc.

go.jp/senmon/shidai/taisinbun.htm〔現在はアクセスできない〕)。

3) 訴訟の基本的な論点については，淡路・吉村・除本（2015）を参照。福島県から群馬県内への避難者によって国と東電を被告として提訴された裁判において，2017 年 3 月 17 日前橋地裁は，これらの集団訴訟の中で初めて被告の責任を認め，損害賠償を命じた。

4) 過大な電力需給予測のもとで，日本では，他の先進国に例を見ないような石炭火力発電所の新設ラッシュが起きている（平田 2016）。しかも相当数は宮城県や福島県沿岸の津波被災地への立地である（長谷川 2016b）。

参 考 文 献

淡路剛久・吉村良一・除本理史編，2015，『福島原発事故賠償の研究』日本評論社。

福島原発事故独立検証委員会，2012，『福島原発事故独立検証委員会 調査・検証報告書』ディスカヴァー・トゥエンティワン。

福島県，2015，「福島県復興計画（第 3 次）」(2017 年 4 月 18 日取得，http://www.pref.fukushima.lg.jp/uploaded/attachment/152267.pdf)。

舩橋晴俊，2013，「福島原発震災の制度的・政策的欠陥――多重防護の破綻という視点」田中重好ほか編『東日本大震災と社会学――大災害を生み出した社会』ミネルヴァ書房。

原子力市民委員会，2014，『原発ゼロ社会への道――市民がつくる脱原子力政策大綱』。

Gorbachev Mikhail S., 1996, *Memoirs*, Doubleday.（＝1996，工藤精一郎・鈴木康雄訳『ゴルバチョフ回想録 上巻』新潮社）

長谷川公一，［1996］2011，『脱原子力社会の選択――新エネルギー革命の時代 増補版』新曜社。

長谷川公一，2003a，「公共圏としての公害訴訟」『環境運動と新しい公共圏――環境社会学のパースペクティブ』有斐閣。

長谷川公一，2003b，「住民投票の成功の条件――原子力施設をめぐる環境運動と地域社会」『環境運動と新しい公共圏――環境社会学のパースペクティブ』有斐閣。

長谷川公一，2011，『脱原子力社会へ――電力をグリーン化する』岩波書店。

長谷川公一，2013，「フクシマは世界を救えるか――脱原子力社会に向かう世界史的転換へ」田中重好ほか編『東日本大震災と社会学――大災害を生み出した社会』ミネルヴァ書房。

長谷川公一，2016a，「脱炭素社会への転換を――パリ協定採択を受けて」長谷川公一・品田知美編『気候変動政策の社会学――日本は変われるのか』昭和堂。

長谷川公一，2016b，「津波被災地に続々，石炭火力発電所」『環境と公害』46(2)：1。

Hasegawa Koichi, Shinohara Chika and Jeffrey P. Broadbent, 2007, “The Effects of ‘Social Expectation’ on the Development of Civil Society in Japan,” *Journal of Civil Society*, 3(2), 179-203.

平田仁子，2016，「日本の石炭火力発電の動向と政策――リスク評価の観点から」『環境と公害』46(1)：29-34。

井戸謙一，2016，「原発関連訴訟の到達点と課題」『環境と公害』46(2)：3-9。

石橋克彦，1997，「原発震災――破滅を避けるために」『科学』67(10)：720-24。

岩井紀子・宍戸邦章，2013，「東日本大震災と福島第一原子力発電所の事故が災害リスクの認知および原子力政策への態度に与えた影響」『社会学評論』64(3)：420-38。
海渡雄一，2017，「裁かれる原発――原発をめぐる裁判の現状と課題」原子力資料情報室編『原子力市民年鑑 2016-17』七つ森書館。
環境エネルギー政策研究所，2017，『自然エネルギー白書 2016』(2017年4月18日取得，http://www.isep.or.jp/wp/wp-content/uploads/2017/03/JSR2016_all.pdf)。
経済産業省，2015，「長期エネルギー需給見通し」(2017年4月18日取得，http://www.meti.go.jp/press/2015/07/20150716004/20150716004_2.pdf)。
丸山眞男，1964，「超国家主義の論理と心理」『現代政治の思想と行動 増補版』未来社。
中澤秀雄，2005，『住民投票運動とローカルレジーム――新潟県巻町と根源的民主主義の細道 1994-2004』ハーベスト社。
Samuels, R. J., 2013, *3. 11: Disaster and Change in Japan*, Ithaca, Cornell University Press.（＝2016，プレシ南日子ほか訳『3.11 震災は日本を変えたのか』英治出版）
添田孝史，2014，『原発と大津波 警告を葬った人々』岩波書店。
田坂広志，2012，『官邸から見た原発事故の真実――これから始まる真の危機』光文社。
ワイトナー，ヘルムート，2014，大久保規子訳「環境政策の盛衰――日本とドイツの場合」『環境と公害』44(2)：63-70。
吉岡斉，2011，『新版 原子力の社会史――その日本的展開』朝日新聞出版。

索　引

事項索引

● さ　行

● た　行

● な　行

● は　行

● ま　行

● や　行

● ら　行

● わ　行

人名索引

● や　行

● ら　行

● わ　行

◆編者紹介

長谷川公一（はせがわ　こういち）
東北大学大学院文学研究科教授

山本薫子（やまもと　かほるこ）
首都大学東京都市環境学部准教授

原発震災と避難――原子力政策の転換は可能か
シリーズ 被災地から未来を考える①

The Fukushima Nuclear Disaster, Evacuation from the Disaster-stricken Areas and Possibility of the Energy Shift
(Sociological Perspective on Tohoku Disaster-stricken Areas Vol.1)

2017年12月10日　初版第1刷発行

編　者　長谷川公一
　　　　山本薫子
発行者　江草貞治
発行所　株式会社 有斐閣
郵便番号 101-0051
東京都千代田区神田神保町 2-17
電話(03)3264-1315〔編集〕
(03)3265-6811〔営業〕
http://www.yuhikaku.co.jp/

印刷・大日本法令印刷株式会社／製本・牧製本印刷株式会社

ISBN 978-4-641-17433-7